“十二五”职业教育国家规划教材
经全国职业教育教材审定委员会审定

高等职业学校餐饮类专业教材

PENGTIAO GONGYI SHIXUN JIAOCHENG

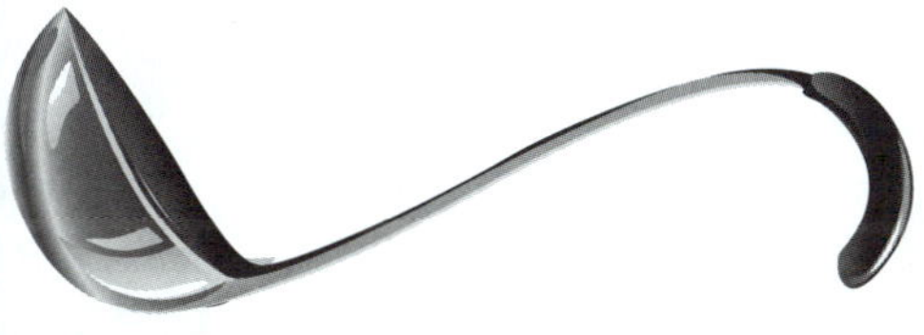

烹调工艺实训教程

（第二版）

冯玉珠 **主编**

中国轻工业出版社

图书在版编目（CIP）数据

烹调工艺实训教程 / 冯玉珠主编. —2版. —北京：中国轻工业出版社，2025.2

“十二五”职业教育国家规划教材

高等职业学校餐饮类专业教材

ISBN 978-7-5019-9801-2

Ⅰ. ①烹… Ⅱ. ①冯… Ⅲ. ①烹饪－方法－高等职业教育－教材 Ⅳ. ①TS972.11

中国版本图书馆CIP数据核字（2014）第133354号

责任编辑：史祖福　　责任终审：唐是雯　　封面设计：锋尚设计

版式设计：锋尚设计　　责任校对：燕　杰　　责任监印：张京华

出版发行：中国轻工业出版社（北京鲁谷东街5号，邮编：100040）

印　　刷：河北鑫兆源印刷有限公司

经　　销：各地新华书店

版　　次：2025年2月第2版第8次印刷

开　　本：787×1092　1/16　　印张：18.25

字　　数：421千字

书　　号：ISBN 978-7-5019-9801-2　　定价：39.00元

邮购电话：010-85119873

发行电话：010-85119832　010-85119912

网　　址：http：//www.chlip.com.cn

Email：club@chlip.com.cn

250279J2C208ZBW

第二版前言

为了贯彻《教育部关于“十二五”职业教育教材建设的若干意见》（教职成〔2012〕9号）和《高等职业学校专业教学标准（试行）》，紧跟高等职业教育发展改革的步伐，适应餐饮业对高素质中式烹调专门技术人才的客观需求，我们在2010年出版的《烹调工艺实训教程》基础上进行了本次修订。

本教材第二版是“十二五”职业教育国家规划教材《烹调工艺学》（第四版）的实训配套教材，2013年8月获“十二五”职业教育国家规划教材选题立项，2014年6月通过全国职业教育教材审定委员会审定，被认定为“十二五”职业教育国家规划教材并正式出版。

本教材第二版突出了以下鲜明特点：

一是切实贯彻“以市场为导向，以行业为引线，以能力为本位”的新的课程观和教学观，准确把握本门技术的发展动态和市场对技术工的要求动向。既有与时俱进的理念，又尊重传统技术。合理安排教学内容，扎扎实实地提高学生的技术水平。

二是与理论课程有机结合，互相衔接，在时间安排上与理论课同步开设，相互独立，

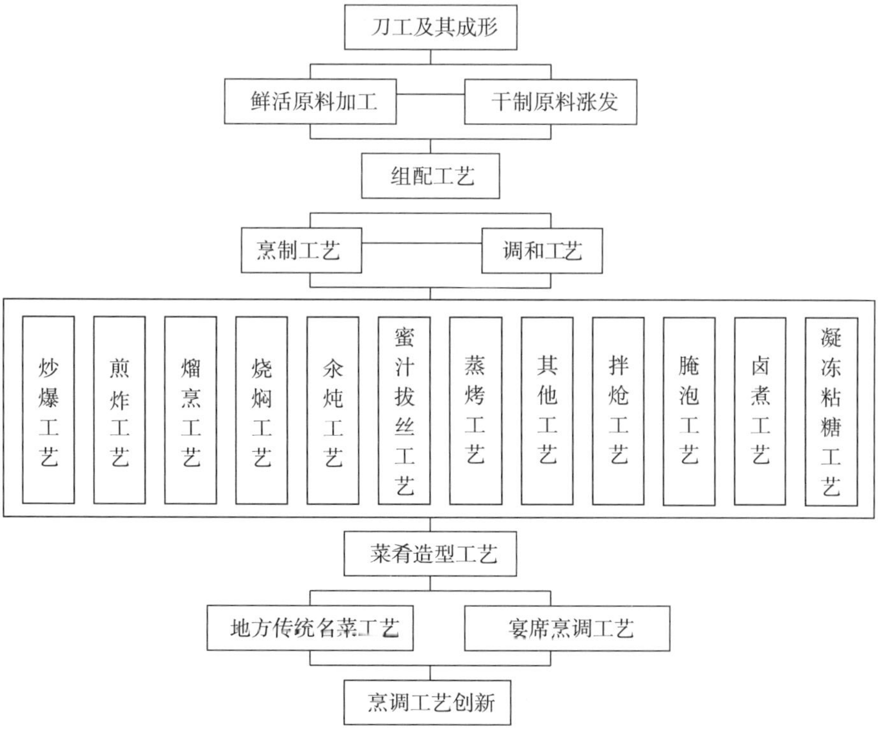

烹调工艺实训模块图

以确保训练时间和训练质量。在内容选择上与理论课内容相互对应，以确保理论与实践相结合。

三是采用“模块—项目—任务”的结构框架，使实训内容模块化，模块操作项目化，项目实施任务化。教材结构层次分明，重点突出，可操作性和针对性强。

四是在具体内容上进一步优化整合了实训模块、实训项目和实训任务，删除了一些不太实用或不易操作的实训内容。

五是本教材首次引入了二维码技术，将一些网上视频教学资源制成二维码图，师生可以通过扫描教材中的二维码，获取相关信息。此外，还配套开发了教学课件、题库等数字化教学资源。教材更加情景化、动态化和形象化。

参与本次修订的主要有河北师范大学旅游学院副院长、烹调高级技师冯玉珠教授，中国烹饪大师、石家庄中茂海悦酒店餐饮总监王广东，中国烹饪大师、石家庄海参皇餐饮管理有限公司张彦雄总经理，中国烹饪大师、北京海棠红餐饮管理有限公司行政总厨李学伟，烹调高级技师、无锡商业职业技术学院陈金标副教授，酒泉职业技术学院边振明副教授和河北师范大学旅游学院高级实验师刘鑫峰老师。

本书在修订过程中，借鉴了国内烹调工艺实训教学研究的最新成果，参考了许多专家、学者的论著和大量报纸、杂志、网络的相关资料。同时，本教材从编写到完成，得到了河北师范大学有关领导、老师和学生的支持和帮助，在此一并表示衷心感谢！

由于编者水平有限，教材中难免会有不妥和错误之处，恳请读者批评指正。

冯玉珠

2014年2月于河北师范大学

第一版前言

实训教学是培养学生操作技能和技术应用能力的主要环节，而实训教材又是保证实践教学体系的建立和实践教学质量的必备的基本条件。《烹调工艺实训教程》是普通高等教育“十一五”国家级规划教材《烹调工艺学》（第三版）的补充和完善，它将烹调工艺职业岗位的基本技能和核心技能进行提炼归纳，着重培养学生的烹调实践能力、职业习惯和创新精神。

在教材编写中，我们征求了教育部高职高专餐旅管理与服务类专业教育教学指导委员会和中国烹饪协会专家工作委员会有关专家委员及餐饮行业权威人士的意见，对众多开设烹饪专业的院校和餐饮企业进行了调研，并在充分听取广大读者意见的基础上，确定了本教材的编写原则：针对行业需要，以中式烹调师国家职业标准为依据，以能力为本位，以就业为导向，以学生为中心，重点培养学生的综合职业能力和创新精神；确定了教材“模块—项目—任务”的结构框架；强化职业技能要求，充分体现了高职教材可操作性和实用性的特点，既要方便教师的教学，又要有利于学生的练习与测评。

本教材具有以下几个特点：

1．实训内容模块化

本教材参照中式烹调师国家职业标准和要求，结合烹调工艺的特殊性和各地风味菜肴的制作工艺与特点，以烹调工艺流程为主线，将各工艺环节的主要技能进行归纳和提炼，按中式烹调师职业岗位工作过程设置教学模块，即分为烹调工艺准备实训、烹饪原料加工实训、调配工艺实训、烹制基本工艺实训、热菜烹调方法实训、冷菜烹调方法实训、菜肴造型工艺实训、地方传统名菜制作实训、宴席菜肴设计与制作实训、烹调工艺创新实训等十大模块，充分体现了中式烹调师国家职业标准中规定的职业技能、工作内容和技能要求。各模块可随时根据烹调技术的发展和菜肴工艺的改进，及时调整实训内容。

2．实训模块项目化

实训项目是在实训模块的基础上形成的。本教材大量采用来自厨房现场的工作任务作为承载教学内容载体的实训项目，完成这些实训项目的工作过程，将引领学生掌握操作技能，理解理论知识，积累工作经验和培养职业道德等。在确定实训项目时，我们主要遵循以下基本原则：一是努力做到求同存异，尽量保证所选项目的典型性与代表性。二是统一性与地方性相结合。中国烹调工艺经过几千年的发展，因受地方习俗、地域文化、社会经济的影响，具有明显的地方性和复杂性。因此，在实训项目的开发上，对基本素质、基本技能要规定统一的内容和要求；而在某些地方特色突出的项目上，则强调地方性、实用性。在实训时各校可直接选用本教材中的实训项目，也可依据实训模块标准和实际情况自行设计、编制实训项目。三是注重经济性与实用性。在不降低技能训练标准和模块要求的前提下，在具体实训项目开发上，则考虑经济和实用。例如，由于学校经费的限制，在原材料的选用上，能用低、中档的不用高档或少用高档原料；由于教学课时的限制，干料泡发要选用一些泡发时间较短的项目，并且要与菜肴实训同步进行；在宰杀一项的实训时，要尽量选用在当地常见的动物性原料；对于具体菜肴项目的选定，则强调实用性、代表性和典型性，尽量避开那些技术难度低而原料高档，或加热时间长、技术含量不高的菜品，更不要考虑那些华而不实的菜品。

3．实训项目层次化

实训项目选取的基本依据是烹调工艺所涉及的工作领域和工作范围，按照“以能力为本位，以职业实践为主线，以项目课程为主体的模块化专业课程体系”的总体设计要求，同时遵循高等职业学校学生的认知规律，从简单到复杂，从单一到综合，从传统到创新，将完成各个工作任务（项目）的学习内容，分步进行编写，循序渐进地培养学生的动手实践能力，充分体现任务引领、实践导向的课程思想，使工作任务具体化。每一个实训项目都是典型的工作任务，将工作任务作为学习的载体或学习的中心，实现学习内容与企业实际运用的新知识、新技术、新工艺、新方法的同步。

此外，本教材体例编排与版式设计新颖独特。在实训模块和实训项目中，设计了“实训目标”、“实训内容”、“模块描述”、“实训项目”、“实训方法”、“原料与器具”、“实训指导”、“原料组配”、“工艺关键”、“操作过程”、“名师指点”、“成品特点”、“举一反三”、“技能考核”等别具特色的栏目，彰显教材的科学性、实用性、先进性、规范性和可操作性。

当然，没有任何一本教材可以取代实际的厨房经验，而且一本教材也无法取代一名富有经验的专业教师的地位。专业教师通常能够为学生做现场演示，指导学生的学习，回答学生提出的各种问题，在必要时给予建议和帮助。每一位专业教师都拥有自己独特的烹调经验并总结出自己特有的烹调技法和制作程序。因此，尽管本书介绍了许多被普遍接受和认可的烹调方法和烹调技巧，我们还是希望专业教师在具体教学中能把自己的烹调经验讲给学生，以作为对本书的补充。

对于学生来说，烹调技能的掌握绝非一日之功。学艺先学理，理不通则艺不明。只有在正确的理论指导下，有目的、有步骤、按规范，一步步地多练，才能出成绩。多练的内容是教师指定的实训项目，多练的要求是“严”字当头，多练的目的是“学会”，多练的步骤是先模拟后实践，在反复多次的模拟练习中，教师要不断地找出学生练中的不足，不断提出更严格的要求。学生要练习、练习、再练习，熟练、熟练、再熟练。因为烹调技能的掌握没有捷径，只有勤奋和努力，才能够成为真正的大师、名师。

本书由河北师范大学旅游学院冯玉珠教授任主编，河北省人民政府办公厅行政处中式烹调技师沈集良、河北师范大学旅游学院实验师尹汝龙、无锡商业职业技术学院副教授陈金标任副主编。具体分工是：模块1、5、6、10由冯玉珠编写，模块2由沈集良编写，模块3由陈金标编写，模块4由河北师范大学旅游学院王莉、刘鑫峰、王卫民编写，模块7由广东环境保护工程职业学院郝志阔、酒泉职业技术学院边振明编写，模块8由黑龙江旅游职业技术学院张绍山、石家庄旅游职业学校刁力、张艳荣编写，模块9由尹汝龙编写。此外，昆明学院旅游系杨滨、孙志强等老师参加了部分内容的编写和校对工作。由冯玉珠主编对全书内容进行整理、补充。

本书在编写过程中参考和借鉴了国内众多专家和学者的最新研究成果，特别是袁新宇、张胜来、丁玉勇、刘致良、陈金标等的著作给了我们很多启发和帮助。本书的编写得到了河北师范大学职业技术学院、旅游学院有关领导和老师的大力支持和帮助，获得了2009年度河北师范大学校级精品教材建设项目经费资助。在此一并表示衷心的感谢!

由于水平有限，经验不足，书中必定存在谬误之处，敬请读者批评指正。

冯玉珠

2010年6月于河北师范大学

目录

CONTENTS

模块一

刀工及其成形

实训目标

1. 熟练掌握各种常用刀法，加工出各种形状，符合规格要求。
2. 养成良好的刀工姿势和操作习惯。

实训方法

教师讲解→示范操作→学生个人练习→教师指导→综合讲评→填写实训报告。

项目一　刀工准备

任务1　磨刀

器具准备

磨刀石、菜刀、毛巾等。

操作过程

❶ 在磨刀前，先用热水将刀面油污洗净，以免滑脱伤手。

❷ 磨刀时，两脚叉开，或一前一后站定、站稳。胸部略微向前；右手持刀，左手拇指压住刀，食指、中指按住刀面，刀背朝身体，刀刃向外；左手要按得重一些，以免脱手。刀面要用水打湿，磨刀石上要淋水，保持磨刀石的石浆充足，刀刃要紧贴石面，磨刀的动作是前推后拉，平推平磨，用力均匀。刀身两面磨的次数要基本相等。

❸ 磨刀完毕后，整理用具，清洗刀具、擦干，涂油保护，清理现场。

实训指导

❶ 磨刀时，精力要集中，安全第一。

❷ 方法要得当，用力有轻重缓急，不能急于求成，也不可能一次就把刀磨好。

❸ 刀具有两面，两面用力要一致。

❹ 刀具磨到以下结果为止：一是刃面上看不到粗磨的痕迹，刃面光亮；二是用手顺着刃面摸刀刃，刀刃无卷曲（不卷口）；三是将刀刃朝向眼睛，使刀刃线与视线呈30° 角观察刀刃，刀刃线很细，几乎看不到刀刃，表明已经磨好；如果看到刀刃上有一段弧，即白色的一条刀刃线，表示刀还钝，需要再磨。

任务2 刀工姿势训练

原料与器具

原料：萝卜或马铃薯等。

器具：操作台、厨刀、菜墩、菜盆（盘）、毛巾等。

操作过程

❶ 站立姿势　两脚呈丁字形或八字步站稳，与肩同宽，挺腰收腹，上身略向前倾，自然放松，身体与砧板保持一定距离（5～10cm），颈自然微屈，重心垂直。

❷ 握刀手势　一般右手持刀，手心紧贴刀柄，拇指与食指捏住刀箍处，全手握住刀柄，手腕要灵活有力。在刀工操作时，握刀的手势与原料的形状、质地和刀法有关。使用的刀法不同，握刀的手势也有所不同。总的握刀要求是牢而不死，软而不虚，硬而不僵，轻松自然，灵活自如。

❸ 扶料姿势　通常左手控制原料，五指合拢，自然弯曲呈弓形；拇指与小指按料两侧，防止切料松散；食指、中指与无名指按料上端，中指指背第一关节凸出顶住刀膛，后手掌及大拇指外侧紧贴墩面或原料，起支撑作用。

❹ 指法训练　根据所加工的原料质地的不同，刀工指法可分为连续式、间歇式、交替式、交换式四种。

（1）连续式。左手五指合拢，手指弯曲呈弓形，用中指第一关节紧贴刀膛，保持固定的手势，向左后方连续地移动。刀距大小可根据需要灵活调整。这种指法中途很少停顿，速度较快，主要适用于切割各种脆性原料。

（2）间歇式。与连续式指法基本相同。移动时四个手指一同朝手心方向移动，当切割原料4～6刀时，手势呈半握拳状态，稍停顿一下，重心点就落在手掌及大拇指外侧部位。然后，其他四个手指不动，手掌微微抬起，大拇指相随，向左后方移动。恢复自然弯曲状态时继续行刀切割原料，如此反复进行。这种指法适用范围较广，切割动物性、植物性烹饪原料时均可采用。

（3）交替式。左手手指呈自然弯曲状态，以中指紧贴刀膛，并保持固定的手势。中指顶住刀膛，轻按原料不抬起。食指、无名指和小拇指交替起落（起落的高度均在3mm左右），大拇指外侧做支撑点，手掌轻贴原料，整个手的重心全部集中在大拇指外侧指尖部位。手掌向左后方向缓慢移动，并牵动中指和其他三个手指一起向左后方移动。整个动作要连贯，很少停顿。这种指法难度较大，不易掌握，但它有很多优点：动作小、节奏感强，稳定性好，控制刀距较为准确，使切出的原料均匀一致。这种指法主要适用切肉丝、鸡丝（实则是直切），切制其他原料或形状时，也可采用此种指法。

（4）变换式。是综合利用或交换使用连续式、间歇式、交替式的指法。有些韧性的动物性烹饪原料，因质地老、韧、嫩联结为一体，单纯使用一种指法有时难以奏效，不能保证原料达到均匀一致的效果。因此，就需要视原料质地的不同，灵活运用各种指法有效地控制刀距。

实训指导

❶ 目测法和指法　在刀工处理时，原料的薄厚、宽窄、长短、大小是否均匀，主要取决于目测能力和指法。目测能力是指用眼睛测量加工成形的原料是否合乎规格的能力。目测水平的高低，取决于操作者的刀工实践经验，直接关系到原料成形后的刀工质量。从事刀工工作，手指又是计量和掌握切割原料的“尺子”。只有通过这把“尺子”的正确运用，才能使加工的原料符合规格标准。

❷ 放刀位置和携刀姿势　每次操作完毕以后，应将刀具放置墩面中央，刀口向外，前不出尖，后不露柄，刀背、刀刃都不应露出墩面。当需要将刀挪动位置时，一般应右手横握刀柄，紧贴腹部右侧，刀刃向上。携刀走路时，切忌刀刃朝外，手舞足蹈，以免伤害自己和伤害他人。

项目二　基本刀法

任务1　切（直刀法）

原料与器具

原料：白萝卜、冷水面团等。

器具：操作台、菜墩、切刀、毛巾、盆、盘等。

操作过程

❶ 直切训练　左手按料，手指呈自然弯曲形，中指第一关节抵住刀身，根据加工要求的厚薄，不断向后作等距离螃蟹状移动；右手持刀，运用右手腕力和手力，随着左手移动的距离，刀紧贴着左手中指的第一关节，一刀一刀直切下去，刀与菜墩平面呈90°角，不能偏内或偏外。反复练习直到熟练。

❷ 推切法训练　左手按料，手指呈自然弯曲形，中指第一关节要抵住刀身，操作时呈螃蟹状向后移动；右手持刀，运用右手腕力和小臂力量，一刀推到底。反复练习直到熟练。

❸ 拉切训练　与推切相似，但与推切的运刀方向相反，着力点在刀的前端。由刀的

中后端进料，先向前稍推再向后拖刀，刀的前端断料，如此反复。

❹ 锯切训练　在推切和拉切的基础上的一种综合用刀，一般是先推后拉，像拉锯一样，直到将原料切断。将萝卜用推拉刀法切成薄片，如此反复。

❺ 铡切训练　第一种，右手握住刀柄，提起，使刀柄高于刀的前端，左手按住刀背前端使之着墩，并使刃口的前部按在原料上，然后对准要切的部位用力切下去。

第二种，右手握住刀柄，将刃口放在原料要切的部位上，左手握住刀背的前端，左右两手同时用力压下去。

第三种，右手握紧刀柄，将刀刃放在原料要切的部位上，左手用力猛击刀背，使刀猛铡下去。铡切适用于加工带壳的或体小而形圆易滑，以及略带小骨头的生料或熟料，如蟹、油鸡、烧鸭和带壳的蛋类等。

❻ 滚料切训练　滚料推切：左手扶稳原料，使其与刀具保持一定的角度，右手持刀，用刀刃的前部对准原料被切位置，运用推刀切或直刀切的刀法，将原料推切断开。每切完一刀后，即把原料朝一个方向滚动一次，再做推刀切，如此反复。

实训指导

❶ 直刀法是指刀具与墩面基本保持垂直角度运行的刀法，依据用力大小的程度分为切、剁、砍三类。切是运用腕力，刀刃离原料0.5～1cm向下割离原料的一类刀法，依据用力的方向，分为直刀切（又称跳切）、推刀切、拉刀切、推拉刀切、锯刀切、滚料切（行业称滚刀切）、铡刀切等。

❷ 实训时主要练习直刀切，其次练习推刀切、拉刀切、推拉切等，要注意选用普通原料，掌握运刀关键。

❸ 课后要多练，可用报纸、树叶、各种蔬菜练习。

任务2　剁、砍（直刀法）

原料与器具

原料：白萝卜等。

器具：操作台、菜墩、切刀、砍刀、毛巾、盆、盘等。

操作过程

❶ 剁法训练

（1）排剁训练。有单刀排剁和双刀排剁两种，方法大致相同。单刀排剁时，将原料放在墩面中间，左手扶墩边，右手持刀（或双手持刀），用刀刃的中前部位对准原料，用力剁碎。当原料剁到一定程度时，将原料铲起归堆，再反复剁碎原料直至达到加工要求为止。

（2）刀尖（跟）排训练。操作时要求刀要作垂直上下运动，用刀尖或刀跟在片形原料上扎上一些分布比较均匀的刀纹，用以剁断原料内的筋络，防止原料因受热而卷曲变形。

（3）刀背排（捶）训练。左手扶墩，右手持刀（或双手持刀），刀刃朝上，刀背朝下，将刀抬起，捶击原料。当原料被捶击到一定程度，将原料铲起归堆，再反复捶击，直至符合加工要求。

❷ 砍刀法训练

（1）直刀砍（斩）训练。左手按稳原料，右手紧握刀柄，提刀与头平齐，将刀对准原料，运用手腕和手臂的力量，用力一刀砍下去，同时左手迅速离开落刀点。

（2）跟刀砍训练。将原料放到菜墩上，右手持刀，左手按稳原料，先直砍一刀，再将刀刃砍入刀缝内，使刀和原料连在一起，然后两手同时将刀和原料举起，再一起落刀，砍断原料。通常用于一次不易砍断，需要连续砍几次的原料。

（3）拍刀砍训练。将原料放到菜墩上，右手握刀柄，将刀放在原料所需要砍的部位上，左手高举在刀背上，用力拍下，将原料砍断。

实训指导

❶ 剁原料时注意举刀都不能过高。剁前，可将原料先切成细丁，再进行剁，也可用刀背将原料敲成泥状后，再用刀剁，可使蓉、末更为细致。

❷ 砍原料时落刀部位要对准，用力大小要恰当，避免砍空和伤手。

任务3　批（平刀法和斜刀法）

原料与器具

原料：豆腐、白萝卜、莴笋、猪肉、白菜帮等。

器具：操作台、菜墩、片刀、毛巾、盆、盘等。

操作过程

❶ 平刀法训练

（1）平刀片训练。将豆腐平放在菜墩上，右手握刀，左手按料，刀从原料右侧直达左侧，一刀片到底，运刀时刀身与菜墩表面平行。

（2）推刀片训练。将去皮后的莴笋平放在菜墩上，以刀身平着片进原料后，由后向前（或由内向外）推进，着力点在刀的后端，并逐步从右向左移动片断原料，反复练习直到熟练。

（3）拉刀片训练。将去皮后的莴笋平放在菜墩上，刀身平着片进原料，由前向后（或由外向内）拉进，着力点在刀的前端，并逐步从右向左移动片断原料，反复练习直到熟练。熟练后可以用猪肉为原料加以练习。

（4）推拉刀片训练（从上片）。将萝卜去皮初加工后平放在菜墩上，从原料右侧上方进刀，片时用左手手指按稳原料，右手持刀，刀背稍高于刀刃，保持刀具平稳，一推一拉，中途不要停顿。在推进中，左手要向后移，不能压住片好的原料，保持片张厚薄均匀，不呈现刀口。反复练习直到熟练。

（5）推拉刀片训练（从下片）。将猪肉平放在菜墩上，左手手指按料，右手持刀与菜墩平面平行，保持刀具平稳，先推后拉，然后用左手手掌按稳原料，一推一拉，向前运刀直到片断原料，中途不要停顿。运刀时注意观察刀刃与菜墩面之间的距离，掌握好厚薄。反复练习直到熟练。

❷ 斜刀法训练

（1）斜刀片训练。将萝卜平放在菜墩上，保持正确的站立姿势，右手持刀，刀身倾斜，刀背向外（向右），刀刃向内（向左），刀与菜墩面呈较小的锐角，片时，刀向左下方运动，将原料片断，左手轻按住未片原料的下方。反复练习直到熟练。

（2）反斜刀片训练。将白菜帮放在菜墩上，左手按稳原料，手指稍弓弯曲，弧度不宜大，并以中指上部关节处抵住刀身，右手持刀，右手大拇指放在刀背上，食指在刀身的一侧，其他手指紧握刀把。刀运行时刀身紧贴左手中指的关节片进原料，每次落刀后，左手即向后移动，刀身略斜，刀背向内（后），刀刃向外（前），呈一定斜度落刀。片进原料后，由内向外运动，片断原料。反复练习，直到熟练。

实训指导

❶ 平刀法是指刀面与墩面平行，刀面保持水平运动的刀法。依据用力方向，可分为平刀直片、平刀推片、平刀拉片、平刀抖片、平刀滚料片等。斜刀法是一种刀面与墩面呈斜角，刀做倾斜运动，将原料片开的刀法。按刀的运动方向与砧墩的角度，分为斜刀拉片（也称正斜刀法、正刀批、斜刀片等）和斜刀推片（也称反斜刀法、反刀批、反刀片等）两种方法。

❷ 选用豆腐、萝卜、白菜帮等原料分别练习平刀法和斜刀法，掌握其运刀方法和操作关键。

项目三　基本形状加工

任务1　片的加工

原料与器具

原料：白萝卜、莴笋、胡萝卜、黄瓜等。

器具：操作台、菜墩、片刀、毛巾、盆、盘等。

操作过程

❶ 长方片的刀工成形　将白萝卜切成截面长为3cm、宽为2cm的长条，再直切成0.2cm厚的长方片。

❷ 菱形片的刀工成形　将胡萝卜或莴笋斜刀切成截面边长为1.5cm的菱形段，再竖切成0.3cm厚的片。

❸ 半圆片的刀工成形　将胡萝卜或莴笋顺长切为两半，然后再用顶刀切成厚0.2～0.4cm的半圆形的片。

④ 柳叶片的刀工成形　将黄瓜切成截面呈长圆形的料形状态，顺长切为两半，然后再切成厚约0.2cm的柳叶状片。

⑤ 夹刀片的刀工成形　第一刀不切断，第二刀切断，成两片一组、一端相连、一端切开的片，连着的部分约为整料厚度的1/5。

实训指导

① 片是具有扁薄平面结构的料形，主要通过平刀法、直刀法、斜刀法等方法加工而成。片形复杂，种类繁多，常见的有正方片、长方片、菱形片、柳叶片、圆形片、半圆片、月牙片、夹刀片、抹刀片等。

② 片的厚度虽然有一定的规格，但在运用中还要根据具体的原料品种而定。一般来说容易碎的原料应加工得厚一些；韧性较强的原料可加工得稍微薄一些。另外在加工时，还要考虑纤维的方向，片与片之间大小一致、厚薄均匀等。

任务2　丝的加工

原料与器具

原料：白萝卜、瘦猪肉等。

器具：操作台、菜墩、切刀、毛巾、盆、盘等。

操作过程

① 白萝卜切丝

（1）切头粗丝。先将萝卜切成长10cm、厚0.4cm的厚片，然后在厚片的基础上用推刀法将萝卜片切成0.4cm宽的丝。

（2）切二粗丝。用推切的方法，先切成长10cm、厚0.3cm的厚片，然后在厚片的基础上用推刀法将萝卜片切成0.3cm宽的丝。

（3）切细丝。用推切的方法，先切成长10cm、厚0.2cm的片，然后在片的基础上用推刀法将萝卜片切成0.2cm宽的丝。

（4）切银针丝（重点练习）。先将萝卜削去外皮，切成长约10cm、宽约4cm的长方体，然后将萝卜放在菜墩上，采用上片法将原料片成0.1cm厚的薄片，每片好一片，就摆放在菜墩上，呈瓦楞形，然后再用跳切法将原料切成丝，放在清水里浸泡至发亮、发挺，捞出装盘即成。

② 猪肉切丝　先将猪肉分割成8～10cm长的小块，用下片的方法，将肉片成0.3cm厚的片，再用推刀法将肉片切成0.3cm粗的丝。

实训指导

① 丝呈细条状，主要是在片的基础上运用片（批）、切等刀法加工而成的。加工方法一般是先将原料用直刀法、平刀法或斜刀法加工成大薄片，再用直刀法切成丝状。按照加工丝所需要的片的厚度分为粗丝、中号丝和细丝。粗丝如牛肉丝，规格为（4～8）cm×0.3cm；中号丝如干丝，规格为（3～5）cm×0.15cm；细丝如姜丝，规格为（3～5）cm×0.1cm。

❷ 切丝时要根据原料性质决定顺切、横切或斜切。如切猪肉应顺切，切牛肉丝应斜切或横切。丝的粗细要根据原料质地和烹调方法的要求而定。一般来说，质地韧性强而坚实或不易破碎的原料应加工得细一些；适于滑炒、蒸等烹调方法的应细一些，如鸡丝、姜丝、榨菜丝等；易碎的原料应加工得粗一些，如鱼丝、豆腐丝等。用于煸等烹调方法的应加工得稍粗一些，如干煸牛肉丝。

❸ 练习时注意持刀要稳，下刀要准，用力均匀，节奏适当，粗细长短一致，均匀整齐。

任务3 段、块、条、丁、粒、末的加工

原料与器具

原料：白萝卜、莴笋、胡萝卜、马铃薯、猪肉等。

器具：操作台、菜墩、切刀、毛巾、盆、盘等。

操作过程

❶ 将白萝卜切成正方块和长方块，将胡萝卜切成菱形块和滚料块。

❷ 将白萝卜切成长6cm、截面为1.2cm见方的一字条。

❸ 将马铃薯（或白萝卜、莴笋）切成1cm见方的丁，将猪肉（或瘦牛肉、鸡脯肉、净鱼肉）切成1cm见方的丁。

❹ 将白萝卜切成0.6cm见方和0.4cm见方的豆粒、绿豆粒。

❺ 将白萝卜切成粒和末两种形状。

实训指导

❶ 段是将柱状原料横向切成自然小节所得到的料形，如鱼段、葱段等。段比条粗，没有宽窄限制，但保持原料的自然宽度是段的主要特征，该料形主要是运用直刀法和斜刀法中的切、剁、砍等方法加工制成。按段的粗细分为粗段和细段；按段的加工方法分为直刀段和斜刀段。

❷ 块的形状很多，有规则的，也有不规则的，如大方块、小方块、长方块、三角块、菱形块、骨牌块、滚刀块、瓦楞块、劈柴块、象眼块等，主要是运用切、剁、砍、撬等方法加工而成，其大小应根据烹调和食用的要求灵活掌握。

❸ 条是将片状的原料加工成较宽、细长的料形，按照加工条所需要的片的厚度分为粗条、中号条和细条。

❹ 丁是从条上横截而成的近似于立方体的料形。按照丁的形状分为方丁、菱形丁、橄榄形丁、指甲丁等；按照加工丁所需要的条的规格分为大丁、中丁和小丁三种。丁的成形方法一般是先将原料加工成大片或厚片，再切成条状，最后横向改刀切成近似正方体的形状。对于加工质地较老的动物性原料，要先用拍刀法将其肌肉组织拍松，然后再切成丁；对于结缔组织较丰富的原料，要先将其片（批）成大片，在片的两面排剞上刀纹后再切成丁，这样利于肉质疏松，割断筋络，扩大肉质的表面积，使原料易于吸收水分，便于成熟和便于调味品的渗透。切丁时，首先要掌握片的厚度。片切成条时，又要掌握条的整齐划一，最后切丁时，下刀要

直，刀口的距离要一致。

5. 粒是从粗丝上横切下来的立方体，有时为了美化菜肴的需要，也可以在立方体的基础上作相应的变化，如菱形的小粒等。粒的成形方法与丁大致相同。按照粒的大小分为绿豆粒、豌豆粒等。
6. 末的形状是一种不规则的形体，是从细丝上横切而成的，其成形方法是通过直刀切或直刀剁等方法加工形成的。

项目四　剞刀法及成形

任务1　剞刀法

原料与器具

原料：白萝卜、冷水面团等。

工具：操作台、菜墩、片刀、毛巾、盘等。

操作过程

1. 直刀剞　左手扶稳原料，中指第一关节弯曲处顶住刀膛，右手持刀，用刀刃中前部对准原料被剞位置。直刀自右后方向左前方运动，直至进深到一定程度时，停止运行。然后将刀收回，再次行刀推剞。如此反复进行直刀推剞，直至原料达到加工要求为止。
2. 斜刀剞　左手扶稳原料，中指第一关节微弓，紧贴刀膛。右手持刀，用刀刃中前部对准原料被剞位置。斜刀自左前方向右后方（或右后方向左前方）运动，直至进深到一定程度时刀停止运行。然后将刀收回，再次行刀推剞，直至原料达到加工要求为止。

实训指导

1. 混合刀法一般要用一种或两种刀法在同一原料上一次或两次（成一定角度）连续、均匀地剞上有一定规则的深而不透的刀纹。经过烹调后，原料会卷曲成各种形状，如麦穗、菊花、荔枝、核桃、鱼鳃、蓑衣、木梳背等。
2. 剞刀法适用于质地脆嫩，体型比较厚大，有韧性，收缩性强的原料。练习时可先用面团、萝卜反复练习，再用鱿鱼、猪腰子等练习，直到熟练。
3. 练习时要注意持刀要稳，下刀要准，用力均匀，刀距一致，深浅相同，不剞穿剞断原料。要注意花刀的方向、角度、深度和距离。

任务2　一般原料剞花

原料与器具

原料：猪里脊肉、猪腰、鸭肫、鲜鱿鱼等。

器具：操作台、菜墩、片刀、毛巾、盆、盘等。

操作过程

❶ 菊花花刀　运用直刀推剞的刀法在原料上剞上横竖交错的刀纹，深度为原料厚度的4/5，两刀相交为90°，改刀切成约3cm见方的正方块。

❷ 麦穗花刀　用直刀推剞和斜刀推剞的刀法制成，即先斜刀推剞，倾斜角度约为40°，刀纹深度是原料厚度的3/5。再转一个角度直刀推剞，直刀剞与斜刀剞相交，以70°～80°为宜，深度是原料的4/5。最后改刀成块。

❸ 蓑衣花刀　用直刀剞和斜刀推剞的刀法制成，即先在原料的一面直刀（或推刀）斜剞上一字刀纹，刀纹深度为原料厚度的1/2。然后，再在原料的另一面用同样的刀法，剞上直一字刀纹，刀纹深度是原料厚度的1/2，与斜一字刀纹相交。或先在原料的一面直刀剞上深度为原料厚度4/5的刀纹，再斜刀推剞上深度为原料厚度4/5的刀纹。然后将原料翻起，再在另一面上斜刀推剞上深度为原料厚度4/5的刀纹。最后改刀切成长约2cm、宽约2.5cm的长方形。

实训指导

剞花刀时要注意花刀的方向、角度、深度和距离。花刀的角度主要指两个方面：一是刀与原料的角度，二是两次剞刀的刀纹纵横相交的角度。对一般原料的花刀，不需要考虑方向，但对一些特殊的原料（如墨鱼、鱿鱼）必须根据其卷曲方向及花刀的要求来决定纵横之间方向，成形改刀也必须根据其卷曲方向来决定。剞花刀的深度应根据原料的性质及菜肴的要求来决定，一般是剞进原料厚度的2/3～4/5。剞花刀的距离就是根据原料的大小，剞成一条条距离相等的平行刀纹，但也因原料不同而有所差别。

任务3　整鱼剞花

原料与器具

原料：鲜鲤鱼（或青鱼、草鱼、鳜鱼等）若干条。

器具：操作台、菜墩、片刀、毛巾、盆、盘等。

操作过程

❶ 剞直一字花刀　用直刀法在鱼体两侧偏脊背处剞平行一字刀纹。刀距、刀纹深浅要均匀一致，深不可至鱼骨。

❷ 剞斜一字形花刀　在鱼体两面剞上斜一字形排列刀纹，刀间距1cm。刀距、刀纹深浅均匀一致。背部刀纹要深些；腹部刀纹要浅些。

❸ 剞多十字花刀　用直刀法在鱼体两侧近背部剞交叉十字刀纹或用斜刀法剞十字刀纹，刀纹间距较为密集。十字形的大小、方向和数量，应根据鱼的种类和烹调要求的不同灵活掌握。

❹ 剞糖醋鱼花刀　用斜刀推剞（或拉制）和平刀推剞（或拉剞）的方法加工而成。

操作时，首先将刀刃放在鱼体表面，刀与鱼体呈45°角，用斜刀推剞或拉剞至近鱼骨，再沿鱼骨用平刀推剞或拉剞深约2cm。经加热后鱼肉翻卷，形似牡丹花瓣。刀纹间距不要过疏，也不必太密，间距一般以3～5cm为宜。刀刃的运行带一定的弧度，效果会更好。

❺ 剞松鼠鱼花刀　先将鱼头去掉，沿脊骨用平刀片至尾根部，剁去脊骨，并片去胸刺。然后在两扇鱼片上剞上直刀纹，刀距4～6mm。再斜剞上刀纹，刀距2～3mm。直刀纹和斜刀纹均剞至鱼皮（不能剞断鱼皮）。两刀相交构成菱形刀纹。

❻ 剞狮子鱼花刀　刀在鱼体两侧分别剞出8cm长、3cm宽的平行薄片，10～12片，再逐片用剪刀剪成细丝。片片薄厚要均匀，剪丝粗细要一致。

实训指导

❶ 在众多的鱼类菜肴中，以整体入馔者占较大的比重。由于鱼体较大，一般都要剞花刀。经过花刀处理的鱼，不仅可使菜肴的外形美观，还可使调味品容易渗入鱼体内部，同时也更易成熟，使之更加醇美可口。

❷ 鱼的花刀处理有多种样式，如一字花刀、十字花刀、多十字花刀（网格花刀）、月牙花刀、牡丹花刀、波浪花刀、柳叶花刀、葡萄花刀、松鼠花刀、菊花花刀、蛙式花刀等。

技能考核

本模块从现场操作和成品质量考查学生刀工操作的基本素质和基本技能。

考核样题

1．切肉片　在5min内，将净瘦肉（猪、牛、羊肉任选，不可用结成形的冻肉）150g切成长5cm左右、宽3cm左右长方片或柳叶片，其中猪肉片厚0.3cm左右、牛羊肉片厚0.2cm左右；出成率为95%；不得丢弃下脚料；肉片薄厚均匀，大小一致，纹路合理。时间允差：每超过30s扣1分，不足30s按30s计算，超时8min不得分。

2．切肉丝　在8min内，将净瘦肉（猪、牛、羊肉任选）150g片后切成长5～6cm、横截面为0.3cm×0.3cm左右的丝；出成率为95%左右；不得丢弃下脚料；要求肉丝长短一致、粗细均匀。时间允差：每超过1min扣1分：不足1min按1min计算，超时10min不得分。

3．剞花刀　将2个猪腰剞成麦穗花刀。要求掌握好剞花刀的深度、间距和角度。考核时限8min；时间允差：每超过1min扣1分，不足1min按1min计算，超时10min不得分。

考核要求

1．设备、考位统一编号。

2. 考生要穿戴整洁的工作服、工作帽，备好刀具。

评分标准

试题总成绩实行百分制积分方法，60分以上为及格。其中每项按百分制评分。评分标准见表1-1、表1-2和表1-3。

表1-1 片的成形训练评价表

评价指标	姿势	形状	薄厚	均匀度	卫生	成品率	成绩
标准分	10分	20分	25分	25分	10分	10分	100分
实得分							

表1-2 丝的成形训练评价表

评价指标	姿势	粗细	长短	均匀度	卫生	成品率	成绩
标准分	10分	25分	20分	25分	10分	10分	100分
实得分							

表1-3 剞花刀考核评价表

评价指标	刀法正确	刀距一致	深浅相同	不剞穿剞断原料	成品率	成绩
标准分	20分	20分	20分	20分	20分	100分
实得分						

模块二

鲜活原料加工

实训目标

1. 掌握家禽宰杀、部位分割、剔骨出肉、整料去骨的方法和技巧。
2. 掌握鱼类的初加工、分档取料和整料去骨技术。
3. 掌握虾、蟹等水产品初加工和出肉加工的方法、步骤和技术要领。

实训方法

教师讲解→示范操作→学生练习→教师指导→综合讲评→填写实训报告。

项目一　禽类加工

任务1　光鸡的分割与出肉

原料与器具

原料：光鸡1只。

器具：砧板、厨刀、抹布、盆或盘子等。

操作过程

❶ 鸡的主要部位分割　光鸡平放砧板上，在脊背部，自两翅间至尾部，用刀划一长口，再从腰窝处至鸡腿裆内侧，用刀划破皮左手抓住一鸡翅，从刀口自肩臂骨骨节处划开，剔去筋膜，撕下鸡脯，同时将紧贴胸骨的鸡里脊肉取下，再将鸡翅与鸡脯肉分开。左手抓住一鸡腿，反关节用力，用刀在腰窝处划断筋膜，再用刀在坐骨处割划筋膜，用力即可撕下鸡腿，再从胫骨与跖骨关节处拆下，然后将鸡翅、鸡脯、鸡腿、鸡

架、鸡爪分类放置。

❷ 鸡的主要部位剔骨　光鸡经过分割后，其分档剔骨的主要部位是鸡腿和鸡翅（因鸡脯已是净肉）。

（1）鸡腿剔骨。用刀从鸡腿内侧剖开，使股骨和胫骨裸露，从关节处将两骨分离，割断骨节周围的筋膜，抽出股骨；再用相同的方法取下胫骨。

（2）鸡翅剔骨。割断肱骨关节四周的筋膜，将翅肉翻转，再割断尺骨、桡骨上的筋膜，取下肱骨及尺骨、桡骨。翅尖部位的骨骼一般在生料剔骨时予以保留。

实训指导

❶ 要熟悉家禽的骨骼组织结构，做到下刀准确，按刀路取肉，保证不同部位原料的完整性。所谓刀路就是指肌肉间的结缔组织形成的筋络腱膜。

❷ 正确掌握开刀取料的先后顺序。要根据胴体结构分步骤开刀、去骨、取肉。

❸ 出骨取肉时，刀刃要紧贴骨骼，徐徐而进。每次进刀都要在前次进刀的刀口上继续前进。否则会造成部位肉块不完整，碎肉和肉渣过多。

任务2　整鸡去骨

原料与器具

原料：光鸡1只。

器具：砧板、厨刀、抹布、盆或盘子等。

操作过程

❶ 划开颈皮，斩断颈骨　在鸡颈和两肩相交处，沿着颈骨直划一条长约6cm的刀口，从刀口处翻开颈皮，拉出颈骨，用刀在靠近鸡头处，将颈骨斩断，需注意不能碰破颈皮。

❷ 去前翅骨　从颈部刀口处将皮翻开，使鸡头下垂，然后连皮带肉慢慢往下翻剥，直至前肢骨的关节（即连接翅膀的骱骨）露出后，可用刀将连接关节的筋腱割断，使翅骨与鸡身脱离。先抽出桡骨、尺骨，然后再抽翅骨。

❸ 去躯干骨　将鸡放在砧板上，一手拉住鸡颈骨，另一手拉住背部的皮肉，轻轻翻剥，翻剥到脊部皮骨连接处，用刀紧贴着前背脊骨将骨割离。再继续翻剥，剥到腿部，将两腿向背部轻轻扳开，用刀割断大腿筋，使腿骨脱离。再继续向下翻剥，剥到肛门处，把尾椎骨割断（不可割破尾处皮），这时鸡的骨骼与皮肉已分离，随即将躯干骨连同内脏一同取出，将肛门处的直肠割断。

❹ 出后腿骨　将后腿骨的皮肉翻开，使大腿关节外露，用刀绕割一周。割断筋腱后，将大腿骨抽出，拉至膝关节处时，用刀沿关节割下。再在鸡爪处横割一道口，将皮肉向上翻，把小腿骨抽出斩断。

❺ 翻转鸡皮　用水将鸡冲洗干净，要洗净肛门处的粪便，然后将手从颈部刀口伸入鸡胸膛，直至尾部，抓住尾部的皮肉，将鸡翻转，仍使鸡皮朝外，鸡肉朝里，在

形态上仍是一只完整的鸡。

实训指导

1. 整料去骨是指将整只（条）原料中的全部骨骼或主要骨骼剔出，剔出后仍能保持原有的完整体形的一种加工方法。经过整料去骨后的原料在烹调时传热均匀，易熟，调味品的渗透能力强，入味深入，特别在腹内加入其他原料时，可以较好地保持填料的卤汁和原味。整料去骨的鸡、鸭成为一个柔软整体，便于改变它原有的形态，可制成“葫芦鸭”“带子上殿”等菜肴。
2. 选料要讲究　作为去骨的原料，鸡要选当年生而未下蛋的母鸡，鸭要选出生8个月左右，体重在1 500g左右的肥壮母鸭。这时的母鸡、母鸭肉质不老不嫩，皮肤弹性和韧性较强，去骨时表皮也不易开裂，并且鲜香味美。一般用于整料去骨的原料内脏不去除，以便于去骨。
3. 出骨下刀要准确，要保护外形（皮肉）不受损失。去骨时，用刀要自如，刀路要正确，应紧贴骨骼剔肉，做到骨不带肉，不破外皮，去骨后肉上不带碎骨。禽体内脏随躯干骨骼一起取出。

项目二　鱼类加工

任务1　鱼类的初加工

原料与器具

原料：活鲤鱼、黄鱼、活草鱼、带鱼、河鳗等。

器具：尖刀、剪刀、竹筷、砧板、鱼鳞刮、盆、盘等。

操作过程

1. 草鱼的初加工　刮鳞→去鳃→剖腹去内脏→洗涤。
2. 黄鱼的初加工　刮鳞→去头盖皮→去鳃→卷出内脏→洗涤。
3. 带鱼的初加工　刮去银鳞→去鳍→剖腹→去鱼鳃→内脏→剪去尖嘴、鱼尾→洗涤。
4. 鳝鱼的初加工

（1）活杀。在砧板上摔晕或用刀背击昏→用剪刀从其喉部推剪到尾部→取内脏→用流水冲净血液→放入盆内并加入盐、醋等反复揉搓→洗涤干净。

（2）烫杀。放入热水锅中烫焖至熟→用竹刀将鳝鱼肉划下来→去内脏→清洗干净。

实训指导

1. 鱼类初加工的一般步骤　宰杀→刮鳞（或不刮鳞）→去鳃→修整鱼鳍→开膛（或不开膛）取内脏→清洗→沥水待用。由于品种不同，其具体的加工方法不尽相同。
2. 鱼类初步加工时，必须除去各种污秽杂质，如鱼鳞、鱼鳃、内脏、血水、黏液等，并洗涤干净。应注意不同品种和不同用途加工方法的差异，尽量保持形态的美观。如鱼类取内脏要剖腹，有些原条蒸的鱼则应将内脏从鱼口拉出。

任务2 鱼类的剔骨出肉

原料与器具

原料：鲤鱼、比目鱼、鳝鱼等。

器具：厨刀、盆、盘等。

操作过程

❶ 梭形鱼（如鲤鱼）的剔骨出肉工艺

（1）用刀顺着鱼脊骨把上下两面的鱼背切开，再用刀从头部斜着切出一个切口。

（2）从头部起，用刀沿着鱼脊骨向后剔，把背部的鱼肉剔出来。接着，顺着腹骨向后剔。剔时，要注意使鱼肉和腹骨分离，仔细地把上面的鱼片剔下来。再把鱼翻过来，按同样的方法把下面的鱼片也剔下来。

（3）拔除鱼片上的小刺。

（4）如需剔除鱼皮则需用刀在尾部鱼肉上切一个切口，一只手拉着鱼尾，另一只手用刀把鱼皮剥掉。

❷ 扁形鱼（如比目鱼）的剔骨出肉工艺

（1）刮除鱼鳞，用水清洗干净，用刀切开鱼的周边，并在鱼的腹背中间纵向切开一个切口。

（2）用刀从中间向外把鱼片剔下来。剔鱼片时，应注意不要碰伤鱼的内脏。

（3）掉转鱼尾方向，剔出另一半鱼。

（4）把鱼身翻转，按上述方法把另一面也剔成两片鱼肉，然后清除鱼片上的鱼血，拔除鱼刺。这样就把一条比目鱼剔成4片鱼肉和一个脊骨。

（5）用刀在鱼尾上切一个口，一只手拉着鱼尾方向的鱼皮，用刀从鱼尾方向把鱼皮剥下来。

❸ 长形鱼（如鳝鱼）的剔骨出肉工艺

（1）生出骨法。用刀将鳝鱼从喉部向尾部剖开腹部，去内脏，洗净抹干，再用刀尖沿脊骨剖开一长口，使脊部皮不破，然后用刀剔去椎骨，去头尾即成鳝鱼肉。

（2）熟出骨法。将熟鳝鱼背朝外，腹朝里，头左尾右，平放于案上，左手捏住鱼头，右手捏住划鳝鱼的刀（为骨制，尖刃窄身），从颌下腹侧入刀，中指与无名指护住鱼身，顺椎骨向右移动，划开鱼体成腹、背两片，再用同样的方法将椎骨一侧划开，接着划出椎骨。

实训指导

鱼类的剔骨出肉工艺，要根据鱼的自然形态和烹调要求来进行，有的将鱼去头、去骨、去皮只取净肉；有的只去鳞去骨，不去皮；还有的不去头尾，不破腹，直接从鱼体上剔下鱼肉。

任务3　整鱼出骨

原料与器具

原料：鲜鲤鱼（或鳜鱼、黄鱼、石斑鱼、鲈鱼等）1条约750g。

器具：盆、盘、厨刀、尖刀、剪刀、砧墩、抹布等。

操作过程

1. 脊出骨法（也称背开剔骨法）。

（1）将鱼放在砧墩上，用刀贴着脊骨在脊鳍两侧切开两个长切口。然后，贴着鱼骨进刀，把鱼背切开，并使鱼肉和内脏及鱼骨分离。

（2）用剪刀剪下脊骨的头尾两端，摘下脊骨和内脏。注意不要把鱼腹的皮扯破。

（3）摘除有血线的鱼骨，然后用布巾擦净。

2. 腹开剔骨法。

（1）将鱼头向外，腹向右放在案上，左手按住鱼身，右手持刀，将刀尖由肛门插入，挑切开鱼腹至前鳍处，将内脏掏出，挖出鱼鳃。

（2）用刀尖将腹腔贴脊骨与肋骨连接处割断，并剔除背刺，用同样的方法剔断另一侧肋骨，使两排肋骨与脊骨脱离。再将脊骨与鱼头、尾相接处切断；取出脊骨。

（3）再将鱼翻转过来，用刀在腹内斜刀片去肋骨，用同样的方法片去另一排肋骨，使两排肋骨剔出。

（4）鱼骨脱出后，把鱼身合拢，仍然保持完整的鱼形。

3. 鳃处出骨法。

（1）鱼洗净后，从鳃部把内脏取出，擦干水分，放在砧墩上，掀起鳃盖，把脊骨斩断，在鱼尾处斩断尾骨。

（2）将鱼头朝里，鱼尾朝外，左手按住鱼身，右手持刀将鳃盖掀起，沿脊骨的斜面推进，然后平片向腹部，先出腹部一面，再出脊背部，这样可使腹部刺不断。

（3）翻转鱼身，用同样的方法出另一面。待出完后，可把脊骨连肋骨一起抽出，洗净即可。

实训指导

1. 整鱼出骨是烹调工艺中的一项特殊的技艺，它是指将鱼体中的主要骨骼（椎骨、肋骨）去除，而保持外形完整的一种出骨技法。适合整鱼出骨的鱼通常是一些体壁较厚，体较宽或椎、肋较小的梭形鱼，如鳜鱼、鲤鱼、黄鱼、黄姑鱼、石斑鱼、鲈鱼等。一般以活鱼为佳，若使用冷藏或刚死不久的鱼，其品质应与鲜活鱼的新鲜度相仿；每条鱼的重量除刀鱼和白鱼外，都应在700g左右，刀鱼在250g左右，白鱼在600g左右。1 kg以上或250g以下的鱼一般不适用此法。鱼整料出骨可制作“脱骨八宝鱼”“三鲜脱骨鱼”“蒸酿双皮刀鱼”“怀胎鲫鱼”“无骨稀卤白鱼”等特色菜肴。

❷ 依据出骨点的不同，整鱼出骨可分为脊出骨法、腹开剔骨法和鳃处出骨法等几种。

项目三　虾蟹加工

任务1　虾、蟹的初加工

原料及器具

原料：对虾、螃蟹。

器具：盆、盘、剪刀、尖刀等。

操作过程

❶ 对虾的清理与加工。

剪除虾须、虾枪、虾眼→剪去附肢→取出沙肠→摘除沙包（虾胃）→漂洗干净。

（1）用剪刀齐虾眼剪除虾须、虾枪、虾眼，剪去所有附肢。

（2）在虾背部中间处开一刀口，取出沙肠或在虾腹部第二节靠近背部插入牙签挑出沙肠。

（3）揭开头胸甲，摘除沙包（虾胃）。

（4）将虾放入清水中漂洗干净备用（不可用水冲洗否则虾黄将被冲掉）。

❷ 蟹类的初加工程序

静养→刷净污物→挤出粪便→清水冲洗净。

（1）在加工前，应将其静养于清水中，让其吐出泥沙。

（2）用软毛刷刷净骨缝、背壳、毛钳上的残存污物。

（3）挑起腹脐，挤出粪便，用清水冲洗净即可。

除掉眼睛后面的头，除掉内脏，揭开羽毛状的腮，除掉两侧的腮，除掉腹部外侧的甲壳，团脐为雌性，尖脐为雄性。

实训指导

❶ 在加工大虾时，应根据菜肴的要求进行不同的处理，如制作“凤尾虾”时，去头（另作他用），去壳（皮），留虾尾（留取1～2节尾壳，便于造型），去虾线（虾肠）；制作“油焖大虾”时，要剪去额剑（虾枪）、触角（虾须）、步足（虾爪），去头部的砂袋、虾线。去除污秽杂质，以确保清洁卫生，避免发生食物中毒。河蟹自死后应禁止食用，以免发生食物中毒。注意原料的合理使用，避免浪费。

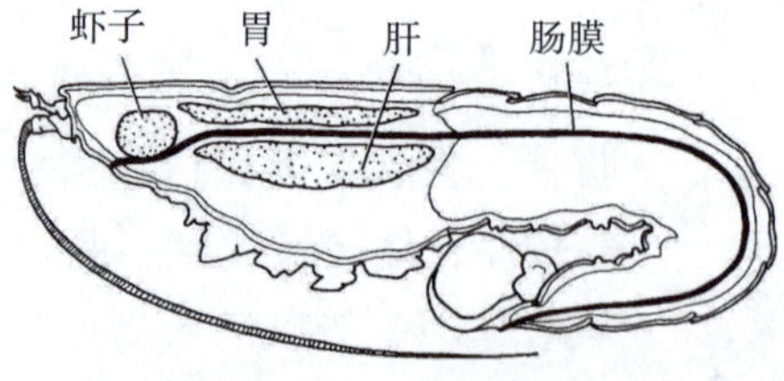

图2-1　龙虾的横截面

❷ 在龙虾的胸部有胃、肝，头部有虾子（图2-1）。胃在眼睛后面，这部分含沙，应扔

掉；肝脏为浅绿色，可按一般方法吃或取出捣碎，掺入酱中跟龙虾一起上桌；只有雌虾才有的虾子，生的时候为褐色，煮熟变红。

任务2　虾、蟹的出肉加工

原料与器具

原料：淡水大头虾、龙虾、螃蟹等。

器具：剪刀、毛刷、盆、盘等。

操作过程

❶ 淡水大头虾的出肉加工

（1）在5片虾尾中拧下中间的一片虾尾，直接向后拉，把虾肠一起拉出来，摘除。

（2）将虾立刻投进煮沸的水中，待水再次沸腾后，煮2 ~ 3min捞出来。将虾放进冰水中，以免余热继续把虾肉加热过火。

（3）拧下虾头，用两指横向挤压第一节虾壳，将其挤裂，剥下第一节虾壳。

（4）将虾腹朝上，用拇指和食指挤压虾尾出来（图2–2）。

❷ 龙虾的出肉加工

（1）用刀把虾头和虾身之间的薄膜切开，摘除虾头。

（2）把虾腹朝上，用剪刀剪开龙虾腹壳的两侧，剥下虾腹的壳。

（3）剥出虾肉，在虾背上切出一条浅缝，摘出虾肠。

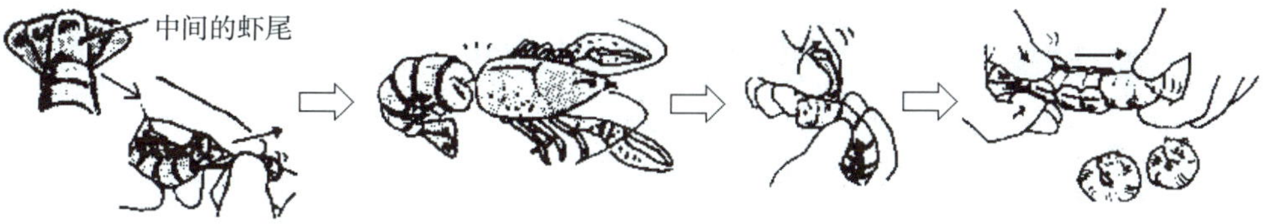

图2–2　淡水大头虾的出肉工艺

❸ 螃蟹的出肉加工　先把蟹煮或蒸至壳红黄时捞出（需要15 ~ 20min），然后在冰水里过一过。在底壳突出的部位把蟹掰开，拿掉顶壳，去除位于眼睛后的海绵状腮和胃。出肉时分腿、螯、脐、身四个部分（注意死蟹多变质有毒，不宜食用）。把出蟹用的工具备好。

（1）出腿肉。蟹肚朝上，头朝外，用手向前扳下蟹腿，剪去两头，用杆杖在蟹腿上滚压，即可挤出腿肉。

（2）出螯肉。扳下蟹螯（即蟹的两个钳子似的腿），先用小锤子轻敲两下使之破壳，再剥壳，肉即出来。

（3）出蟹黄。先扳下蟹脐，用小挖勺挖出小蟹黄，再剥去蟹斗（蟹的背甲），用小挖勺挖出蟹黄。

（4）出身肉。整只蟹除去腿、螯、背、脐后，即为蟹身。用小刀将蟹身劈开，再用小刀刮或小镊子夹出蟹肉来。

实训指导

❶ 虾的品种较多，其大小、质地、菜肴成品要求各异。虾的出肉加工方法有挤、剥两种常用的方法。挤法适用于形体较小的虾。加工方法是将双手分别捏住虾的头尾，用力将虾肉从背壳缝隙处挤出，然后挑出虾线即可。剥法适用于形体较大的虾。加工方法是先将虾头去掉（另作他用），再剥去虾壳、虾尾（虾尾的留取，可视制作菜肴的要求而定），然后挑出虾线即可。

挤捏或剥出的虾仁，均需挑出腹背部上的虾肠和砂囊。此外，为使虾肉制成的菜肴洁白，防止虾体色素对虾肉的影响，需在虾肉取出后，立即投入1%浓度的明矾溶液中或0.5%浓度的食用碱溶液中进行浸漂，并轻轻搅动，使其上面的真皮脱掉，捞出后，用清水清洗干净待用。

❷ 在选购螃蟹时一定要注意是否新鲜，不要买已经死亡的螃蟹，特别是河蟹，而且在食用时要煮透煮熟，以杀死螃蟹内外污染的病菌。

技能考核

考核样题

1. 整鸡出骨　将1只不去内脏、表皮无破损的白条鸡整料出骨。考核时限20min；时间允差：每超过1min扣1分，不足1min按1min计算，超时20min不得分。

2. 整鱼出骨　将1条重600g左右的活鲤鱼宰杀并剔骨出肉。考核时限20min；时间允差：每超过1min扣1分，不足1min按1min计算，超时20min不得分。

考核要求

1. 设备、考位统一编号。
2. 考生要穿戴整洁的工作服、工作帽，备好刀具。

评分标准

试题总成绩实行百分制积分方法，60分以上为及格。其中每项按百分制评分。评分标准见表2-1。

表2-1　整料去骨考核评价表

评价指标	方法正确	动作熟练	皮表干净、完整、无破口	出骨干净，骨架完整	放置整齐、有条理	卫生	成绩
标准分	20分	20分	25分	25分	5分	5分	100分
实得分							

模块三

干制原料涨发

实训目标

1. 掌握干水发、碱发、油法和盐发的工艺过程和技术要领。
2. 掌握常用干货原料的涨发工艺。

实训方法

教师讲解→示范操作→学生个人或分组练习→教师指导→综合讲评→填写实训报告。

项目一　水发

任务1　黑木耳、香菇、玉兰片的水发

原料与器具

原料：黑木耳、香菇、玉兰片各适量。

器具：盆、盘、炉灶、不锈钢汤锅、蒸柜等。

操作过程

❶ 黑木耳的涨发　将木耳中的杂物拣净后，放入盆内，用冷水浸泡数小时。待发透后，随即择去根蒂，将大块撕成均匀的小片，漂去杂质，换上清水浸泡备用。发好的木耳表面光滑无皱折，用手捏试，具有良好的弹性和韧性，每千克黑白木耳可涨发8kg左右。

注意事项：① 急用时，可用温水和开水涨发。但这种方法涨发率低，质量差。

② 恰当地掌握时间，保证木耳吸足水分。③ 天热时应勤换水，随时检查，防止木耳腐烂变质。

❷ 香菇的涨发　将香菇用热水浸泡，使其涨发回软。当涨发至内无硬茬时捞出，用剪刀剪去根部，洗净杂质，放入清水中备用。发好的香菇色泽红润，表面光滑明亮，用手捏无硬茬，并略有弹性。每千克香菇可涨发4kg左右。

注意事项：① 水温不宜过高，否则香菇皮会出现裂纹，香味流失。② 发好的香菇不宜久放。

❸ 玉兰片的涨发　先将玉兰片用沸水浸泡10h左右。放入冷水锅煮开，再改用小火煮十几分钟后取出。然后用淘米水浸泡10h，将玉兰片用清水洗涤干净，再放入冷水锅中煮十几分钟。如此反复数次至发透，当色泽洁白、质地脆嫩、完全涨发后取出浸泡在清水中存放。煮发时不可用铁锅，防止发黑；随时将发好的取出，防止涨发过度；用淘米水浸泡可使玉兰片色泽白净。玉兰片的涨发出成率为1∶8左右。

实训指导

❶ 涨发方法的选择　一些体积较小、质地松软的植物性干制原料，如银耳、木耳、口蘑、黄花菜等，能用冷水发的尽量用冷水发。因用冷水发可减缓高温所引起的物理变化和化学变化，如香气的逸散，呈味物质的溶出，颜色的变化等。在冬季或急用时，可加些热水以加快水分的渗入。绝大部分的肉类干制品及山珍海味干制品适用于热水发。

❷ 水量、水温和涨发时间的调控　浸泡时水要淹没原料，要根据原料的性质及其吸水能力，控制涨发时的水温，并根据成品的质量标准掌握好加热时间。

任务2　海蜇皮、海参的水发

原料与器具

原料：海蜇皮、海参各适量。

器具：盆、盘、炉灶、不锈钢汤锅、蒸柜等。

操作过程

❶ 海蜇皮的涨发　将海蜇皮放入盛器内，先用冷水浸发1天。待海蜇皮回软、里衣皱起时捞出，用手剥或用小刀刮去海蜇皮的黑衣，剥净后放入木盆内，边冲边洗，双手不停地捏擦，直到砂质去净。然后根据菜肴的要求将海蜇皮切成丝或片，并浸泡在盛器内。可以经常地用手搅拌换水，也可以用水漂洗数遍，以彻底去除海蜇皮内的砂质。

❷ 海参的涨发　先将海参放入盆内，倒入开水泡至回软后，捞出放进冷水锅中烧开10min左右端离火口，浸泡几小时。等到海参发起后，捞在开水盆内，用刀划开海参的肚皮，取出肠肚，抠净外边的黑皮

后洗净。再放入冷水锅煮开、离火焖制。如此反复2～3次，直至海参柔软、光滑，捏着有韧性时，放入开水中泡着待用。海参的涨发出成率为1∶6左右。

实训指导

❶ 对原料进行适时的整理　如海参去腹内异物及吸盘、蹄筋剔除筋间杂质等等。要勤于观察、换水、分质提取，最后漂水。使干制原料经复水后保持大量的水分，最终达到膨润、光滑、饱满的最佳水发效果的同时，还可去除残存的异味、杂质。

❷ 因为海参种类较多，有大有小，质量不一，不能同时发透，更不能确定涨发几次，所以必须勤查看，将已发好的及时拣出，其余继续涨发。一般涨发海参需3～4天。对于像大乌参这类皮又厚又硬的海参，则需先火发，再用水发。夏天涨发海参，因气温较高应防止海参腐烂、变质，需经常捞出换开水浸泡。泡发时如发现水浑浊、发黏时应及时换水上火煮开，然后再用冷水浸泡，发好后放低温处保存。

❸ 涨发海参的盆中不能有生水，不能让水浑浊发黏，不能让发海参的水中有油腻和盐、碱。如果水中有油，海参容易腐烂；如水中有盐、碱，则不易发透。另外，在开肚去肠时，不要碰破腹内的一层腹膜，否则发时易烂，但在食用前，必须用清水将这层腹膜轻轻洗掉。

项目二　碱发

任务1　碱水发鱿鱼

原料与器具

原料：鱿鱼干、食碱、石灰各适量。

器具：盆、盘、剪刀、不锈钢汤锅等。

操作过程

将鱿鱼干用温水洗净，放入盆内，倒入40～50℃的温水，浸泡10h左右，待回软后用手抽出软骨，摘去头及边翼，分别洗净，各放两个盆内。

按温水1kg加食碱50g的比例制成生碱水；用温水1kg加食碱100g、石灰50g配成溶液，静置澄清后，除去渣，制成熟碱水。将浸泡回软的鱿鱼放入制好的熟碱水内，鱿鱼头及两边翼放入生碱水内，分别浸发8～10h。拣出发好的原料，未发透的可继续浸发。捞出经碱水发透的鱿鱼，放入清水内反复漂洗去除碱味，然后放冷水内浸泡备用。发透的鱿鱼（墨鱼）形体饱满明亮，无皱折、色泽淡红。每千克鱿鱼（墨鱼）可涨发6kg左右。

注意事项：用碱水泡的时间不宜过长，以免腐蚀鱼体而影响质量。

实训指导

❶ 原料选择　碱水发主要适用于一些热水难以发透，肉质不易回软，质地特别坚硬

的干料，如鱿鱼干、墨鱼干等。由于碱的腐蚀性会使原料的营养成分受到不同程度的损害，所以无须碱发的原料尽量不用碱发。碱发海参是国家明令禁止的海参加工方法。因为碱会引起水产品内部结构变化，对蛋白质破坏作用很大，碱发海参已没什么营养价值，且对人体有害。

② 碱发前预先浸泡　在碱发时应预先将干料用自然清水浸至回软，以避免碱水对干料体表的直接腐蚀，提高水分子向干料内部的渗透速度，使内外达到平衡。

③ 严格控制碱溶液的浓度、温度，涨发时间以及投料量　一般来说，溶液pH和温度随干料的大小、老嫩、厚薄、多少而升降。涨发时要注意观察原料在碱水中的变化，包括色泽、体积、回软程度等，如看到有的原料色呈半透明，形态丰满，富有弹性、质感脆、嫩、软、滑时，就要及时从碱水中捞出，防止碱发过度；对没有变化的则要继续在碱水中发。也就是说，先发透的先捞出，后发透的后取出，直至全部发完。

④ 碱发后漂洗　原料用碱涨发好后，必须用冷水反复漂洗，使原料组织内部的碱味吐尽。

任务2　碱面发鱿鱼

原料与器具

原料：鱿鱼干、纯碱各适量。

器具：盆、盘、剪刀、不锈钢汤锅等。

操作过程

将鱿鱼干用温水或冷水浸软后，去头、去边翼、去软骨，并按菜肴的要求切上花刀，切成长方形小块。然后将头、块、边翼全部蘸满碱面，放在盛器内，冲入沸水，加盖焖至鱿鱼卷曲成形，然后取出用冷水反复漂洗，除去碱分即可使用。

实训指导

烹调中有些干货原料如鲍鱼干、鱿鱼干、墨鱼干等，常常要用碱水涨发。然而，涨发后的原料中往往残留有少量的碱，如果不去除，食用时会使人觉得有碱味的存在，降低了菜肴质量。如何才能去除原料碱发后的残存碱味呢?

首先，应该将涨发好的原料及时从碱水中取出。然后用清水漂洗数次，以去除大部分的碱液。如不及时将原料从碱水中取出，因食碱有较强的腐蚀作用，渗透能力强，扩散速度快，能促使已浸润的原料组织进一步分解，使原料变得糟烂，失去原形。同时碱性物质对原料中的蛋白质、维生素、风味成分继续进行破坏，降低了原料的营养价值和风味效果。

其次，将用清水漂洗数次后的原料，放入添加了一定量可食用有机酸的溶液中浸泡2～4h，以去除残存在原料内部的碱液。其原理是利用酸碱发生中和反应的原理来彻底去除碱液。常用的有机酸如醋酸、柠檬酸、苹果酸、乳酸等，最简易、最方便的是用食醋（主要成分是醋酸）。在500g水中，可添加5mL左右的食醋来浸泡即可。还需指出的是，用含有机酸的溶液浸泡后，最好仍用清水漂洗两次以除去酸味，这样食用效果更好。

项目三　蒸发

任务1　莲子、银杏的蒸发

原料与器具

原料：莲子、银杏各200g。

器具：盆、盘、炉灶、不锈钢汤锅、蒸柜等。

操作过程

1. 莲子的涨发　将莲子倒入碱水溶液中，用硬竹刷在水中搅搓冲刷，待水变白时再换水，刷3～4遍，莲子皮脱落，呈乳白色时捞出，用清水洗净，滤干水分后，削去莲脐，用竹签捅去莲心，上笼蒸酥即可使用。去皮前要备好足量的开水，搓刷动作要快，不能太用力。蒸发过程中，火不宜过大，适当掌握时间，做到酥而不烂（开花），以保持外形完整。蒸发时不可放糖、盐，以防莲子僵硬。莲子的涨发出成率为1∶4左右。
2. 银杏的涨发　先将银杏用水冲洗后，砸至外壳裂开，入冷水锅煮熟。然后去硬壳和红皮衣，将果仁放入热水中，加碱面（1kg银杏仁加20g碱面），迅速用刷子来回搓刷，直至皮净为止。再用手挤出内芯，将果仁放入盆内，加清水蒸15min左右，以蒸透为好。一般1kg干货原料可涨发成2kg左右湿料。

实训指导

凡是不适用煮发、焖发或煮、焖后仍不能发透的干料，可以采用蒸发，如一些体小易碎的或具有鲜味的干制原料。蒸发可有效地保持干制原料的形状和风味，使其不至于破损或流失鲜味汤汁，同时也是对一些高档干制原料进行增加风味和去除异味的有效手段。

任务2　干贝、哈士蟆的蒸发

原料与器具

原料：干贝、哈士蟆各200g。

器具：盆、盘、炉灶、不锈钢汤锅、蒸柜等。

操作过程

1. 干贝的涨发　干贝放入容器内，加温水400g，轻轻搓洗干净捞出，沥净水，然后将干贝的外层老筋摘除。

   洗净的干贝放入容器内，加清水、葱段、姜片、料酒，上屉用慢火蒸1h左右取出。每千克干贝可涨发3kg左右。

注意事项：① 干贝蒸发时加水过多，发好后不可用水冲洗，否则会使干贝失去鲜味。② 蒸制时间要根据干贝的质量灵活掌握

❷ 哈士蟆的涨发

（1）将蛤士蟆用水洗净，再用温水泡软，剖开腹部，取出蛤士蟆油。将取出油的蛤士蟆放入冷水锅煮沸，浸焖几小时，捞出用温水漂洗干净即可。

（2）将取出的蛤士蟆油用温水浸泡2h，使之初步回软，除去表面黑筋洗净，然后装入盛器内，加清水蒸透即可。

涨发后的蛤士蟆油体积为原来干货原料的2～3倍。

实训指导

凡是不适用煮发、焖发或煮、焖后仍不能发透的干料，可以采用蒸发，如一些体小易碎的或具有鲜味的干制原料。蒸发可有效地保持干制原料的形状和鲜味，使其不至于破损或流失鲜味汤汁，同时也是对一些高档干制原料进行增加风味和去除异味的有效手段。

项目四　油发与盐发

任务1　猪蹄筋和鱼肚的油发

原料与器具

原料：干猪蹄筋、鱼肚、食用油各适量。

器具：盆、盘、剪刀、炉灶、油锅等。

操作过程

❶ 油发猪蹄筋　先用热水洗去猪蹄筋表面脏物和油腻，晾干水分，放入60℃左右油温的油中浸炸1～2h，待蹄筋出现气泡时，再将油温逐渐升高至160℃左右，用漏勺不断地翻拨，并按入油内约5min，待油面微冒气泡，蹄筋用手一捏就断，完全膨胀饱满松脆时取出。在涨发中随时将已发透的蹄筋取出，避免已发透的原料继续加热，影响色泽和质感。将发好的蹄筋放入温水内，稍加些食碱，洗去油腻，再换清水漂洗，除去附在蹄筋上的残肉和杂物，然后浸在清水中备用。蹄筋涨发出成率为1：6左右。

❷ 油发鱼肚　油发鱼肚时要根据鱼肚个体大小、厚薄程度不同确定油温高低与涨发时间的长短。体大质厚的先放入温油锅内，用小火浸焖1～2h，待其由硬变软时捞出剁成小块后再下锅。下锅后改用旺火，逐渐提高油温，并不断上下翻动，直至涨大发足、松脆为止。体小质薄的鱼肚，可用温油下锅，逐渐加热。待开始涨发时再上下翻动，使其均匀受热、里外发透。将发好的鱼肚用温碱水洗去油腻，用冷水漂洗四五次即成。一般干鱼肚涨发出成率为1：（3～4）。

实训指导

油发就是把干制原料浸入油中加热，使其组织膨胀疏松，然后再吸水回软的涨发方法。其一般工艺流程是：原料选择→低温油焐→高温油膨化→复水处理。适合油发的干制原料主要是含胶原蛋白丰富的蹄筋、干肉皮、鱼肚等。

油发关键是掌握好油脂温度和涨发时间。可以采用测温勺测控油温，用钟表掌握时间，这样能做到测控准确，并维持在相对固定的温度值上，为焐油和涨发时间值的相对确定打下了基础，保证了干货原料在尽可能高的油温中涨发，同时又不会因时间的延长而出现报废或质量问题。另外涨发温度和时间定性、定量后，可通过正交试验法，得出同种原料不同情况下的最佳涨发工艺条件。

将膨化原料复水处理是油发技术的最后一个流程，是否要用热碱水浸洗去油脂，要根据实际情况而定。如果是干净的原料用新油涨发，就无须用碱水浸洗，只要将回软的原料改刀焯水即可。如果采用老油涨发，或涨发后存放时间过长，则必须要用碱水浸洗去油脂。因老油对成菜风味有影响，对人体也有害，存放时间过长的原料表层的油脂易变质而产生哈喇味，且粘在油脂上的灰尘用水难以去除，用碱水浸洗则易去除油脂及灰尘，但必须用清水漂清原料中的碱味，防止给菜肴风味带来新的影响。

任务2　猪肉皮和猪蹄筋的盐发

原料与器具

原料：猪肉皮、干猪蹄筋、炒盐各适量。

器具：盆、盘、炉灶、炒锅等。

操作过程

1. **盐发猪肉皮**　将粗盐下锅炒热焙干水分，放干肉皮翻炒几下，然后埋在盐中，焖10min左右，再翻炒。肉皮受热体积先慢慢缩小，后又逐渐膨胀。待发出“叭叭”声时，改用小火把肉皮焖在盐内，边焖边炒。待肉皮不再卷缩、用手一捏就断时即为发好。使用时，用凉水浸泡至回软后，用热碱水洗出盐质和油分，用温水漂净碱味即可。一般肉皮涨发出成率为1∶5左右。
2. **盐发猪蹄筋**　将粗盐下锅用慢火炒热焙干水分，放入蹄筋继续加热翻炒。蹄筋受热体积先慢慢缩小，然后又逐渐膨胀，发出“叭叭”声响时，改用小火（慢火）边翻边焖，直至蹄筋涨发到用手一捏就断的松脆程度时捞出，然后放入热碱水中浸泡，再用温水洗净油腻和碱，浸泡在清水中备用。蹄筋涨发出成率为1∶6左右。

实训指导

盐发是将干料埋入已加热的盐粒中继续加热，使干料膨胀松脆成为半成品，然后再吸水回软的干料涨发方法。发制时，先将盐下锅炒热，蒸发出水分。待发出爆裂声时，即将干料放入翻炒，边炒边焖，发透为止。盐发后须用热水泡，使膨胀后的原料回软，并清除盐分、油分和杂质。选择适合盐发的干制原料，主要是含胶原蛋白丰富的原料，如蹄筋、鱼肚、干肉皮等，涨发前要将干料加工成小段或小块。盐量应多一些，以盖住干料并能灵活翻动为宜。

掌握好火候。盐炒热后再放原料，焐发时火力不宜过旺，特别是在干料开始膨胀时，应用温火处理，才能使其里外发透。

盐发后的原料一定要经过复水浸漂处理才能用于切配烹调。盐发后的盐不要去掉，可反复使用，但不能用于烹调菜肴。

技能考核

考核样题

1. 将50g黑木耳（或香菇、口蘑）涨发。
2. 将50g干贝涨发。
3. 将100g海参涨发。

考核要求

1. 设备、考位统一编号。
2. 考生要穿戴整洁的工作服、工作帽，备好刀具。

评分标准

试题总成绩实行百分制积分方法，60分以上为及格。其中每项按百分制评分。评分标准见表3-1。

表3-1　干料涨发考核评价表

评价指标	泡发程序	色泽	形态	质地	味道	无污物	泡发率	成绩
标准分	10分	15分	15分	30分	10分	10分	10分	100分
实得分								

模块四

组配工艺

实训目标

通过本模块实训，使学生了解配菜的步骤、手法、原则，掌握其技术要素，能按菜肴的质量规格标准合理配菜。

实训方法

教师讲解→示范操作→学生练习→教师指导→综合讲评→填写实训报告。

项目一　配一般菜肴

任务1　清蒸鱼的配菜

原料组配

鲤鱼1条（约500g），肥猪肉膘50g，大葱20g，姜20g，冬菇25g，火腿25g，油菜心50g，冬笋片25g。

操作过程

1. 将鲤鱼去鳞、去鳃、去内脏后洗净，在鱼身两侧剞上柳叶花刀，用开水稍烫，刮去鱼身上的黑皮，再用温水洗净，沥净水分。
2. 将猪肥肉膘剞上十字花刀，切成2.5cm长、2cm宽的片；将大葱切成3cm长的段，姜切成片；冬菇、火腿、油菜心、冬笋片都切成3cm长、2cm宽的片，分别摆在鲤鱼上面。

实训指导

1. 要按照菜肴的质量标准和净料成本进行组配。
2. 配单一原料构成的菜肴，必须突出原料的优点。

任务2 鱼香肉丝的配菜

原料组配

瘦猪肉200g，水发玉兰片50g，水发木耳25g，泡红辣椒15g，蒜蓉15g，葱末15g，姜末15g。

操作过程

1. 将猪肉切成6.5cm长、0.3cm粗的丝，放入盘中。
2. 将玉兰片切成5cm长、0.3cm粗的丝，将木耳也切成丝，均放入盘中。

实训指导

1. 要按照菜肴的质量标准和净料成本进行组配，并将主料和辅料分别放置，注意营养搭配和卫生要求，做到物尽其用、综合利用。
2. 配主辅料构成的菜肴，在质和量的配合上，以主料为主，辅料在色、香、味、形等方面衬托主料。但也不能随意用增加辅料数量的方法来降低菜肴的成本，一般辅料的数量不能超过菜肴的30%。在色泽的配制上，可采用顺色或花色的方法配制。在具体操作上，应根据原料性质的不同和烹调要求的不同，分别将原料放入相应的盛器中。

鱼香肉丝实训示范

鱼香肉丝的做法

任务3 扒三白的配菜

原料组配

鲍鱼100g，芦笋3根，白菜心200g。

操作过程

1. 将开水烫热又过凉的白菜心凹面向下放在墩上，顺纤维切成1.8cm厚、1cm宽的条，用洁布吸净水分后再截成3cm长的段，用刀铲起原样放入盘内中部。
2. 将芦笋去皮放在盘中白菜一侧。
3. 将鲍鱼正面剞上直刀，再片成0.5cm厚的斜刀片，逐个保持原样摆在盘中的菜的另一侧。

实训指导

1. 要按照菜肴的质量标准和净料成本进行组配，注意营养成分的配合和卫生要求，做到物尽其用、综合利用。
2. 配无主辅之分原料构成的菜肴，在形态的配制上，如果是加工形成的形态，应将所配的原料加工成同一形态、同一规格；如果其中一种原料是自然的形态，应将其余的原料加工成与自然形相接近的形态，规格大小也相仿。在色泽的配制上，可采用顺色或花色的方法配制。在具体操作上，应根据原料性质的不同和烹调要求的不同，分别将原料放入相应的盛器中。

项目二　配花色菜肴

任务1　扒酿海参的配菜

原料组配

水发海参200g，鸡里脊75g，鱼肉100g，肥肉膘25g，火腿、香菜少许。葱椒水少许，盐、味精、蛋清、干面粉、芝麻油各适量。

操作过程

1. 将海参一片两半，切成1.8cm宽、4cm长的段。勺内加上盐水烧开，将海参段下锅余一下，捞出控净水分。
2. 将海参里面向上，撒上少许干面粉或干淀粉。鸡里脊抽去筋，加鱼肉、肥肉膘剁成泥，加上葱椒水调开，再加蛋清、盐、味精、芝麻油适量，调匀制成馅。
3. 将制好的馅用匙子抹在海参里面，再将火腿末、香菜叶摆成花形放在馅上，最后放入盘内摆整齐。

实训指导

1. 花色热菜在色、形方面特别讲究，是富于艺术性的菜肴。这类菜肴在刀工和配菜方面非常精细，要求有较高的艺术性，其成品菜肴造型美观、色泽悦目、营养丰富。
2. 配花色热菜时，选料应精细；色、香、味、形要和谐统一，合理配膳；菜肴图案或形态应赋予艺术美感；并适当运用食品雕刻技艺，以突出成品菜肴的整体形态美。
3. 配花色热菜的常用方法有叠、穿、酿、扣、扎、包、串等。

任务2　百花大虾的配菜

原料组配

大虾10个，鸡脯肉150克，火腿30克，香菜（嫩叶带短梗）10根，鸡蛋清1个，葱姜水、盐、味精、料酒、胡椒末、干淀粉各适量。

操作过程

1. 大虾去头、皮、留尾。从脊背部片开（腹部连接）呈一大片，每片用刀轻剞上十字花刀，加少许盐、味精、料酒入味。
2. 把鸡脯肉剁成细泥，放入碗内，加入葱姜水、盐、味精、料酒、鸡蛋清、胡椒末搅匀成蓉胶。
3. 把火腿切成小象眼片。
4. 在入味的大虾上撒少许干粉，抹上鸡蓉，使表面光滑平整，用香菜叶、火腿片在大虾上摆成各种小花，逐个做好后摆入盘内。

实训指导

同上。

任务3 三丝鱼卷的配菜

原料组配

净鳜鱼肉400g，熟冬笋50g，熟冬菇25g，熟火腿25g，葱少许，鸡蛋清2个，干淀粉100g，精盐、料酒适量。

操作过程

1. 将鱼肉平放在墩上，切成6cm长、3cm宽、0.3cm厚的片，用精盐、料酒腌一腌。鸡蛋清、干淀粉搅成蛋清浆。
2. 将冬笋、冬菇、火腿、葱分别切成3.5cm长的细丝。
3. 将鱼片铺在案板上，分别涂抹上蛋清浆，放上三丝，将鱼片卷成圆筒形（每个卷内放1～2根葱丝），然后用刀切齐两头露出的丝，滚上蛋清浆，放入盘内，即成三丝鱼卷生坯。

实训指导

同上。

技能考核

考核样题

清蒸鱼、三丝鱼卷各1份（10人量）。

考核要求

1. 按照考核要求，备好有关烹调工具、盛器和原料。
2. 设备、考位应统一编号。
3. 学生应自带干净的工作服、围裙、发帽，考核时必须着装整洁并搞好个人卫生。

评分标准

试题总成绩实行百分制积分方法，60分以上为及格，其中每项按百分制评分，评分标准见表4–1。

表4–1 配菜评分表

评价指标	量的配合	色的配合	香和味的配合	形的配合	质的配合	营养成分的配合	合计
标准分	20分	20分	15分	20分	15分	10分	100分
实得分							

模块五

烹制工艺

实训目标

1. 了解临灶操作的一般要求，掌握各种勺工技法。
2. 能识别与调控炉口火力以及各种传热介质的温度。
3. 掌握初步熟处理的方法、适用范围和操作关键。
4. 养成良好的工作习惯，遵守操作规程，安全操作。

实训方法

教师讲解→示范操作→学生分组或个人练习→教师指导→综合讲评→填写实训报告。

项目一　勺工

任务1　小翻勺

原料与器具

原料：沙子（或粗盐等）。

器具：炉灶、单把炒锅、双耳炒锅、手勺、抹布、炉灶等。

操作过程

❶ 前翻小翻锅　手握炒锅，端平端稳，先用力向前推，使原料向前滑动。然后再将锅稍稍送扬，将原料送出锅沿，再微微用力向后拉，将翻转后的原料接入锅中，并将锅托住。双耳炒锅的翻锅方法同上述单把炒锅相似。

❷ 后翻小翻锅　先顺时针晃动炒锅，使原料旋转，接着用力将锅后拉，并向上抬起，再用力推出，原料即从锅内脱出，并由后向前翻转，在用力推出的同时，迅速将锅沿翘起，接住原料。

❸ 左翻小翻锅　先顺时针晃动炒锅，使原料旋转，接着左手用力并有转腕动作，向左扬起炒锅（幅度不大），原料即翻转，再将锅迅速端平，接住原料即成。

❹ 右翻小翻锅　是先将原料滑动到锅沿的右侧，然后采用向右的作用力对锅进行一定幅度的推、拉、送、扬，并将原料接入锅中。

实训指导

❶ 正确的势姿对于勺工非常重要。姿势正确、规范，可以降低疲劳的程度，也可以使动作自然协调。

（1）临灶站立姿势：面向炉灶站立，身体正面应与灶台边缘保持一定距离（根据身高可保持在5～25cm）。两脚分开站立，两脚尖与肩同宽。上身保持自然正直，自然含胸，略向前倾，目光注视锅中原料的变化。但不可弯腰曲背。

（2）握单柄锅姿势：左手握住勺柄，手心朝右上方、大拇指在锅柄上面，其他四指弓起收拢握住锅柄，指尖朝上，手掌与水平面约呈140° 夹角，合力握住锅柄。翻炒时，食指和掌根是主要的两个着力点，前者用力托，后者用力压。

（3）握双耳锅姿势：左手大拇指扣紧锅耳的左上侧，其他四指微弓朝下，呈散射状托住锅底，并用抹布垫手（以防烫手，并增大手与锅的摩擦力）。这样的方法，锅的重量可均匀地分摊在较宽的手指面上，比较稳当。

（4）握手勺姿势：用右手中指、无名指、拇指与手掌合力握住勺柄，主要目的是在操作过程中起到勾拉、搅拌作用。具体方法是：食指前伸（对准勺碗背部方向），指肚紧贴勺柄，大拇指伸直与食指、中指合力握住手勺柄后端，勺柄末端顶住手心。要求持握牢而不死，施力、变向均要灵活自如。

❷ 在小翻锅之前，首先要通过旋锅或抖动炒锅，使原料与炒锅之间尽可能地分离，或者使原料在锅内实现一个相对滑动的趋势，为正式翻锅做好必要的准备。在正式翻锅之前，用左手旋锅或抖动炒锅，也可以用手勺推动原料，最好使锅内的原料有一个向前滑动的趋势。当原料滑动到炒锅的正前方时，自然地采取推、拉、送、扬一系列动作，先推动炒锅，使原料从锅中脱出，顺势将原料扬起，在原料在空中翻转下落的过程中将炒锅向后拉回，将翻转以后的原料接回锅中。

任务2　大翻勺

原料与器具

原料：沙袋或面饼。

器具：炉灶、炒锅、炒勺、毛巾等。

操作过程

❶ 先顺时针方向晃动炒锅，通过摩擦力使原料放在锅中做顺时针旋转，接着顺手一扬，让原料从右前方完全脱出锅，在上扬的同时，应该用炒锅的锅沿将原料向里勾拉，使离锅的原料向内翻转，根据原料下落的速度和位置，将原料接入锅中。

❷ 耳锅的大翻锅方法同单把炒锅，使用的力度比单把炒锅还要大，因为双耳炒锅的支撑与单把炒锅不一样，比较费力气，因此在翻锅的时候最好使用手勺协助完成，也可以找个类似炉口的支撑物作为支点。

实训指导

❶ 大翻锅是指把炒锅中的原料一次性做180° 翻转，因翻勺的动作及原料在勺中翻转的幅度较大，故名。大翻锅的方法按方向分为顺翻、倒翻、左翻、右翻，一般采用顺翻和左侧翻居多。

❷ 在大翻锅之前，首先要通过旋锅或抖动炒锅，使原料整体与炒锅之间充分分离，或者使原料整体在锅内实现一个非常流畅的滑动趋势，为正式翻锅做好必要的准备。在正式翻锅前的一刹那，要做好充分的思想准备，要果断、坚决，把握好时机，实现一次性翻锅。

❸ 大翻锅技法是我国厨师的独特创造，它讲究上下翻飞，左右开弓，要求整个动作灵活敏捷、稳准协调、优美潇洒。我国厨师在长期的烹调实践中，总结出了各种各样的大翻锅方法，并赋予它不少趣称，如“怀中抱月”（也称“百鸟朝凤”）“珍珠倒卷帘”（也称“逆水推舟”）“白鹤亮翅”（也称“空中摘月”“九宵通天”）、“顺手牵羊”“当天划月”“海底捞月”等，颇具匠心。具体采用什么方法，随各自的习惯和实际效果而定。

任务3 出锅装盘

原料与器具

原料：沙子。

器具：炉灶、炒锅、炒勺、毛巾、盘子等。

操作过程

❶ 采用前翻锅的方法把原料集中在锅的中前部，右手持手勺放在原料的右边缘，并做好左翻装勺的准备。

❷ 左手持锅完成一个左翻锅的动作，右手持勺及时地接住翻起的原料，左右手协同完成连贯动作并将原料装入手勺。

❸ 手勺接住原料以后，再用手勺将原料抖松并完整地装入盘中，如此反复进行，直至将原料装完为止。注意不要洒落，也不要将原料装到盘子外边。

❹ 如果锅内的原料无法完全翻装，可以采用刮入法将残余的原料继续装入盘中。在刮入法装盘的过程中，注意将锅抬起一段距离，不要使锅靠到盘子上或盘中的菜肴。

实训指导

❶ 菜肴出锅装盘的方法很多，主要有拨入法、倒入法、舀入法、排入法、拖入法、扣入法等，在此主要结合翻锅动作，以左翻锅装盘进行训练。

❷ 在装盘之前，应准备好盛装的器皿，并且还要准备适当的支撑台，将盛装器皿放在适合的高度和合适的位置。

❸ 可结合具体菜品练习。

任务4 勺工综合训练

原料与器具

原料：萝卜丁（或马铃薯丁）、面饼（或鸡蛋、叶类蔬菜）、食用油等。

器具：炉灶、单把炒锅（或双耳炒锅）、手勺、毛巾、盘子等。

操作过程

❶ 通过制作“炒萝卜丁（或马铃薯丁）”练习小翻锅等系列动作技巧。

❷ 通过制作“扒面饼（或叶类蔬菜）”“摊黄菜（鸡蛋）”练习大翻锅等系列动作技巧。

实训指导

❶ 正式烹调时，应将锅烧热，用油滑锅，要适时、适量翻锅，要求动作简捷、利落、连贯协调。此外，还要注意清洁卫生，操作安全，防止烫伤。

❷ 勺工操作要有很好的体能与力量才能完成一系列的动作，平时要注意锻炼身体，增强体力和耐力，特别是臂力。

项目二　初步熟处理

任务1 滑油

原料与器具

原料：鸡丝（或猪瘦肉丝、肉丁、鱼片、虾仁等）250g，蛋清1个，水淀粉、精盐各少许，精炼油750g。

器具：炉灶、炒锅、带温度计炒勺、漏勺、盆或平盘。

操作过程

将鸡丝加入精盐、蛋清、水淀粉上浆。炒锅放于中火上，倒入精炼油，用测温勺测定油温，待油温升至120℃时将鸡丝放入油锅中滑散，待原料断生即可捞出，沥去油分后装入盘中。

实训指导

❶ 滑油也称划油、拉油，就是将原料放入温油锅中滑散，待原料断生即可捞出的一种过油方法。滑油主要用于滑炒、滑熘等烹调方法，适用于形小质嫩的原料，如

鸡丝、肉片、肉丝、蔬菜等。滑油的主要目的是为了使原料断生，并保持爽脆或鲜嫩的程度，所以滑油主要使用温油锅。

2. 滑油前要将锅洗净烧热，再放入油。滑油时要掌握好油量、油温。滑油的油量一般控制在原料的3～4倍，油温控制在二至五成热的范围内。

任务2　走油

原料与器具

原料：整鸡（或整鱼、排骨、肘子、丸子、豆腐等），精炼油1000g。

器具：炉灶、炒锅、带温度计炒勺、漏勺、盆或盘等。

操作过程

炒锅放于中火上，倒入精炼油，用测温勺测定油温，待油温升至180℃时将一份整鸡放入油锅中炸制上色后捞出，沥去油分后装入盘中。

实训指导

1. 走油是将加工整理后的原料放入油锅中炸，使其成为半成品或成品的一种加热方法。主要用于烧、焦熘、炸、烤、烹等方法，适用于形状较大的原料，如块、段、条或整形的鸡、鸭、鱼等。走油的主要目的是为了上色、定型，并形成一定的质感，如外焦里嫩、酥脆等，所以走油主要使用热油锅或旺油锅。
2. 滑油时锅中的油量要多，应没过原料，使其均匀受热。原料下锅时，应尽量缩小原料与油锅的垂直距离，以防热油溅出，造成意外的烫伤。
3. 要根据原料的性质和烹调的要求来控制油温，并注意观察原料表面的硬度和颜色，随时准备在原料达到要求时立即捞出。

技能考核

考核样题

1. 炒锅内放入沙子（或粗盐等）1000g，连续小翻锅3min，要求姿势正确，动作规范、双手配合协调，无抛洒。

2. 在炒锅内放入沙袋或面饼（也可制作“摊黄菜”），结合旋锅，连续5个大翻锅，要求动作规范、姿势优美，无抛洒。

3. 将250g猪肉片上浆、滑油，要求色泽洁白，质地滑嫩，断生。

4. 将250g猪肉馅制成直径为1.5min的丸子，将其炸成金黄色，外焦里嫩。

考核要求

1. 设备、考位应统一编号。

2. 学生提前10min到场，抽取考核顺序号。

3．学生要穿戴整洁的工作服、工作帽。

4．按照考核要求，备好有关烹调工具、盛器和原料。

评分标准

试题总成绩实行百分制积分方法，60分以上为及格。其中每项按百分制评分，评分标准分别见表5-1、表5-2、表5-3和表5-4。

表5-1　小翻勺评分表

评价指标	时间3min	姿势正确	动作规范	双手配合协调	动作优美连贯	无抛撒	合计
标准分	10分	10分	20分	20分	20分	20分	100分
实得分							

表5-2　大翻勺评分表

评价指标	姿势正确	动作规范	原料一次翻转180°	动作美观连贯	无抛撒	合计
标准分	10分	20分	30分	20分	20分	100分
实得分						

表5-3　滑油评分表

评价指标	上浆	色泽	质地	成熟度	合计
标准分	20分	30分	30分	20分	100分
实得分					

表5-4　走油评分表

评价指标	形状	色泽	质地	成熟度	合计
标准分	20分	30分	30分	20分	100分
实得分					

模块六

调和工艺

实训目标

1. 掌握常用味汁的调制方法和应用。
2. 掌握制汤的选料要求、操作步骤和工艺关键，能独立地制作出合格的清汤和奶汤。
3. 掌握常用蓉泥的调制方法。
4. 掌握常用糊浆的调制方法。

实训方法

教师讲解→示范操作→学生练习→教师指导→综合讲评→填写实训报告。

项目一　味汁的调制

任务1　糖醋汁的调制

原料组配

冷菜糖醋汁：精盐5g，酱油3g，醋16g，白糖20g，芝麻油5g。

热菜糖醋汁：白糖50g，醋40g，精盐10g，酱油10g，芝麻油3g，姜末、蒜末各15g，葱花20g，鲜汤200g，精炼油50g，水淀粉15g。

操作过程

冷菜糖醋汁：将醋、白糖放入碗中，搅匀溶化，加入酱油、精盐，搅匀溶化，最后放入芝麻油，调匀即成。

热菜糖醋汁：炒锅置旺火上，放入精炼油，加热至120℃时，加入姜末、蒜末炒香，加入鲜汤、精盐、白糖、醋、酱油定味，加入水淀粉勾芡，待味汁浓稠时，加入芝麻油、葱花，推匀起锅，装入调味碗中即成。

实训指导

❶ 糖醋味型甜酸并重，烹调时需以适当的咸味作基础，重用糖及醋，以突出酸甜，也可加入番茄酱，以增加菜肴的色香味。还可用柠檬汁、果汁、柠檬酸等酸味调料代替醋，形成甜酸味型、果香味型。

❷ 在诸调料中，精盐定咸味；白糖突出甜味；酱油辅助定咸味，辅助调色；醋定酸味，定色；芝麻油增香味，起滋润作用。盐、糖、醋的比例视菜肴的种类及个人口味而定，喜欢甜者多加糖；喜欢酸者多加醋。糖在酱油、醋中调匀，再加入芝麻油，即为基本的糖醋汁。我国地域辽阔，菜肴制作有不同的调制方法，糖醋汁因地域不同主要有鲁菜糖醋汁、淮扬菜糖醋汁和粤菜糖醋汁等不同风味。水淀粉不对味型的形成起关键作用，主要起浓汁的作用。

❸ 若用于凉拌菜，夏天食用清爽可口；若用于热菜，在热油爆香葱、姜、蒜末后，再加入糖醋汁拌炒食物，需用淀粉勾芡，才能让香浓的糖醋汁均匀地附在食物上；若用于烹调较高级的菜肴，应有料酒；若原料为鱼、虾、鲜贝之类，应有胡椒末；若用于炸熘菜肴及腥味较重的原料调味，还应加少量芝麻油。

成品特点

色泽棕红，口味甜酸浓厚。

任务2 鱼香汁的调制

原料组配

冷菜鱼香汁：精盐2g，酱油20g，白糖15g，醋10g，泡辣椒末25g，姜末10g，蒜末10g，葱花10g，辣椒油15g，芝麻油3g。

热菜鱼香汁：泡辣椒末40g（或郫县豆瓣蓉30g），精盐5g，酱油10g，白糖15g，醋12g，姜末、蒜末各15g，葱花20g，鲜汤200g，精炼油50g，水淀粉15g。

操作过程

冷菜鱼香汁：将精盐、酱油、醋、白糖放入碗中，搅匀溶化，加入泡辣椒末，充分搅匀，加入姜末、蒜末搅匀，再放入辣椒油、芝麻油调匀，最后加入葱花，调匀即成。

热菜鱼香汁：炒锅置旺火上，放入精炼油，加热至120℃时，加入泡辣椒末炒香出色，加入姜末、蒜末炒香，加入鲜汤、精盐、白糖、醋、酱油定味，放入水淀粉勾芡，待味汁浓稠，加入葱花，推匀起锅，装入调味碗中即成。

实训指导

❶ 鱼香味是川菜厨师创造的一种传统口味，随着烹调技术的交流，在其他菜系中也得到了广泛的应用。泡辣椒是制作鱼香味的关键性调

料，不可缺少，没有泡红辣椒就不可能成为正宗的鱼香味型。在经营中也有用鲜辣椒、鲜红豆瓣代替使用，风味上有些差异。若使用鲜辣椒作替代，可将其剁碎，加些精盐、醋、糖浸渍后再用。

2. 在上述诸调料中，精盐定咸味；酱油辅助定咸味，增色；白糖定甜味；醋定酸味，增色；姜葱蒜增香去异味，突出各自的香味；泡辣椒定辣味，增色，与精盐、酱油共同确定咸味。调制时要在确定咸甜酸基础上，突出香、辣味感。水淀粉不对味型的形成起关键作用，主要起浓汁的作用。若使用豆瓣，要减少精盐的使用；泡辣椒末与郫县豆瓣蓉可以混合使用。

成品特点

味汁红亮，咸甜酸味突出，互不冲突，鲜辣不燥，姜葱蒜味浓郁。

任务3　怪味汁的调制

原料组配

精盐3g，酱油15g，白糖15g，醋10g，味精1g，芝麻酱10g，辣椒油15g，芝麻油3g，熟白芝麻2g，花椒粉5g，姜汁、蒜泥、葱花、红油各适量。

操作过程

先用芝麻油把芝麻酱调散，再把酱油、醋、白糖、味精、盐放在一起调散溶解，然后将上述两部分原料调和在一起，再加花椒粉、姜汁、蒜泥，最后加红油、葱花调匀，即成怪味汁。

实训指导

1. 怪味是川菜中独有的味型，它集咸、甜、麻、辣、酸、鲜、香诸味于一体，各味之间相互平衡而又相得益彰。怪味一般以精盐、酱油、白糖、花椒面、辣椒面、红油、陈醋、味精、香油或芝麻酱等调制而成。
2. 怪味并不怪，只是酸、甜、辣、咸、鲜、麻、香各味皆有，在盐、糖、醋的比例上，要注意和谐。其中，精盐定咸味，酱油辅助增咸味，增色；白糖突出甜味、和味；醋突出酸味；味精体现鲜味，起和味的作用；芝麻酱定香味，增加味汁稠度，确定风味；芝麻油增香、增加光泽；辣椒油定辣味，增色；花椒粉定麻味，影响风味；熟白芝麻增香，点缀味汁。因地区不同，可在调制中加入姜汁、蒜泥或葱花，风格有些变化。根据需要也可加入姜末、蒜米和葱花。过去怪味一般只用于冷菜的制作，如“怪味鸡丝”“怪味花仁”等。随着烹饪技术的发展和菜肴的不断创新，今天，许多热菜也开始用怪味来烹制了，如“怪味鸭”“跳蚤兔”等。
3. 调制怪味，一般分为冷兑和热做两种。冷兑的调料有芝麻酱、芝麻油、红油、盐、醋、白糖、葱花、姜汁、蒜泥、花椒面、酱油、味精，调制时要掌握好调味料的投放量，要边调和边尝味，正确把握住味道。冷兑的怪味主要用于某些菜的淋、拌，如怪味鸡等。热做就是将调味料加热处理后制成。在调料使用上不用芝麻酱，而用芝麻面，不用红油，而是辣椒面，不用醋，而用醋精或柠檬酸，白糖则比冷兑用量略多，其他调料相同。热做应注意各种调味投入量及加水量，熬制过程中不能再加水，醋精易挥发，要最后加。这种怪味汁麻辣、香脆、甜酸、成鲜，易沾在原料上，多用来做怪味花生、怪味胡豆等。

④ 有人研制的新型怪味是采用郫县豆瓣、泡辣椒、姜粉、蒜粉、大葱、白糖、花椒面、红油、大红浙醋、柠檬汁、味精、芝麻油、海鲜酱、芝麻酱等调制而成。新的怪味去掉了传统怪味中的姜和蒜，而改用了市面上有售的姜蒜粉；去掉了精盐和辣椒面，而改用郫县豆瓣和泡辣椒；去掉了色泽较深的酱油和陈醋，而改用大红浙醋和柠檬汁。此外，调味品中还增加了海鲜酱。

成品特点

味汁红亮，咸甜酸味突出，互不冲突，香辣不燥，麻味突出。

任务4　西汁的调制

原料组配

鲜番茄片2500g，洋葱片500g，胡萝卜块500g，芹菜段500g，香菜段25g，葱条25g，捶裂的生姜25g，蒜25g，花生油50g，猪骨块1500g，精盐100g，味精20g，白砂糖160g，番茄汁1250g，辣酱油300g，果汁300g，食用色素少量，清水5000g。

操作过程

① 将花生油放在净锅中烧热后，放入鲜番茄片、洋葱片、胡萝卜块、芹菜段、香菜段、葱条、姜块、蒜肉煸炒出香味，再转装瓦钵内，加入猪骨块、清水，小火煮1h。

② 离火后稍晾，滤出原汤汁，再加入精盐、味精、白砂糖、番茄汁、辣酱油、果汁及食用色素调匀，即成西汁。

实训指导

① 西汁是一种新的热菜复合味，源于西餐，适用于焗、烧、脆熘等烹调方法制作的菜式，如西汁焗乳鸽、西汁焗明虾、西汁煎鱼脯、西汁银鳕鱼、西汁果肉脯、西汁果肉脯等。

② 西汁有多种，在熬制香料汤水时要使用中慢火，熬制好后要滤清汤渣。调制加热时使用中慢火，原料煮熔即可。食用色素不可多加，可根据当地情况酌情增减调味料数量。

成品特点

色泽茄红鲜艳，香味丰富浓郁，滋味酸甜咸鲜，口感黏稠滑润。

项目二　鲜汤的调制

任务1　一般清汤的调制（鸡清汤）

原料组配

老母鸡3只，鸡骨架2个，鸡爪、鸡翅各1kg，水10kg，葱、姜各50g，盐、料酒适量。

操作过程

1. 原料洗净，葱切段或打结，姜拍松备用。
2. 汤锅中注入清水10kg，依次放入洗好的鸡骨架、鸡爪、鸡翅和整鸡，用中火慢慢烧开。
3. 烧开后转为小火加热，用手勺撇净汤面的浮沫，原料捞出用清水冲净表面黏浮的沫子和杂质。
4. 原料按原来顺序重新放回汤锅内，加入葱、姜、料酒，用小火熬制2.5h左右；待原料中的可溶物质溶于汤中，汤汁变得鲜醇时将原料捞出另用，加入适量的盐即可；鸡清汤在加热过程中，一定要维持小火，汤面保持似开非开。加热过程中，还要用手勺经常把汤面的沫子打掉，以防止汤汁变浑浊。

实训指导

1. 熬制普通清汤的原料多为老母鸡，在熬鸡汤时还可根据需要添加排骨肉、猪瘦肉、牛肉、干贝、火腿等料作为配料。一般清汤也可以分出档次，取决于投料多少及与水的比例。用原料直接制取清汤时，要特别注意掌握火候，旺火烧沸后应即刻改小火，保持汤汁微沸，呈均匀翻动的“菊花心”状，切不可出现剧烈沸腾。否则汤色便会呈浑白色。
2. 与浓汤相比较，熬制清汤需要的是含氮浸出物和胶原蛋白，不需脂肪和始终保持汤的沸腾状态。含氮浸出物提供汤汁的鲜美口感，胶原蛋白能增强汤汁的醇厚度。因此熬清汤的选料与熬浓汤的选料大不相同。清汤以清鲜为主，排除脂肪。讲究的清汤熬制所选的鸡都要事先除油，焯水洗净后才入汤锅熬制。熬清汤都是以大火烧开之后，维持小火慢慢熬制，以防火大造成汤汁变浓。熬制时间在5～6h。清汤熬制的时间一般都长于浓汤熬制。
3. 一般清汤的用途相当广泛，既可以制作普通菜肴，也可以制作较高档次的菜肴。制作一般清汤还可以与原料的初步熟处理步骤相结合，如制作“白斩鸡”，其鸡的生坯便可在汤锅中慢慢加热，待其断生时捞出，既节约了时间，又为汤汁增加了鲜味。

成品特点

汤汁清澈、口味鲜香。

任务2　高级清汤的调制

原料组配

肥老母鸡3只，肥鸭1只，猪棒骨2kg，猪肘子2kg，鸡骨架2个，水10kg，葱、姜、料酒各50g，盐适量；鸡脯肉2kg，鸡腿肉2kg，鸡蛋清10个，猪里脊1kg，牛肉1kg。

操作过程

1. 汤锅中加入清水10kg，依次加入猪骨、鸡骨架、鸭子、母鸡、肘子等原料，用旺火烧开，撇去浮沫，再将原料捞出，用清水冲去沾在原料表面的沫子和杂质。

❷ 原料按原来的顺序重新放回原来的汤锅，加入葱、姜、料酒，中火烧至微开改用小火煮3～4h，使原料中的营养物质和鲜味最大限度地溶入汤中。将锅中原料捞出另作他用，锅中的汤撇去浮沫后，关掉火。

❸ 在煮汤的同时将鸡腿肉、牛肉和鸡脯肉、里脊肉分别剁成蓉泥，分别加入葱末和姜末，用清水、鸡蛋清将两种蓉泥调成粥状待用，这就是“臊子”，主要用于扫汤。鸡腿肉调的臊子因血污较多，称为“红臊”；用鸡脯肉调制的臊子因色泽较白称为“白臊”，一些地区也有用牛血调制红臊的。

❹ 待汤的温度稍微降下后，向汤中倒入红臊，要边倒边用手勺按一个方向搅动，使臊子均匀地分布于汤中，然后将汤锅重新上火加热，保持小火，加热后“红臊”慢慢浮起，用手勺撇净，用纱布过滤，并将“臊子”挤去汤汁压成肉饼，肉饼放入汤中用小火煮40min，捞出肉饼袋弃之。

❺ 再向汤中倒入“白臊”，边倒边用手勺顺着一个方向搅动，然后将汤锅重新上火慢慢加热，待“白臊”渐渐浮起后将其撇出，撇出的“白臊”用纱布过滤，并将“臊子”挤去汤汁压成肉饼；汤锅重新加热，放入肉饼用小火再煮40min，捞出肉饼沥干汤汁，弃之。

❻ 用双层纱布过滤。加入适量的盐即成。

实训指导

❶ 高级清汤又称三合汤、顶汤、高汤、上汤，是在较高质量的基础汤的基础上再以鸡腿，鸡纤子（鸡里脊）剁成的泥或是肉丝等料吊制（提炼），除净杂质，使汤汁清纯而厚实，鲜美而不腻。

❷ 清制时，刚下入澥好的畜禽肉蓉或血水，对火候要求十分严格，一旦汤中有絮状凝固物出现，就必须用小火，不能让汤剧烈沸腾，否则，絮状物会被冲碎，分散于汤中，影响澄清，并且蛋白质等与脂肪的乳化微粒会经碰撞形成较大的颗粒，使汤汁乳白。

❸ 不同原料的组合，用料与水的比例决定了汤的质量。高级汤熬制成用完后，原料再加水仍能熬成相当于一般汤质量的汤。

❹ 高级清汤是高档菜肴的主要原料，如高汤燕菜、竹笋网鸽蛋、开水白菜等。

成品特点

色泽微黄，汤汁鲜醇，清澈见底。

任务3 一般白汤的制作

原料组配

猪骨、鸡鸭骨架、碎肉头，并酌加猪肉、鸡鸭肉等，无特别要求。

操作过程

一种是将鸡、鸭、蹄膀、猪肉及猪骨、鸡骨等类的原料直接放入汤锅中（有的也可先把原料焯一下水，洗净后，放入汤锅中），加料酒、葱、姜等烧沸后去掉汤面上的血污和浮沫，加盖用中火加热（焯水的原料根据菜肴的要求即时取出），至汤呈浅白色时即成。

另一种方法是利用制过汤的原料，加水继续加热2~3h，待汤呈浅白色时即成。也可加入鸡、鸭的骨架，肉骨等原料吊汤，制作一般奶汤的原料与汤的比例通常是1：（3~4），如果汤汁过多，就会影响汤的浓度、色泽及口味。

实训指导

一般白汤又称一般奶汤、毛汤。用毛汤作为底汤，经适当加工后，促使其色泽乳白。比如在毛汤中加进猪大油、猪骨，旺火催开，促使汤变浓转白；或在毛汤中加进猪口条、猪肚之类，并酌加鲜姜、小葱，用中等以上火力煮制，汤色变白；或锅底留少量猪大油，加适量精粉用猪油炒散待面粉泛起小泡，冲入毛汤，旺火烧沸，持续加热一段时间至汤呈乳白色。一般白汤供制作白汁菜使用。

成品特点

汤呈浅白色，浓度较差，鲜味不足。汤汁可作为一般菜肴的汤料和调味用汤。

任务4 高级奶汤的调制

原料组配

肥母鸡2只，猪肘子2只，猪五花肉2kg，猪骨1.5kg，水15kg，葱、姜各50g。

操作过程

1. 原料用清水洗净，姜用刀拍松，葱切段备用。
2. 汤锅中加入清水15kg，依次放入猪骨、母鸡、五花肉和猪肘子，用旺火烧开，煮约5min。
3. 汤锅转小火，用手勺撇净汤中的浮沫，将原料捞出用水冲净表面的沫子和杂质。
4. 将原料重新按原来的顺序放回原汤锅中，加葱、姜用中火加热2h左右，待汤汁呈乳白色时捞出原料另行使用。
5. 锅中汤稍晾后，用双层纱布过滤，清除汤中残存的杂质即可。

实训指导

1. 奶汤既要求汤汁滋味鲜醇、口感浓厚，又要求汤汁浓白如奶。因此在火候运用方面，较之制毛汤有所不同，单独制取时，一般要用中火熬制，使汤锅内汤的沸腾程度较大，这有利于浓白汤色的形成。如果在成汤之后，再用旺火催一催，加剧沸腾，效果会更好。不过在熬制过程中不要一直使用旺火。因为剧烈沸腾，水的气化速度过快，而且原料不易煮烂，从而影响原料中鲜味成分的溶出和胶原蛋白的水解，难以达到奶汤在滋味和口感方面的预期效果。
2. 浓白汤多用于高档菜肴，既是烧、扒、熘等菜肴的调味品，又是炖、烩、氽等汤汁量较多的菜肴的主要原料，如“奶汤素烩”“白汁菜心”等。

成品特点

汤汁浓稠、味道鲜醇、色泽乳白。

项目三　蓉泥的调制

任务1　猪蓉胶的调制

原料组配

主料：猪瘦肉250g。

调料：料酒2g，精盐1g，味精1g，葱姜水10g，鸡蛋清25g，精炼油5g。

操作过程

猪瘦肉去除表面筋膜，切成厚片放大碗中，加入清水漂洗后捞出，然后制成细蓉状，将肉蓉放入大碗内，加入精盐、味精、葱姜水，用竹筷顺向搅动，随搅随加入清水和鸡蛋清，搅至滋润起黏性，最后添入油搅匀。

实训指导

猪蓉胶有粗、细之分。眼、手均可感觉到蓉料颗粒体存在的是粗蓉胶。由于粗蓉料颗粒表面积较大，亲水性降低，浆液附着结合力较小，因此要加大粉浆的浓度，减少掺水量或不掺水，故而胶质厚度较大，硬度显得比其他蓉胶更强。例如“清炖蟹粉狮子头缔”，用猪瘦肉600g，猪肥膘400g，切成石榴丁，加蟹粉250g、精盐6～8g，在2℃条件下加工，可用水150克左右、鸡蛋液100g、淀粉15g调制，在室温20℃以上的条件下可不加水，但蛋清量不减，淀粉量可增加至25～30g。

细蓉胶滑如膏，凝如脂，十分细腻，眼、手皆不容易感觉到蓉料的颗粒。由于颗粒细，对水、浆的亲附力特别强，有的甚至能与超过自重2～6倍的水结合成为稠浆状，加热后仍能固形，如“汆丸子”所用的蓉缔等。

质量标准

用料配比恰当，稠稀适度，口味恰当，清洁卫生。

任务2　鸡蓉胶的调制

原料组配

鸡脯肉（鸡里脊）250g，盐、蛋清等各适量。

操作过程

1. 把鸡脯肉的皮、筋去掉，放入凉水内浸一下，控净水分，剁（绞）成细蓉。
2. 鸡蓉放碗中，加盐、蛋清，顺一个方向搅上劲即可。

实训指导

不同用途的鸡蓉在调制时所加的调、辅料不同。如调制“鸡酥丸子”时，用鸡腿净肉700g、猪脂200g、熟笋150g、精盐8g。先将鸡肉粉碎成蓉，猪脂与熟笋皆切成末，如果纯用水调则成品黏凝性与弹性皆不够，须用水150g、全蛋液150g、淀粉25g组成混合蛋浆调和，则会产生较好的弹性和凝结效果，使成熟品表面光洁，质感软嫩。

再如，鸡粥的调配，是将鸡脯或鸡里脊肉粉碎成细蓉（越细越好，有时可用过筛法将粗颗粒去除），生肥膘也粉碎成蓉，然后加调料和汤调制，一般150g鸡蓉，可加入50蓉生肥膘、3个蛋清、20g淀粉、350g鲜汤。调蓉泥时蛋清不需打发，蓉泥也不需要搅拌上劲，搅拌均匀即可，下锅时用手勺轻轻推拌，经加热依靠蛋清、淀粉使菜品浓稠成粥状。蛋清、淀粉的用量不宜过多，否则会使汤汁过早浓稠，而肉不熟，用量过少则浓稠时间长，肉质变老。

质量标准

用料配比恰当，稠稀适度，口味恰当，清洁卫生。

任务3 鱼蓉胶的调制

原料组配

主料：净青鱼（白鱼、草鱼）肉250g。

调料：精盐、料酒、葱姜水、蛋清和湿淀粉各适量。

操作过程

1. 将鱼肉去尽骨、刺、皮及皮下血合肉组织部分，再拍松，用清水漂尽血渍。
2. 将净鱼肉通过绞肉机或粉碎机或切、刮、剁、敲等方法粉碎成小颗粒或蓉泥状，然后加入葱姜水、料酒调匀，加入盐搅拌上劲。根据蓉泥的厚度再用水调节，可加入油脂和少量淀粉，也可不加。调和好的蓉泥放冷藏箱静置待用。

实训指导

1. 鱼蓉又称鱼缔、鱼胶、鱼糁，是将鱼肉经粉碎加工成蓉状后，加入蛋清、淀粉、油脂等调辅料，搅拌上劲而制成的黏稠的胶体物料。鱼蓉的应用一直都非常广泛，既可以作为花色菜点造型的辅料和黏合剂，也可独立成菜，并产生了专门的一类菜，即“缔子菜”，如清汤鱼丸、芙蓉鱼片、鱼缔蛋、鱼面、鱼腐等，成菜一般都具有滑爽、鲜嫩、质感细腻、入口即化、营养丰富、造型美观等特点。
2. 一般来说，鱼蓉与水的结合性较强，尤以鳜鱼、青鱼、草鱼、黄鱼、白鱼、鲮鱼、鳡鱼、鳗鱼等为佳，可结合3～5倍的水，禽肉次之，一般为1～2倍，畜肉再次之，为0.5～1倍，而虾肉最少，为0.1～0.3。掺水一般分2～3次进行，这样能使水分子均匀地和蛋白质表面亲水性基团接触，逐渐使蓉料充分与水融合而稠黏。
3. 不同用途的鱼蓉在调制时所加的调、辅料不同，如调制“金钱鱼饼缔”时，用草鱼肉蓉700g、猪脂蓉300g、马蹄粒200g、精盐10g，鱼蓉具有较好的水化性，但过多的水则会造成鱼饼成品的塌缩或碎散，不能达到应有的弹性和成形标准。鱼饼缔宜采用与蓉料相等的水与蛋黄液、淀粉调和成混合浆液进行调制。这里可用水200g，蛋黄液（可蛋清、可蛋黄也可全蛋）与淀粉25g。除淮扬风味外，许多地方为强化鱼圆的弹韧性也采用了蛋粉浆调制方法。

质量标准

用料配比恰当，稠稀适度，口味恰当，清洁卫生。

任务4 马铃薯泥的调制

原料组配

马铃薯250g，精盐、鸡精各适量。

操作过程

❶ 将马铃薯削皮洗净，切块，放入水中（水中放少许盐）煮到软透，捞出，沥干水分。

❷ 将煮熟的马铃薯放入盛器中，用合适的工具压碎，加入盐、鸡精，搅拌成泥状即可。

实训指导

❶ 这就是马铃薯泥的一般制法，其他各种不同风味的马铃薯泥都是在此基础上加工而成的，如“奶香马铃薯泥”“蛋黄马铃薯泥”“火腿马铃薯泥”“豉油马铃薯泥”等。

❷ 马铃薯泥可作菜肴之用，也可作为主食、点心使用。

❸ 依此方法还可制作红薯泥、紫薯泥、南瓜泥、山药泥等。

质量标准

用料配比恰当，稠稀适度，口味恰当，清洁卫生。

项目四 蛋泡糊、发粉糊的调制

任务1 蛋泡糊的调制

原料组配

干细淀粉50g，鸡蛋清70g，面粉20g。

操作过程

将蛋清放入盛器中，将蛋抽倾斜顺着同一个方向旋转抽打，动作由慢到快，尽量将蛋抽抽打的距离拉长，让蛋清充分捕捉并滞留住气体，当呈现出雪花状（完全膨胀起来）、把竹筷插入蛋泡中能立住不倒时为好，然后加入适量粉料拌匀，这时用力不可太猛，速度不要太快，以免出现松劲的现象，从而影响菜品的成形。

实训指导

❶ 蛋泡糊又称雪衣糊、芙蓉糊、高丽糊、发蛋糊等，是将蛋清经过机械旋转有力的抽打至起泡后加入粉类而制成的糊，该糊色白如雪，糊质细嫩，膨松饱满，其技术性要求也比较高，如果调制的方法掌握不当，很容易出现糊质溏稀、不起泡、成菜后表面收缩干瘪或口感不够软嫩等现象。

❷ 选用的鸡蛋清越新鲜效果越好。抽打是制作雪衣糊的最关键环节。在抽打时需注意以下三点：首先，抽打蛋清的容器千万不能沾有油脂。其次，抽打蛋液时蛋抽要有一定的倾斜度，先轻轻抽打将蛋液带到蛋抽上，当见到起大气泡时应加快抽

打的速度，随着捕捉的空气越来越多，起泡也越来越多，气泡则越来越小，直至起泡完毕（筷子能够站立不倒）；抽打时应一气呵成，中途不得停歇，因为蛋清刚起泡时，蛋白质易还原成蛋清，且不能再起泡，这就是行业中常说的“蛋清打澥”。再次，在抽打过程中，如果加入适量的白糖，有助于雪衣糊的稳定。因为白糖具有提高蛋清黏稠度的作用，可以延长并稳定泡沫的存在时间，保持泡沫软化，使之不易消失。但要注意的是：白糖应在蛋清快要完成抽打的时候加入，这时蛋清中的泡沫都已发生了膨胀，糖的加入正好起到了将已膨胀的泡沫加以稳定的作用；若加糖过早，由于糖对泡沫的膨胀产生抑制作用，则可使雪衣糊的整体效果显得不够饱满。

❸ 加粉的时间应掌握在蛋液充分起泡之后（即筷子能站住时）。首先，在选择粉类时必须选用低面筋的粉，如米粉、淀粉，因为这两种粉易于搅拌均匀，且吸水性较强；其中米粉最好选用质地细嫩的水磨粉，若无米粉或淀粉，则可用面粉代替，但面粉在加入前须先上笼蒸熟，取出凉透后碾细并经过筛后方可使用。其次，应把握好用量，一般在重量上与蛋泡的比例为1：2或1：3，若是将淀粉和面粉混合使用，则两者比例为2：1。加粉过少，成菜后会塌坍，不饱满，易含油；而过多，则会使菜肴涨裂，吃口干硬。

❹ 雪衣糊应现打现用。若蛋清发泡后放置过久，则蛋白质可被还原，且不易再起泡，这是由于蛋白质空间结构组织已遭破坏的缘故，因此蛋清发泡后即需尽快使用。

❺ 此糊可使成品具有外部饱满，松而嫩，色泽洁白美观的特点，常用于松炸类菜肴，如“高丽苹果”等。

质量标准

用料配比恰当，浓度恰当，调制均匀，清洁卫生。

任务2　发粉糊的调制

原料组配

面粉500g，干细淀粉100g，发酵粉20g，精盐6g，精炼油160g，清水约600g。

操作过程

将面粉、干细淀粉、精盐、精炼油和清水搅匀，静置10min，加入发酵粉调匀，静置5min即可。

实训指导

发粉糊是指用面粉加发酵粉和水调制而成的糊，多用于炸类菜肴的制作。用发粉糊炸后糊壳比较硬，不会导致水分外溢而影响菜肴质量，外表饱满丰润光滑，色金黄，外脆里嫩。其成品松脆度高于蛋泡糊，色泽淡黄。常用于炸，菜肴成品涨发饱满，外壳酥香。

椒盐素排骨

原料：莲藕200g，冬笋30g，西蓝花20g，椒盐15g，盐5g，味精2g，淀粉30g，面粉5g，发酵粉1g，植物油500g（实用约60g）。

制法：将莲藕切小块，冬笋切条，西蓝花改刀成块。将面粉、淀粉、发酵粉和盐及味精加水调制成发粉糊备用。把冬笋条插入小块的藕中成素排骨生坯，将生坯挂发粉糊放入第四成热的油中炸制成素排骨捞出。待油温升至七八成热时再投入素排骨复炸至金黄色时捞出至装盘。西蓝花炒熟围在盘子边上，炸好的素排骨撒拌上椒盐放在盘子中央即成。

质量标准

用料配比恰当，浓度恰当，调制均匀，清洁卫生。

技能考核

考核样题

1. 分别调制冷、热菜糖醋汁各1小碗。
2. 将3个新鲜蛋清加适量淀粉调制成蛋泡糊。

考核要求

1. 按照考核要求，备好有关烹调工具、盛器和原料。
2. 设备、考位应统一编号。
3. 学生应自带干净的工作服、围裙、发帽，考核时必须着装整洁并搞好个人卫生。

评分标准

试题总成绩实行百分制积分方法，60分以上为及格，其中每项按百分制评分，评分标准分别见表6–1、表6–2。

表6–1　糖醋汁调制评分表

评价指标	调料配比恰当	口味符合要求	色泽纯正	调制方法正确	清洁卫生	合计
标准分	30分	30分	20分	15分	5分	100分
实得分						

表6–2　蛋泡糊调制评分表

评价指标	用料配比恰当	调制方法正确	浓稠均匀、适度	质地细腻	色泽洁白	清洁卫生	合计
标准分	15分	15分	20分	20分	20分	10分	100分
实得分							

模块七

炒爆工艺

实训目标

1. 了解“炒”“爆”工艺的概念、工艺流程、成菜特点、分类、代表菜品
2. 掌握各种“炒”“爆”烹调方法的选料要求、工艺关键和技术要领，并能举一反三，触类旁通。

实训方法

教师讲解→示范操作→学生练习→教师指导→综合讲评→填写实训报告。

项目一　炒

任务1　生炒——炒土豆丝

原料组配

主料：土豆400g。

配料：红椒50g。

调料：葱5g，姜5g，精盐3g，味精3g，醋10g，调和油20g。

操作过程

1. 土豆削皮后，先切成厚薄均匀的片，再切成细丝，泡入冷水中，以避免土豆丝与空气接触氧化变黑。葱、姜、红椒整理干净。红椒、姜、葱均切丝。
2. 把土豆丝在水中冲洗一下，洗去淀粉，沥干水。
3. 炒锅上火，放油烧至四成热时，下葱、姜、土豆丝、红椒丝急速翻

炒，调入醋、盐、味精，快速翻炒10～15s至土豆丝成熟时，盛入盘中即可。

工艺关键

❶ 切出的土豆丝要长短一致，粗细均匀。

❷ 放调味品时，要先放醋后放盐，否则会影响土豆丝的脆性。

❸ 炒制时火要旺，速度要快，土豆丝的量要适当，不宜过多。

风味特点

色泽白绿相间，口味咸鲜微酸，质脆嫩爽口。

名师指点

生炒的最大关键在于火候，即在生炒的整个过程中，锅内都要保持高温，包括生料下锅后，温度也不能下降，否则就难以保证生炒脆嫩的特点。在实际操作中，生炒的技巧可概括为“活”“快”“准”“轻”四个字。“活”指手法灵活、配合默契，“快”指出手快，“准”指下调料准，“轻”指出手要轻、用力要匀。

举一反三

按此方法，变换主料可制作“炒莴笋丝”“炒豆芽”“炒三丝”等菜肴。

任务2 生炒——木樨肉

原料组配

主料：猪瘦肉100g。

配料：鸡蛋液100g，水发木耳50g，冬笋50g，菠菜50g。

调料：酱油10g，料酒8g，精盐2g，味精1g，大葱8g，姜5g，芝麻油4g，调和油70g。

操作过程

❶ 新鲜猪瘦肉去净筋膜，大葱择去老叶取葱白，姜刮去表皮，菠菜择去老叶、黄叶，洗净。

❷ 肉顺丝切成长约5cm，约0.3cm见方的丝。冬笋顺丝切成长约4cm，约0.2cm见方的丝。木耳撕成小朵。菠菜切成约3cm长的段。葱白切成眉毛葱。姜切成细丝。

❸ 肉丝、笋丝、葱丝、姜丝、菠菜段、木耳分别放配菜器皿中。

❹ 鸡蛋液放碗中，加入精盐0.1g，确定好“底口”，用竹筷打匀。

❺ 炒勺置中火上烧热，放入调和油30g，视油温升至四五成热时，放入鸡蛋液炒熟后倒入漏勺。炒勺重新置灶口上烧热，加入调和油烧至四五成热时，下入肉丝炒熟，下入葱丝、姜丝，炒出香味，加入酱油、料酒、精盐煸炒几下，随即放入木耳、菠菜、笋丝翻炒，迅速倒入炒好的鸡蛋，淋入芝麻油炒匀即可装盘。

工艺关键

❶ 主料和配料要切得整齐均匀。

❷ 鸡蛋要现打现炒，鸡蛋快要成熟时要先出锅，到最后再入锅与其他原料炒匀。

风味特点

色泽棕红，口味咸鲜，质感软嫩。

名师指点

木樨，乃桂花之别名，为我国特产，谚曰：“桂花香十里。”桂花是一种珍贵的观赏芳香植物。花开在叶腋，绿叶夹着黄花，姿态别具，有“丹葩间绿叶，锦乡相重叠”之美；又有“天香入骨”之胜。“木樨肉”却不是用桂花，而是鸡蛋。炒鸡蛋色彩金黄，貌似桂花，而桂花又有“木樨”之称。也有写作“木须”者，其“须”实是白字。

木樨肉因地区之别，有北京木樨肉、山东木樨肉和东北木樨肉等不同做法。除了以黑木耳、鸡蛋和肉丝为主料外，北京加了黄花菜和黄瓜，山东加了冬笋和韭黄，东北则加了冬笋和胡萝卜等。

举一反三

依此烹调方法，利用变换主料的方法，还可烹制出“木樨虾仁”“木樨鸡片”“木樨鲜贝”等菜肴。在举一反三过程中，应注意配料的改变，力求做到主配料在形态、色彩上彼此协调。

任务3 熟炒——回锅肉

原料组配

主料：猪带皮坐臀肉300g。

配料：蒜苗20g。

调料：郫县豆瓣10g，红酱油5g，甜面酱10g，豆豉2g，精盐1g，调和油适量。

操作过程

1. 将猪肉刮洗干净，放入汤锅中加水煮至断生，捞出稍晾后切成5cm长、4cm宽、0.4cm厚的片（皮肉相连）；豆瓣、豆豉分别剁细；蒜苗切寸断。
2. 炒锅置火上，倒入油烧至150℃，放入肉片略炒，再加精盐炒至肉片呈灯盏形（即卷缩、变形），下豆瓣、豆豉炒香上色，加甜面酱炒出香味，放入红酱油炒匀，下蒜苗炒至断生，起锅装入盘中即成。

工艺关键

1. 猪肉要刮洗干净，否则有异味。猪肉煮至断生即可，即切开肉面不见血丝，如煮过火，肉会失去应有的弹性，不易卷缩，缺乏韧性，影响风味。
2. 豆瓣、甜面酱需炒出香味。蒜苗段不宜久炒，以断生散出香味即好。
3. 在口味上要注意咸味的控制，由于使用了比较多的具有咸味的调味品，本菜肴容易偏咸。
4. 控制好肉片的干香度，要把握开始炒制阶段，发现肉片吐油时，即可加入郫县豆瓣炒制，这样干香度能够得到保证，又不至于过于滋润。

风味特点

香气浓郁，咸鲜微辣，略带回甜，肥而不腻。

名师指点

传说这道菜是从前四川人初一、十五打牙祭（改善生活）的当家菜。当时做法多是先白煮，再爆炒。清末时成都有位姓凌的翰林，因宦途失意退隐家居，潜心研究烹饪。他将原来煮后炒的回锅肉改为先将猪肉去腥味，以隔水容器密封的方法蒸熟后再煎炒成菜。因为久蒸至熟，减少了可溶性蛋白质的损失，保持了肉质的浓郁鲜香，原味不失，色泽红亮。自此，名噪锦城的久蒸回锅肉便流传开来。家常做法还是以先煮后炒居多。现在回锅肉的品类很多，如连山回锅肉、干豇豆回锅肉、红椒回锅肉、蕨菜回锅肉等。

熟炒主要适用于已加工成熟或半熟的动物性原料；原料成形要比生炒菜较大。调料多用酱类，如甜面酱、黄酱、豆瓣酱、酱豆腐等；配料多用含有芳香气味的蔬菜如芹菜、蒜苗、青蒜、大葱、青椒等。

举一反三

依此烹调方法、味型，利用变换原料和形状的方法，还可烹制出“回锅香肠”“回锅腊肉”等菜肴。此外，熟炒的代表菜品川菜“回锅肉”外，还有鲁菜“炒樱桃肉”，苏菜“清炒蟹粉”“炒鳝糊”，京菜“炒肚片”“烹白肉”，清真菜的“酱炒鸡块”，湘菜“东安鸡”等。

任务4 干炒——干煸牛肉丝

原料组配

主料：瘦牛肉250g（牛臀部两侧的瘦肉最好）。

配料：芹菜（或蒜苗）150g。

调料：调和油150g，四川郫县豆瓣酱20g，辣椒面5g，姜15g，酱油15g，料酒25g，味精0.5g，白糖5g，醋和精盐各少许，花椒面1g。

操作过程

1. 将牛肉切去筋，切成6cm×0.3cm×0.3cm的粗丝；芹菜去筋剖开切寸段；姜切细丝。
2. 将锅烧热，用凉油滑一下锅，留适量底油，待油热时下入牛肉丝，用手勺反复煸炒，煸干水分，待牛肉丝呈褐红色时，加入豆瓣酱和辣椒面继续煸炒（此时要注意减小火力，以免将菜炒煳，因豆瓣酱中的蚕豆和辣椒面易煳）炒出味和色时，下入姜丝和料酒煸炒几下，再加入芹菜段翻炒数下，下入酱油、白糖、精盐、味精、醋炒匀，撒上花椒面即成。

工艺关键

1. 选用精瘦肉，以牛里脊肉、后腿肉为宜。
2. 肉丝要切得稍粗，并要斜纹切，不可横纹切，以免在煸制时肉丝碎断。
3. 采用中小火煸炒，防止煸焦。但一定要煸至水分收干，切不可水分太重，否则牛肉丝会软绵而不酥香。芹菜下锅炒断生后要迅速起锅，否则变色不脆。

风味特点

成菜色泽棕红与翠绿相间，干香味浓，耐于咀嚼，回味悠长，麻辣鲜香，最宜佐酒。

名师指点

干炒，又称干煸，是用少量热油把原料内部的水分煸干，再加入调味料（大多数为辛辣味料，如豆瓣酱、花椒、胡椒等）煸炒，使调味料充分渗入原料内部的一种烹调方法。有三种制法：一是主料经刀技加工后，不挂糊，用部分调味品先搅拌腌渍，入油锅旺火迅速煸炒，加配料，再加调味品炒尽汤汁即可。二是主料经刀技加工后，用少许淀粉上浆，然后入旺火热底油锅煸炒，加配料、调味品，收尽汤汁即可。三是主料经刀技加工后，用调味品拌渍，然后上浆，滚面粉，入四五成热的油锅稍炸一下。原勺加底油，炝锅，加配料和调味品，收尽汤汁即成。

举一反三

依此烹调方法与味型，改变主料可烹制“干煸猪肉丝”“干煸鱿鱼”“干煸冬笋”“干煸鳝鱼丝”“干煸黄豆芽”“干煸泥鳅”等。

任务5　软炒——白玉鸡脯

原料组配

主料：鸡里脊肉100g，鸡蛋清6个。

配料：玉兰片10g，油菜心10g。

调料：精盐2g，味精3g，白糖0.5g，调和油750g（实用约30g），葱姜水8g，清汤和湿淀粉各适量。

操作过程

1. 将鸡里脊肉去筋砸蓉，放入容器内，加入2个蛋清和4g葱姜水，再放精盐1g、味精、湿淀粉，另外将4个蛋清抽成蛋泡，放进一半，朝一个方向搅拌均匀，静置10min，再加另一半蛋泡搅匀，制成泥子备用。
2. 用清汤、白糖和剩下的味精、盐、葱姜水、湿淀粉兑成汁，玉兰片切长方片，油菜心洗净，用沸水略焯，冷水浸凉备用。
3. 锅内放入油，小火烧热，用手勺将泥子舀成均匀的椭圆形状放入油中，用温油焐熟，捞出。
4. 另坐锅，放底油，投辅料略煸，倒入兑好的汁芡，放入鸡脯，将芡汁挂均匀，淋适量油出锅装盘。

工艺关键

1. “白玉鸡脯”是以色泽见长的菜肴，故所选原料必须质地新鲜、色泽纯正。主料以选用肉鸡的鸡脯最佳，因为这种鸡脯肉质地细嫩，色泽纯正，筋膜较少，便于加工；鸡蛋清应选择新鲜土鸡蛋的蛋清；熟猪油应使用新炼出的。

❷ 调制鸡泥时应顺一个方向搅打，不可来回搅打，否则易将原料打澥。另外，鸡蛋清应分次加入，最后一次加入前，应将其先抽成蛋泡状，这样方可使成菜更加洁白细腻。

❸ 恰当地掌握好火候和油温是做好这道菜的关键。火力以中小火为主，油温应控制在二三成，遇油温高时还应将炒锅端离火口。

❹ 翻锅时动作要轻，速度要慢，以防把极嫩的鸡片翻碎，从而影响成菜的美观。

风味特点

成菜色泽洁白，肉质细嫩，清香爽口。

名师指点

软炒所用的主料，一般是液体或糜状原料，通常以牛奶、鸡蛋和剁成细泥的鸡脯肉、净鱼肉、里脊肉等为主，也可以是一些小型无骨的肉料（如鲜虾肉、牛肉、鸡肝、火腿等）。部分软炒的主料，如鸡肉和鱼虾等，都需剔净筋络，把肉捶砸成细泥状；或经加热至熟软后（如豆和薯类），压制成细肉糜才能使用。辅料均切成小片、菱形片或颗粒状。

“白玉鸡脯”是一款风味独特的河北传统名。相传此菜源于历史文化名城保定，由清末保定名厨所创。由于其选料考究，制作精细，故长期流行于保定及其周边地区。20世纪50年代，河北各地相继将此菜引入，并在用料及制作上不断改进，以使其色泽更加和谐，质地更加细腻，味道更加鲜美。

举一反三

依此烹调方法、味型，变换主料可烹制“芙蓉鸡片”“芙蓉鱼片”“芙蓉肉片”“芙蓉虾片”以及“三不粘”“大良炒鲜奶”等菜肴。

任务6 滑炒——银牙鸡丝

原料组配

主料：生鸡脯肉300g。

配料：绿豆芽250g，鸡蛋清1个，熟火腿丝10g，水发香菇丝10g。

调料：调和油500g（实用约75g）、芝麻油5g、料酒1g、精盐2.5g、绵白糖1g、湿淀粉10g、味精1g。

操作过程

❶ 将鸡脯肉剔去筋膜，片成片，再切成丝，放入碗中，加盐、蛋清、湿淀粉上浆。

❷ 绿豆芽择去头、根洗净，放入沸水锅中烫一下，捞出，沥干水。碗中加盐、料酒、绵白糖、味精、湿淀粉调和成调味汁。

❸ 旺火热锅，舀入油，至四成热时放入鸡丝，用筷子轻轻拨散，倒入漏勺滤去油。原锅仍置旺火上，加底油，放入绿豆芽、火腿丝、香菇丝翻炒几下，再放入鸡丝炒匀，倒入调味汁颠翻，淋上芝麻油再颠匀，起锅装盘即成。

工艺关键

❶ 鸡脯肉应顺丝（或斜丝）切成细丝，并要用水浸漂，否则烹调时鸡丝易碎，色泽不白。

❷ 烹调时应急火快炒，以达到成品鲜嫩脆滑的风味。

风味特点

银芽爽脆，鸡丝鲜嫩，味美可口，色彩悦目。

名师指点

滑炒是将加工成小型的原料，先上浆滑油，再用少量油在旺火上急速翻炒，最后用兑汁芡或单纯粉汁勾芡的一种烹调方法。成菜汁紧油亮，色泽以白色为主，也有其他色泽的，如深红、鲜红、金黄、浅黄等；口味多样，如鲜咸、鱼香、茄汁、酱香、宫保、蚝油等；质地柔软滑嫩，清爽利口。

举一反三

依此烹调方法、味型，变换原料还可烹制出“五彩肉丝”“滑炒虾仁”“滑炒鸡丁”，以及浙菜“莼菜炒肉丝”，苏菜“冬笋鸡丝”，粤菜“碧绿鲜带子”“七彩牛肉丝”，还有“龙井虾仁”“龙井鸡丝”“茶叶飘香鳕鱼”等菜肴。

项目二　爆

任务1　油爆——油爆双脆

原料组配

主料：猪肚头250g，净鸡肫150g。

调料：蒜片20g，葱花2g，姜米1g，蒜泥1g，鲜汤75g，鸡蛋清60g，湿淀粉15g，精盐3g，味精3g，料酒15g，精炼油适量。

操作过程

❶ 将肚头用刀批开，剥去外皮，用清水洗净，择去里面的筋杂，在肚头外面剞上十字花刀（深为肚厚的2/3），呈网包状，再切成2cm见方的块放入碗中；加入精盐、蛋清和湿淀粉上浆。将鸡肫剞上斜十字花刀（深达2/3），切成两半入碗，加入精盐，用蛋清和湿淀粉上浆。取小碗一只，用鲜汤、蒜片、精盐、味精、料酒、湿淀粉调成兑汁芡。

❷ 炒锅置火上，放入精炼油烧至140℃，先后将肚块和肫花入锅滑熟，倒出沥干油。

❸ 锅中留少许油，放入葱姜、蒜泥炸香，倒入肚块、肫花，倒入兑汁芡，翻炒均匀，装盘即成。

工艺关键

❶ 必须将鸡胗和猪肚头洗刷干净，去除异味。剞刀要均匀，花纹要清晰。

❷ 兑汁芡调制时口味和淀粉用量要准确。

风味特点

红白两色，质地脆嫩，滋味香醇，咸鲜可口。

名师指点

油爆就是将加工成形的原料用沸水稍烫（但也有不烫的），捞出沥干水分，放入热油锅内，爆至七成熟，滗出余油，加入配料，倒入兑好的调味混汁（有关调料加湿淀粉），迅速颠翻几下即成菜肴的一种烹调方法。成菜口味以鲜咸为主；芡汁紧包，色泽均匀，油分极少，食后盘内无汁；油爆主料多为本色，并有葱姜蒜的香味，食之脆嫩，清爽不腻。

“油爆双脆”是山东名菜。该菜以猪肚头、鸡肫为主料经油爆而成。刀工精细，火候严格，要求厨师全神贯注，动作敏捷，一气呵成。

举一反三

依此烹调方法、味型，变换主料还可烹制“油爆双色鱿鱼”“油爆鲍贝”以及“油爆鱿鱼卷”“油爆腰花”“油爆大虾”“油爆肚仁”“油爆墨鱼花”“油爆海螺片”“油爆鲜带子”“黑木耳爆螺肉”“青椒爆鹅肠”等菜肴。

任务2 芫爆——芫爆墨鱼

原料组配

主料：鲜墨鱼肉250g。

辅料：香菜梗50g。

调料：料酒15g，味精1.5g，精盐2g，胡椒粉1g，葱5g，姜5g，蒜5g，芝麻油适量，调和油500g（实用约50g）。

操作过程

1. 将墨鱼肉洗干净，剞上斜直刀口，切成长4cm的条。香菜梗切成长3cm的段，葱、姜切丝，蒜切片。
2. 炒锅加油，用旺火加热，油烧至六七成热时，把墨鱼放入油中爆制，触一下油捞出。
3. 炒锅留少许油，用葱丝、姜丝、蒜片炝锅，加入料酒、精盐、味精、胡椒粉和香菜梗翻炒，放入墨鱼翻炒几下，淋入芝麻油出锅装盘。

工艺关键

1. 墨鱼剞麦穗花刀。
2. 掌握好油温的高低和爆制的时间，这样才能保持口感爽脆。

风味特点

墨鱼条洁白，香菜翠绿，鲜咸香脆，清淡爽口。

名师指点

芫爆是以芫荽（即香菜）为主要配料的一种爆制。它的制作方法与油爆基本相同，不同之处：一是主要配料必须是香菜段；二是芫爆调味用清汁，不用混汁。芫爆菜多用主料的本色，不外加色，又以芫荽为配料，白绿相间，色调雅致，主料味鲜而清爽，有浓郁的芫荽味。

举一反三

依此烹调方法、味型，变换主料还可烹制“芫爆二条”“芫爆鱿鱼丝”“芫爆鱿鱼卷”“芫爆散丹”“芫爆乌鱼条”“芫爆肚仁”“芫爆腰条”等菜肴。

任务3 酱爆——酱爆鱿鱼卷

原料组配

主料：水发鱿鱼200g。

调料：葱末15g，姜末3g，甜面酱50g，花椒1g，白砂糖15g，精盐3g，味精1g，料酒10g，湿淀粉5g，鲜汤适量，芝麻油10g，调和油500g（实用约50g）。

操作过程

1. 将鱿鱼边修整齐，先从右角起刀，用斜刀剞至尾部，再从左角起刀，用斜刀剞制至尾部，改成2.5cm宽的段。改刀后的鱿鱼放入清水中淘洗两遍，倒入漏勺中沥净水分待用。
2. 炒锅坐旺火上，加清水烧开，投入鱿鱼块，卷成爆花筒后立即倒入漏勺，沥干水分待用。
3. 炒锅加调和油烧七成热时，倒入鱿鱼卷，随即用漏勺捞起，沥出余油待用。
4. 炒锅留底油，投入花椒，边烧边搅动，花椒变黑时捞出不用，即成花椒油。另取炒锅加少许调和油，烧热后，投入葱、姜末炒出香味，加甜面酱、白砂糖炒浓，加入鲜汤搅匀，加精盐、料酒、味精，用湿淀粉勾芡；加入花椒油，用手勺搅至汁爆起时，投入鱿鱼卷，淋芝麻油颠翻出锅装盘即成。

工艺关键

烹制酱爆菜的关键是把酱炒好，酱的数量一般以相当于主料的1/5为宜，炒酱用油的数量以相当于酱的1/2为好，油多酱少，则包不住主料，油少酱多则易巴锅。油和酱的比例不是绝对的，可视酱的稀稠而增减油的用量，一般是酱稀用油多些，酱稠用油少些。要把酱炒熟炒透，炒出香味来，不能有生酱味。

烹制酱菜时放糖不可过早，一般是在菜即将熟时放糖，这样既能增加菜的甜美味，又能增加菜的光泽。如用酱豆腐作酱菜的调料，有烹酱豆腐汁的，有在浆主料时放酱豆腐汁的，也有用红曲卤调和菜色的。

风味特点

色泽棕黄，柔软脆嫩，酱香扑鼻，佐酒下饭均宜。

名师指点

酱爆是以炒熟的甜面酱、黄酱或酱豆腐爆炒主料、配料的一种烹调方法，其操作方法与油爆基本相似，不同点一是将过油后的原料放入炒好的面酱中颠翻裹匀，二是调味品除用酱外，还需加少许糖，而不再放醋。酱爆菜多为深红色，油光闪亮；味咸且有浓郁的酱香味；质地脆嫩爽口。

举一反三

依此烹调方法、味型，变换主料还可烹制出“酱爆墨鱼”“酱爆鸭舌”“酱爆螺花”“酱爆蛤蜊”“酱爆蛏肉”等菜肴。

任务4 蒜爆——蒜爆腰花

原料组配

主料：猪腰500g。

调料：蒜头10g，酱油5g，盐4g，味精2g，料酒10g，红椒100g，湿淀粉10g，调和油500g（实用约50g）。

操作过程

1. 将猪腰洗净，用平刀法将其片开成两半，片掉内膜以去除腰臊味。在猪腰表面剞上十字花纹，改切成长4cm、宽2cm的块，放盐、料酒、味精腌渍。将蒜头剁成蓉，将红椒切成边长4cm的菱形片。
2. 碗中加少许水、酱油、盐、味精、料酒、湿淀粉兑成汁芡待用。
3. 炒锅上火，放水烧沸，下猪腰烫一下捞出。炒锅放油烧至六七成热，将猪腰、红椒片倒入油锅爆3～5s倒出沥油。用锅中余油将蒜蓉爆香，倒入猪腰，淋入汁芡翻炒均匀即可。

工艺关键

1. 一定要将猪腰的内膜片除干净，否则腰臊味难闻，无法入口。
2. 猪腰剞刀深浅要均匀。

风味特点

咸鲜味美，蒜香浓郁。

名师指点

蒜爆是以大蒜为主要调料的爆制法，突出蒜香味。

举一反三

依此烹调方法、味型，变换主料还可烹制出“蒜爆肚尖”“蒜爆猪心”“蒜爆鳝背”“蒜爆肥肠”“蒜爆鱿鱼卷”“蒜爆墨鱼花”“蒜爆目鱼卷”等菜肴。

任务5 火爆——火爆腰花

原料组配

主料：猪腰2个。

配料：净莴笋50g。

调料：精盐3g，味精2g，酱油5g，料酒5g，姜片3g，葱10g，泡辣椒10g，蒜片5g，鲜汤25g，胡椒粉1g，水淀粉25g，调和油100g。

操作过程

❶ 将葱、泡辣椒切成“马耳朵”形。莴笋去皮后切成约4cm长、0.7cm粗的筷子条，加少量精盐码味。猪腰去筋膜，剖开为两半后去掉腰臊洗净，从里面用剞刀法斜划0.3cm宽的花纹，再横着花纹剞为三刀一断成“凤尾”形。

❷ 腰花装入碗内，加精盐、料酒、水淀粉拌匀。另一碗内加酱油、胡椒粉、味精、水淀粉、鲜汤调成味汁。

❸ 炒锅置旺火上，放油烧至七成热，放入腰花，迅速炒散，再放入泡辣椒、姜片、蒜片、葱、莴笋条，炒出香味，倒入碗汁，颠翻几下，起锅装盘即成。

工艺关键

❶ 可将剞好刀的腰花放入有食醋和盐的清水中浸泡片刻，控净水上浆备用。

❷ 走油时油温要掌握在180℃左右，下入腰花，快速滑散出锅沥净油。

❸ 油锅上火，爆香小料，下配料，加腰花、料酒和调味汁，迅速颠翻几下，滴少许食醋，淋明油出锅即可，这样烹出的腰花脆嫩无腥臊气味。

风味特点

成形优美，质地脆嫩，咸鲜爽口。

名师指点

❶ 猪腰处理不当会有腥臊味，在剞刀之前一定要将猪腰剖开，将内部的白色脂肪去除。剞刀时斜剞深度应占其厚度的3/5，横着直剞应占其深度的2/3，这样成菜后花形才能充分显露。

❷ 这是一道急火快炒的菜，因此建议提前配好料汁，否则一样样地放，时间太长，也会使腰花变老。料汁中有水淀粉，很容易沉淀，往锅里倒料汁前，一定要将料汁搅拌一下。

举一反三

依此烹调方法、味型，变换主料可烹制“火爆肚头”“火爆双脆”“火爆黄喉”“火爆肫肝”、“火爆鹅肠”“火爆海螺肉”等。

技能考核

考核样题

1. 在规定时间内完成2个指定菜（炒土豆丝、爆鱿鱼卷），1个抽签菜（银芽鸡丝、酱爆墨鱼、宫保鸡丁、滑炒鸡丝）。

2. 在规定时间内完成2个指定菜（银芽鸡丝、爆腰花），1个抽签菜（回锅肉、干煸牛肉丝、芙蓉鸡片、五彩肉丝）。

注：具体考核项目，可根据本地、本校实际情况，参照教学大纲和中式烹调师操作技能考试国家题库，进行适当调整。

考核要求

1. 考场要求

（1）考场要干净卫生，便于考核。

（2）根据考核人数，配备一定数量素质较高的现场监考人员和其他服务人员。

（3）每位考生操作使用面积不少于3m²。

（4）设备、考位应统一编号。

（5）成品送评判室前要实行编号制。

2. 学生要求

（1）提前10min到场，抽取考核顺序号。

（2）听从监考人员的指挥，降低焦虑心态，做好心理调节。

（3）穿戴整洁的工作服、工作帽。

（4）按照考核要求，备好有关烹调工具、盛器和原料。

评分标准

试题总成绩实行百分制积分方法，60分以上为及格。其中每道菜按百分制评分，其中现场操作30分，成品质量70分，评价指标见表7-1。

表7-1 热菜烹调工艺单元考核评分表

评价指标		技术要求	标准配分	实得分
现场操作（30分）	切配加工过程	规范有序，动作协调适当，刀工娴熟，刀法准确	7分	
	烹调制作操作	程序合理，烹调方法运用恰当，勺工熟练协调，调味准确快捷	8分	
	节约减耗	在水、电、燃气使用方面注重节能减耗，原材料使用合理，废弃物处理妥当，没有浪费现象	5分	
	安全卫生	个人卫生符合要求，操作过程安全，现场整洁有序，原料存放安全卫生，器具干净卫生	5分	
	组织纪律	听从老师安排，遵守考试纪律和规定，按时独立完成作品制作	5分	
成品质量（70分）	观感	成形美观，刀工细腻，规格整齐，汁芡适度，色泽自然，装盘协调	16分	
	味感	味型恰当，口味纯正，主味突出，调味适当，无焦煳、腥膻等异味	16分	
	质感	火候得当，质感鲜明，符合应有的口感特点	16分	
	营养卫生	作品清洁卫生，生熟分开，点缀装饰恰当，营养保持合理	16分	
	实用性	可食性高，实用性强，数量符合规定要求	6分	
合计			100分	

模块八

炸煎工艺

实训目标

1. 了解“炸”“煎”工艺的概念、工艺流程、成菜特点、分类、代表菜品。
2. 掌握各种“炸”“煎”烹调方法的选料要求、工艺关键和技术要领，并能举一反三。

实训方法

教师讲解→示范操作→学生练习→教师指导→综合讲评→填写实训报告。

项目一　炸

任务1　清炸——清炸鸡块

原料组配

主料：光鸡1只（约650g）。

调料：盐4g，酱油5g，料酒4g，味精2g，葱5g，姜5g，椒盐少许、油1000g（实用约50g）。

操作过程

① 将光鸡用刀剁成2cm见方的块，放盐、酱油、料酒、味精拌匀，腌渍8～10min。

② 切去葱根，把姜去皮、洗净、拍松，一同放入鸡块内拌匀。

③ 炒锅上火，放油烧至五六成热时，下鸡块炸70～80s至熟，随即捞出，待油温升至六七成热时，复炸15～20s，捞出装盘。一般还要用花椒盐佐食。

工艺关键

❶ 腌渍鸡块的时间要够，以保证入味。可根据各地口味习惯增减盐的用量。

❷ 掌握好油温和制品成熟时间。

风味特点

色泽黄红，形状美观，柔脆鲜香。

名师指点

清炸是原料经刀工处理后，不挂糊不上浆，只用调味品码味腌渍，直接用旺火热油加热成菜的一种炸制法。由于清炸原料不挂糊、不拍粉，外面没有保护层，要把这样原料炸至外焦里嫩或鲜嫩可口，就必须根据原料的质地老嫩、形态大小准确地掌握火候。清炸菜肴多配以花椒盐花椒盐或辣酱油、甜面酱等佐食，有时还配有各种爽口的蔬菜。

举一反三

依此烹调方法、味型，变换主料还可烹制“清炸鱼条”“清炸鹌鹑”“炸佛手”“清炸鸭胗肝”“清炸小黄鱼”“清炸里脊”“清炸猪排”“清炸大肠”等菜肴。

任务2 干炸——干炸里脊

原料组配

主料：猪里脊肉300g。

调料：盐2g，味精1g，料酒5g，淀粉30g，花椒盐2g，油750g。

操作过程

❶ 将猪肉洗净，切成长4cm、宽4cm、厚0.3cm的菱形块，放入盐、料酒、味精腌渍3～5min。

❷ 炒锅上火，放油烧至四五成热，将肉块均匀地拍裹淀粉，逐块入锅，用中火炸1～1.5min至外表发硬、浅黄色时捞出。待油温再升至五六成热时，将猪肉块复炸一次7～10s，至金黄色，出锅装盘，撒上花椒盐即可。

工艺关键

❶ 给肉块拍淀粉后要放置1～1.5min再下油锅，不然会粘连。

❷ 要控制好炸制时间，时间过短炸不熟，时间过长肉质不脆嫩。

风味特点

成菜色泽金红，咸鲜干香，外脆里嫩，为佐酒佳肴。

名师指点

干炸又称焦炸，是主料经刀技加工后用调味品拌渍，然后拍粉或挂水粉糊，下油锅炸成内外干香而酥脆的一种烹调方法。

举一反三

依此烹调方法，变换主料还可烹制“干炸鱼排”“干炸鸡排”“干炸牛排”“干炸虾筒”“干炸赤鳞鱼”“干炸黄雀”等菜肴。

任务3　软炸——软炸鸡柳

原料组配

主料：鸡脯肉150g。

调料：淀粉20g，鸡蛋1个，辣椒粉、胡椒粉、精盐、料酒各少许，植物油500g（实用约50g）。

操作过程

1. 将鸡肉切成条，加入料酒、精盐、胡椒粉拌匀。
2. 鸡蛋打入碗内，加入淀粉调成糊，放入鸡肉条裹匀。
3. 炒锅加油烧至八成热，下入鸡肉条炸至金黄色，捞出装盘，撒上辣椒粉即可。

工艺关键

1. 掌握好混合糊的稠度，稀了，黏性不够，挂不够，影响外形；浓了，黏性太强，会影响口感。
2. 油炸时必须逐个放入鸡柳，以免粘连。

风味特点

色泽金黄，鲜香适口。

名师指点

软炸是将加工好的主料挂软糊（通常将鸡蛋和淀粉或面粉调成的糊叫软糊，包括蛋黄糊、全蛋糊、蛋清糊或拍粉拖蛋糊等；将水和淀粉或面粉调成的糊叫硬糊），再用油将其加热制成软嫩或软酥质感菜肴的烹调方法。

举一反三

按此方法还可制作京菜“炸香椿鱼”“软炸大虾”“炸冰淇淋”“炸卧虎饼”“炸羊尾”，粤菜“软炸时蔬”，浙菜“软炸鲈鱼柳”，川菜“软炸鸡块”等。

任务4　松炸——松炸鱼条

原料组配

主料：净草鱼肉250g

调料：盐2g，料酒2g，味精2g，花椒盐2g，鸡蛋清30g，胡椒粉1g，芝麻油2g，淀粉4g，大葱3g，姜3g，调和油1000g（实用约50g）。

操作过程

1. 将草鱼肉改成一字条放入碗内，加盐、味精、料酒、胡椒粉、芝麻油、葱、姜，腌渍一下备用。
2. 将鸡蛋清打入碗内，抽打成泡沫状，加入淀粉调拌均匀。
3. 炒锅加油，烧四成热时将腌制好的鱼条拍粉挂糊下勺，炸至略硬时捞出。
4. 待油温回升至六成热时，再将鱼条冲炸一下捞出，配花椒盐装盘即可。

工艺关键

❶ 制作蛋泡糊是松炸菜肴非常关键的一个步骤。搅打时方向最好始终如一，不要乱打。蛋清搅打好后，根据菜肴制作要求，按比例拌入淀粉或面粉，轻轻抓匀、不可再搅打。

❷ 炸制时油要干净，油温不要太高，要将原料均匀挂上糊后逐个下入油锅，以防止互相粘连而脱糊。

风味特点

色泽银白，形状整齐，松软鲜嫩。

名师指点

松炸，就是将去骨或无骨生料加工成条、片等形状，经调味后挂上蛋泡糊，用温油慢慢炸熟，使菜品具有外形饱满美观、质地松嫩等特点。松炸菜肴虽用料简单，制作方便，但技术性较强，操作时必须掌握好选料切配、调糊、炸制三个环节。

举一反三

依此烹调方法，变换主料还可烹制出“松炸番茄”“松炸山药夹”“松炸菜花”“松炸鲜蘑”“高丽香蕉”等菜肴。

任务5 酥炸——香酥鸡

原料组配

主料：净鸡1只（约1500g）。

调料：毛汤1000g，酱油75g，料酒30g，精盐1.5g，白糖10g，大葱段50g，姜片30g，花椒3g，八角3g，桂皮2g，丁香2g，花椒盐3g，芝麻油40g，调和油1000g（实用约50g）。

操作过程

❶ 将鸡采用背开去内脏洗净，剁去鸡爪洗净。大葱择去老叶，姜刮去表皮，洗净。

❷ 鸡放盆内，用花椒、精盐将鸡周身搓匀，再把葱段、姜片、花椒、丁香、桂皮、八角一起放入鸡肚内，腌渍2h。

❸ 酱油、料酒、白糖、毛汤放入盛有鸡的盆内，上屉蒸至酥软后取出，去掉葱段、姜片、花椒、八角、丁香、桂皮，用干净布搌干鸡表皮水分。

❹ 油锅置火上，放入油烧热，待油温升至八九成热时放入鸡浸炸，待鸡皮酥脆，呈棕黄色时捞出，然后在鸡身表面淋上芝麻油即成。

❺ 成品装盘将鸡剁成大块，脯面朝上，照鸡的原形扒摆在器皿中，上席时与花椒盐料碟同上，供蘸食。

工艺关键

❶ 鸡腌制时要反复揉擦，腌制时间随季节不同，冬季宜长，夏季宜短。腌制时，精盐不宜使用过多，因熟鸡在炸制时水分蒸发了一部分，肉中的咸度增大。

❷ 鸡一定要蒸烂，炸制时油温要高。

风味特点

色泽棕黄，咸鲜味浓，外酥里嫩。

名师指点

酥炸是将加工好的主料挂酥炸糊炸制，或者将加工好的主料煮酥或蒸酥之后，直接或挂糊炸制使成品具有酥香质感的烹调方法。

举一反三

依此烹调方法、变换主料和形状的方法，还可烹制“香酥鸡翅”“香酥乳鸽”“香酥鸡腿”“香酥鸭子”等菜肴。

任务6　粘挂碎料炸——芝麻鱼排

原料组配

主料：青鱼净肉400g。

配料：芝麻100g，鸡蛋2个。

调料：料酒15g，精盐2g，味精1g，生姜10g，葱5g，胡椒粉0.5g，干淀粉25g，辣酱油15g，番茄沙司15g，调和油750g（实用约60g）。

操作过程

1. 将青鱼肉批成0.6cm厚的大片，葱、姜用刀拍裂，放入碗中，加入少量水浸出葱姜汁，芝麻用锅炒熟待用。
2. 把鱼片平摊在盛器中，加入料酒、精盐、味精、葱姜汁、胡椒粉腌渍5min，使之入味。
3. 将鸡蛋置碗中搅匀，先把腌渍的鱼排均匀地撒上干淀粉，然后两面蘸上蛋液，取出平放在芝麻上，使鱼排两面裹上芝麻，用手两面按紧，放入盛器待用。
4. 炒锅上旺火烧热．放入调和油，烧至七成热时，将鱼排逐块投入油中炸至色呈金黄，鱼肉熟透捞出，用刀切成条装盘，上桌时配番茄沙司、辣酱油佐食。

工艺关键

炸鱼排时油温不宜太高，否则芝麻易焦苦。

风味特点

外脆香，里鲜嫩，咸淡适中。

名师指点

粘挂碎料炸是将刀工处理过的主料经腌渍、拍粉、蘸蛋液、再粘挂上碎屑料品或粉状物品（如面包屑、面包粉），而后入油锅炸制的烹调方法。常用的原碎屑料品有面包、馒头、窝头、核桃、花生、腰果、夏威夷果、芝麻、栗子等。这些原料的特点是含水量少，呈固体状，可黏性强，炸后可呈香脆质感。粘挂面包粉的一般称面包粉炸，也称板炸、吉力炸。粘挂芝麻、核桃仁、果仁、松仁、榛子仁等的一般称香炸，也可以所粘挂的碎料命名，如芝麻仁炸、核桃仁炸等。

举一反三

依此烹调方法、变换主料可烹制出“芝麻鸡排”“芝麻大虾”等菜肴；变换粘挂的碎料，可烹制出“面包里脊”“吉利鸭排”“吉利鲜虾丸”“核桃羊排”等菜肴。

任务7 包卷炸——干炸响铃

原料组配

主料：腐皮15张。

配料：鸡蛋黄半个，猪里脊肉50g。

调料：甜面酱50g，精盐1g，料酒2g，味精1.5g，葱白段10g，花椒盐5g，熟菜油750g（实用约80g）。

操作过程

1. 将里脊肉去筋腱，剁成细末，放入碗中加精盐、料酒、味精和蛋黄拌成肉馅，并分成5份。腐皮湿润后去边筋，修成长方形，揭开叠层摊平。
2. 取肉馅1份，放于腐皮的一端，用刀口或竹片将肉馅摊成3.5cm的宽条，放上切下的碎腐皮（边筋不用），卷成松紧适宜的圆管状，卷合处蘸以清水粘接，共制5卷，每卷切成3.5cm的段，直立放置。
3. 炒锅置中火上，加入油烧至五成热时，将腐皮卷放入油锅，用手勺不断翻动，炸至黄亮松脆，用漏勺捞出沥干，装盘。上席随带甜面酱、葱白段、花椒盐佐食。

工艺关键

1. 肉馅用量适宜，不能过多，涂抹要厚薄均匀，以免影响成熟和松脆。
2. 包卷时不宜太松或太紧，卷段切好后应直立放置。
3. 炸制时油温应该保持在五成热左右。炸时不断翻动，使之不焦、不软、不含油。

风味特点

腐皮如蝉翼，成品色泽黄亮，酥松可口，鲜香扑鼻，脆如响铃。

名师指点

包卷炸是将加工调味的原料用面包片、紫菜、蛋皮、油皮等薄片状的辅料包卷成一定的形状，再拍干粉或挂糊，放入油中炸熟的一种烹调方法。外酥里嫩，造型美观，香味浓郁。

纸包炸多数是用鲜嫩、无骨的净料，将原料加工细小形状或蓉泥状，加工成片形或丁形，用蛋清调好加入配料和调味品后，用糯米纸也称威化纸、江米纸或无毒玻璃纸包起来，投入至四五成油温的油中去炸，待纸包浮起呈金黄色即成。代表菜有纸包三鲜、纸包鸡、纸包黄金卷、威化海鲜卷、纸包蛋黄卷。

举一反三

炸响铃的馅料可以灵活变化，除了用肉馅还可以用菜肉馅、全蔬馅。用紫菜来代替部分腐皮，可制作出颜色、质感、味感完全不同的双色“响铃”。

任务8 油淋——油淋仔鸡

原料组配

主料：光仔鸡1只（750g）。

调料：酱油15g，花椒盐50g，辣酱油15g，甜面酱15g，料酒20g，葱段10g，姜片10g，芝麻油15g，香菜20g，调和油1500g（实用约100g）。

操作过程

1. 将仔鸡从脊背剖开，去内脏洗净，用花椒盐、葱段、姜片、料酒腌渍2h左右。去掉花椒盐、葱段、姜片，晾干，再将酱油抹在鸡皮上。
2. 炒锅上火，放入调和油，烧至七成热时，投入鸡，移至小火。将鸡焐至九成熟后捞起。炒锅置旺火上，待油温升至八成热时，舀热油浇淋仔鸡，炸至外皮金黄，捞起沥油。
3. 将炸好后的仔鸡改刀，在盘内仍摆成鸡形，刷上芝麻油，将香菜放在盘边点缀。上桌时带辣酱油、甜面酱各一小碟蘸食。

工艺关键

1. 必须选用仔鸡制作。
2. 油淋前，应将腌渍鸡的调料去除干净，以保证鸡受热均匀。
3. 油炸时应用小火焐至成熟，复炸时用热油浇淋鸡皮，使外皮香脆。

风味特点

色泽金黄，外皮香脆，肉质鲜嫩，口味鲜香。

名师指点

油淋是将带皮的原料（一般整只鸡、鸽、鸭之类）先用沸水略烫后取出，使外皮收缩绷紧，并在表面抹上一层饴糖晾干后放入旺火热油锅内，不断翻动，并将热油灌入腹内，待全身炸至淡黄色时再将油锅端离火口，让原料在油内浸炸酥透再上火，待油温上升时取出。油淋炸的菜肴具有色泽红亮，肉质香嫩、皮脆。

举一反三

油淋适合于小型的整形原料，它可以使成品外皮香脆，内部特别鲜嫩。鸽子、鱼类等原料都可以用这种方法制作菜肴。可用此法制作油淋鹌鹑、油淋鸽子等。

任务9 油浸——油浸鲤鱼

原料组配

主料：鲜活鲤鱼1尾（约700g）。

配料：香菜20g。

调料：大葱30g，生姜20g，精盐2g，味精5g，白糖2g，酱油20g，鲜汤25g，胡椒粉0.5g，芝麻油5g，调和油1000g（实用约70g）。

操作过程

1. 选鲜活鲤鱼，经宰杀、去鳞、去鳃、开膛取出内脏洗净。大葱剥去老皮取葱白，生姜刮去外皮，香菜去根和黄叶，均洗净备用。
2. 将鱼皮表面和腹内水分搌干，沿鱼脊顺划一刀。葱白、生姜均切成约4cm长的细丝。香菜切成长约3cm的段。
3. 将鱼周身涂抹精盐，腌渍入味。将鲤鱼、葱丝、姜丝和香菜段分别放配菜器皿内。
4. 炒锅置中火上烧热，倒入油烧至五六成热，放入鲤鱼盖上锅盖油浸片刻后，将炒锅端离火口，慢慢用低油温将鱼浸烫至熟，倒入漏勺沥油。另用炒锅置火上，加入酱油、鲜汤、味精、白糖、胡椒粉，待汤汁烧沸后，撇去浮沫，淋入芝麻油。
5. 将鱼放在器皿内，鱼体表面撒上葱丝、姜丝，浇上热油。再将炒好的味汁浇淋在上面，香菜段镶围在鱼体两侧即可上席。

工艺关键

1. 要选用鲜活鲤鱼，去尽血污，特别要将鱼腹内黑膜去尽。
2. 浸烫鱼的油温要适中。温度过高，肉质硬实。温度过低，不易成熟。判断鱼肉是否成熟，可用筷子轻轻拨开鱼肉，视肉与骨分离，无血渍时即熟。

风味特点

色泽棕红，咸鲜适口，质感软嫩。

名师指点

油浸是将鲜嫩的原料用调味品腌渍后，放入七八成热的油锅中，随即把锅端离火口，慢慢把原料浸熟的烹调方法。将鲜嫩和微型的原料加调味品腌渍后，放在漏勺里，待油烧至冒青烟时，用手勺将油不断地浇在原料上，使原料成熟的方法，称为油泼。

举一反三

依此烹调方法、味型和原料，利用变换形状的方法，还可烹制出“油浸鮸鱼中段”“油浸鱼块”“油浸嫩鸡”“油浸鸭腿”等菜肴。新鲜味美的鱼类大多可以用油浸的方法成熟，调味汁也可以根据顾客的喜好灵活改变。

项目二　煎、贴、煽

任务1　清煎——清煎鱼

原料组配

主料：净鲜鱼1条（约600g）。

调料：精盐20g，料酒15g，葱、姜、胡椒粉各适量，调和油100g。

操作过程

1. 在鱼身两侧厚肉处剞斜一字刀口，用盐擦均匀四周全身，加料酒、葱、姜、胡椒粉腌渍入味。
2. 锅烧热放入油，待油烧至五六成热时将鱼放入，用温火煎至两面呈浅金黄色，熟透即可装盘。

工艺关键

1. 煎制前应将锅烧热加油晃均匀后，再将原料两面煎至金黄色，这样才能保证原料形状完美。
2. 在煎制时，必须用中小火慢慢煎。要等一面煎好后再翻过来煎另一面，并随时晃动锅，使所煎主料不断转动，一防巴锅，二防上色不匀。

风味特点

浅泽黄色，口味咸鲜。

名师指点

煎鱼不粘锅可按照下述方法：一是先将锅洗净、擦干、烧热，鲜生姜在锅底抹上一层姜汁，然后放油加热，油热煎鱼，鱼皮不会粘锅。二是洗净的鱼（大的节成鱼块），先蘸上一层鸡蛋糊，然后下锅煎制，煎至金黄色时翻煎另一面，这样不会粘锅（此法为软煎）。三是将洗净的鱼、鱼块蘸上一层薄薄的面粉，放入油锅煎制，能使鱼形完整、鱼皮不粘锅。四是煎鱼前，先将鱼用精盐、料酒腌制一下，然后下油锅，这样也可使鱼皮不粘锅。

举一反三

依此烹调方法，变换原料还可烹制“干煎黄鱼”“干煎鳕鱼扒”“干煎带鱼”“煎酿冬菇”“清煎比目鱼”“清煎黄花鱼”等菜肴。

任务2　干煎——煎猪肉饼

原料组配

主料：猪前腿肉250g，猪肥膘50g。

辅料：鸡蛋1个。

调料：盐3g，味精2g，淀粉10g，葱末5g，料酒10g，椒盐2g，油50g。

操作过程

1. 将猪瘦肉及肥膘剁碎，放干淀粉拌匀。
2. 将鸡蛋磕入碗内打散，倒入肉泥中，加盐、味精、料酒、葱末拌匀。
3. 用手挤肉丸12个，再按扁成直径6cm的圆形。
4. 炒锅上火烧热，用油滑锅避免粘锅，放油，下肉饼煎至成熟且两面微黄，撒上椒盐装盘即可。

工艺关键

1. 搅拌猪肉馅时要顺着一个方向搅成胶体状，否则影响上劲。
2. 挤肉丸时左右手要协调一致，使肉丸形状大小均匀。
3. 煎肉饼时锅必须擦干净，烧热后用油多滑几遍，要用中小火煎制。

风味特点

色泽金黄，外脆里嫩，油而不腻，清鲜适口。

名师指点

清煎称干煎，是把加工成形的原料用调味品腌渍后，用油煎或是只沾一层面粉用油煎制成菜的一种烹调方法。清煎菜肴适宜于制作质地鲜嫩的原料，如里脊、外脊、上脑、鸡脯、鱼、虾等。在制作过程中，原料与油直接接触，其表层温度很高，上色也快，水分流失也多，因此煎时油温不要过高，煎的时间不要过长，以免成品干焦，但一定要煎熟煎透。

举一反三

依此烹调方法，变换原料还可烹制“煎土豆饼”“椒盐鸡饼”“煎虾饼”“生煎鱼饼”“煎豆芽饼”“煎豆芽鸡饼”“煎豆芽虾饼”和“煎豆芽鱼饼”等菜肴。

任务3 软煎——软煎茄夹

原料组配

主料：长茄子（直径4cm左右）250g。

配料：猪肉末15g，鸡蛋2个，面粉50g。

调料：葱末、姜末各少许，料酒15g，植物油50g，盐1.5g，味精1.5g，芝麻油、辣酱油少许。

操作过程

1. 将长茄子削去皮，用直刀法切夹刀斜片，斜长5cm，每1cm厚切两刀，第一刀切4/5深（不要切断），第二刀切断。肉末里加鸡蛋（半个）、盐、味精、芝麻油、料酒、葱姜末搅上劲，均匀地嵌入茄子的夹刀缝中，要嵌薄，并贴光滑。
2. 将鸡蛋放入碗里，加水35g，放入面粉调成蛋糊。炒锅放在旺火上烧热，用油滑锅后，锅里放半勺油，烧至五六成热，将夹肉茄子逐块蘸满蛋糊放入热油里煎。先煎一面，翻身再煎另一面。待两面都煎成深黄色，即倒入漏勺沥油装盘，淋上芝麻油、辣酱油即可。

工艺关键

1. 切茄子的时候一定不要将连着的两片茄子切断。
2. 挂糊时应注意面粉和鸡蛋不要沾得过多，但要均匀；煎制时油温要适宜，油温过高，鸡蛋易煳；油温过低，鸡蛋易脱落。
3. 做好的茄夹还可以配合多种可口酱料一同食用，味道更佳。

风味特点

咸香可口，外微脆，内软嫩。

名师指点

软煎也称“蛋煎”，是原料经过刀技加工后，用调味品腌渍入味，沾上面粉，再裹一层鸡蛋（或鸡蛋糊）入油锅煎至成菜的方法。软煎适宜于质地鲜嫩的原料，如鱼、虾、鸡脯、里脊等，也可以加工一些熟料和一些蔬菜。由于软煎菜肴表层裹着鸡蛋，这样可使主料保持较多的水分。另外，表层的鸡蛋虽经加热却不会结成硬壳，仍然比较软，所以使软煎菜肴具有鲜香软嫩的特点。

举一反三

依此烹调方法，变换原料或形状，还可烹制出“软煎藕夹”“软煎土豆夹”“香煎茄片”“软煎番茄”“软煎蛎黄”“软煎柠檬鸡”“软煎银雪鱼”等菜肴。

任务4　锅贴——锅贴豆腐

原料组配

主料：豆腐250g。

配料：净鱼肉200g，荸荠6个，生菜100g，熟猪肥膘肉350g，熟火腿肉15g，黄蛋糕15g，青菜叶15g，蛋清淀粉50g，鸡蛋清75g。

调料：料酒5g，米醋6g，精盐5g，胡椒粉0.05g，清汤80g，水淀粉20g，芝麻油5g，调和油100g。

操作过程

1. 鲜鱼肉去净胸刺和皮，青菜叶洗净备用。熟肥膘肉切成4cm长、3.3cm宽、0.2cm厚的长方片。荸荠切薄片。豆腐过细箩，用纱布包好挤出部分水分。熟火腿、黄蛋糕、青菜叶切成细末。生菜切细丝。将净鱼肉用刀背捶成蓉状，再用刀反复排剁挑出小刺和筋，放入碗中。
2. 豆腐蓉、鸡蛋清、调和油、精盐、胡椒粉和清汤，放入盛有鱼蓉的碗内，顺沿一个方向用力搅拌至滋润，即成为鱼肉豆腐糁。肥膘肉逐片抹上蛋清淀粉，再镶上3片荸荠片，再分别抹上豆腐糁，约0.7cm厚，将火腿末、黄蛋糕末和青菜叶末分别点缀镶在豆腐糁上。
3. 生菜丝放碗内，加精盐、白糖、米醋和芝麻油调拌均匀，即成糖醋生菜丝，放小盘内。
4. 炒锅置旺火上，加底油50g烧热，将成形的坯料逐块挂上少量水淀粉，平贴于锅内（肥肉一面朝锅底），转用小火煎制，待坯料慢慢煎熟、肥肉片底部呈金黄色、上面呈浅黄色时，逐块码入盘内，呈过桥形，两端镶上糖醋生菜丝即可上席。

工艺关键

1. 净鱼肉要反复用清水漂洗，去尽血渍，以使肉质发白。肥肉片不宜切制过薄，鱼蓉成形越细腻越好。
2. 搅拌豆腐糁时，要顺沿一个方向，使其充分起黏性，呈松泡糊状。
3. 加工坯料，不宜过厚，否则不易成熟。豆腐糁要抹平整，点缀镶料要美观，且要粘牢防止脱落。
4. 忌用旺火煎制，只煎一面，要勤晃动炒锅，以免煎煳。
5. 装盘要整齐有序，点缀镶料的一面朝上。

风味特点

颜色浅黄，无汁无芡，口味咸鲜，外酥里嫩。

名师指点

贴与煎不同：① 贴必须使用两种以上的原料同时制作，其中主料因需要而异，而辅料一般采用熟猪肥膘肉，也可用面包片。② 贴只煎一面，一般不翻动。③ 贴制品一面焦黄香脆，一面本色软嫩，也是区别于两面金黄、外脆内嫩的煎制品的一个明显标志。

举一反三

依此烹调方法、味型和形状，利用变换主料的方法，还可烹制出“锅贴鸡”“锅贴肉片”“锅贴虾”等菜肴。地方名菜有京菜“锅贴肉”，鲁菜“锅贴鸡签”，川菜“锅贴鸡塔”，粤菜“果汁锅贴虾”“锅贴海鲜盒”，淮扬菜“锅贴金钱鸡”等。

任务5 锅贴——锅贴银鳕鱼

原料组配

主料：银鳕鱼150g。

配料：火腿丝10g，吐司250g。

调料：盐10g，鸡蛋4个，味精5g，淀粉100g，调和油150g，奶香酱40g。

操作过程

1. 先将银鳕鱼去皮切成4cm见方、0.5cm厚的片备用，将吐司改成银鳕鱼同样大的片待用。
2. 取蛋清加淀粉、盐、味精调成蛋清粉备用。
3. 将吐司放在下面，上面抹上蛋清粉，放上银鳕鱼，在鳕鱼上面抹一点蛋清粉，在上面撒一点火腿丝，制成生坯。
4. 锅置火上，放油烧至五成热时，放入生坯贴至银鳕鱼熟透，装盘。
5. 另将奶香酱挤在每一片银鳕鱼上即可。

工艺关键

1. 原料相互之间要粘牢。
2. 煎时注意调节火候，先用中火，煎至鱼片微黄后再改用小火，放少许水。煎时盖上锅盖易使原料成熟。

风味特点

酥香、嫩、糯，咸中带香。

名师指点

烹制贴菜时往往需加些油，但加的油量只能淹没主料厚度的一半，不能全部淹没。待主料成熟后，滗去油，加调味清汁稍焖即可（一方面借助于调料汁中水的汽化传热，另一方面又防止加热过程中升温太快，使食物焦煳，这种发汗式的降温方法从原理上讲是非常科学的）。

举一反三

依此烹调方法、味型，利用变换主料的方法，还可烹制“锅贴鸡”“锅贴腰子”“锅贴鳝鱼”“锅贴鸽蛋”“锅贴金钱牛肉”“锅贴吐司鸡柳”“锅贴冬菇”等菜肴。

任务6 锅煽——锅煽豆腐

原料组配

主料：豆腐200g。

调料：精盐2g，味精2g，料酒10g，鸡蛋液60g，干淀粉25g，毛汤100g，芝麻油10g，葱15g，姜10g，调和油100g。

操作过程

❶ 豆腐洗干净，切成长5cm、宽3cm、厚0.5cm的厚片。葱、姜均切成细丝。

❷ 豆腐片用葱丝、姜丝、味精、精盐、料酒腌渍入味后，逐片沾上干淀粉，但不要沾裹过厚。

❸ 炒锅置灶口上，放底油加热后，把豆腐片逐片挂上鸡蛋液放入锅内排成正方形，将豆腐片两面均煎成金黄色后，倒入漏勺沥油。炒锅放入少量底油，下入葱姜丝略煸炒出香味，再添入毛汤、精盐、味精，倒入煎好的豆腐片，并将两面均煎至入味，视汤汁渐少时，淋入芝麻油即装入器皿。

工艺关键

❶ 豆腐成形大小、薄厚要均匀，但不宜过薄，以免烹调时破碎。

❷ 豆腐片两面均沾裹上干淀粉，但不要沾裹过厚。

❸ 豆腐片在锅中码放要整齐有序。

❹ 豆腐片两面的颜色应煎成一致，煎制时宜用小火，以免颜色过深。煎豆腐片时火力不宜过大，以使滋味充分渗透。

风味特点

色泽金黄，口味咸鲜，质感软嫩，微带汤汁，整齐美观。

名师指点

制作此菜可将猪肉馅（或鲜虾馅等）用精盐、味精、料酒、葱姜汁及少许湿淀粉搅拌上劲，在每两片豆腐中间夹上一层肉馅，然后整齐地摆放在盘中，再推入烧热的油锅中煎制。

举一反三

依此烹调方法、味型，利用变换原料和形状的方法，还可烹制“锅煽菠菜”“锅煽番茄”“锅煽茄子”“锅煽鱼片”“锅煽明虾”“锅煽肉片”“锅煽蛎黄”等菜肴。

任务7 锅煽——锅煽银鱼

原料组配

主料：银鱼100g。

配料：鸡脯肉50g，猪肥膘25g，鸡蛋5个。

调料：精盐3g，味精1.2g，料酒25g，葱、姜各5g，鸡清汤100g，水淀粉10g，熟猪油100g。

操作过程

❶ 将银鱼从脊背开刀，取出脊骨刺，并去除头尾，冲洗干净后放入碗内，加适量料酒、精盐、味精略腌一下。

❷ 将生鸡脯肉、猪肥膘用刀分别剁成细泥，放入碗内加入少许精盐、料酒及鸡蛋清2个搅拌均匀，再加入3个鸡蛋和一半鸡清汤、水淀粉调匀成糊状。葱、姜均切成细末。

❸ 炒锅上旺火烧热，倒入熟猪油75g，下葱姜炝锅，再将银鱼逐条整齐地码放在锅底，然后倒入调匀的鸡肉泥，并用手勺向周围摊平，再顺锅边淋熟猪油25g，轻轻晃动炒锅煎至表面成淡黄色后大翻锅，再煎另一面呈金黄色时，加入鸡清汤，调味后烧制2min左右，至汤汁将尽时起锅，改刀成5cm长、2.5cm宽的长方块，使银鱼在上，装在盘内即可。

工艺关键

❶ 鸡泥糊配比要适当。

❷ 煎制的火候要适当，煎时要不断晃锅，防止鸡蓉粘锅。

风味特点

块形整齐，色泽金黄，银鱼细嫩味香，咸鲜适口。

名师指点

煽菜油量要少一些，最后加入的调味品和少量汤汁，最好事先兑成清汤，但数量不宜太多，以免原料外层的糊因吸水过多而脱落。煽菜不勾芡。

举一反三

类似的可以制成“锅煽鲜虾仁”“锅煽干贝”“锅煽鲜蘑”等菜肴。

技能考核

考核样题

1. 在规定时间内完成2个指定菜（软炸鸡柳、干煎带鱼），1个抽签菜（高丽香蕉、锅煽菠菜、煎土豆饼、软煎藕夹）。

2. 在规定时间内完成2个指定菜（锅煽豆腐、软煎茄夹），1个抽签菜（面包里脊、软炸里脊、芝麻鱼排、锅贴鸽蛋）。

注：具体考核项目，可根据本地、本校实际情况，参照教学大纲和中式烹调师操作技能考试国家题库进行适当调整。

考核要求

1. 考场要求

（1）考场要干净卫生，便于考核。

（2）根据考核人数，配备一定数量素质较高的现场监考人员和其他服务人员。

（3）每位考生操作使用面积不少于$3m^3$。

（4）设备、考位应统一编号。

（5）成品送评判室前要实行编号制。

2. 学生要求

（1）提前10min到场，抽取考核顺序号。

（2）听从监考人员的指挥，降低焦虑心态，做好心理调节。

（3）穿戴整洁的工作服、工作帽。

（4）按照考核要求，备好有关烹调工具、盛器和原料。

评分标准

试题总成绩实行百分制积分方法，60分以上为及格。其中每道菜按百分制评分，其中现场操作30分，成品质量70分，评价指标见表8-1。

表8-1　热菜烹调工艺单元考核评分表

评价指标		技术要求	标准配分	实得分
现场操作（30分）	切配加工过程	规范有序，动作协调适当，刀工娴熟，刀法准确	7分	
	烹调制作操作	程序合理，烹调方法运用恰当，勺工熟练协调，调味准确快捷	8分	
	节约减耗	在水、电、燃气使用方面注重节能减耗，原材料使用合理，废弃物处理妥当，没有浪费现象	5分	
	安全卫生	个人卫生符合要求，操作过程安全，现场整洁有序，原料存放安全卫生，器具干净卫生	5分	
	组织纪律	听从老师安排，遵守考试纪律和规定，按时独立完成作品制作	5分	
成品质量（70分）	观感	成形美观，刀工细腻，规格整齐，无汤汁，色泽美观，装盘协调	16分	
	味感	味型恰当，口味纯正，主味突出，调味适当，无焦煳、腥膻等异味	16分	
	质感	火候得当，质感鲜明，符合应有的口感特点	16分	
	营养卫生	作品清洁卫生，生熟分开，点缀装饰恰当，营养保持合理	16分	
	实用性	可食性高，实用性强，数量符合规定要求	6分	
合计			100分	

模块九

熘烹工艺

实训目标

1. 了解“熘”“烹”工艺的概念、工艺流程、成菜特点、分类、代表菜品。
2. 掌握各种“熘”“烹”烹调方法的选料要求、工艺关键和技术要领，并能举一反三。

实训方法

教师讲解→示范操作→学生练习（分组或个人）→教师指导→综合讲评→填写实训报告。

项目一　熘

任务1　滑熘——滑熘里脊

原料组配

主料：猪里脊肉150g。

配料：冬笋100g。

调料：盐3g，味精1g，料酒5g，鸡蛋清20g，水淀粉10g，清汤50g，葱姜汁10g，葱花5g，姜片5g，调和油500g（实用约50g）。

操作过程

❶ 将猪里脊肉切成长5cm、宽2.5cm、厚0.1cm的薄片，用清水漂净血水，沥干水分，加入盐、味精、鸡蛋清、水淀粉拌匀，再加入葱姜汁拌匀备用。

❷ 将冬笋切成肉片大小的薄片，用开水焯一下，再放冷水冲凉。

❸ 用盐、味精、清汤、水淀粉、料酒兑成芡汁。

❹ 炒锅上火烧热，用油滑锅，放油烧至三四成热，下肉片滑油后倒出，沥油。

❺ 锅内留余油烧热，下葱姜炒香，放入冬笋片、肉片，再倒入芡汁，翻炒均匀即可。

工艺关键

❶ 猪肉切片时要薄，太厚则影响成菜质感。

❷ 里脊片滑油时油温不要太高，太高则肉质容易变老。

风味特点

芡汁洁白清亮，口味咸鲜，质地滑爽鲜嫩。

名师指点

滑熘是将加工成片、丁等鲜嫩无骨原料，先经过调味腌浸，挂上蛋清糊，投入温油锅中滑散滑透，捞出后再粘裹芡汁成菜的一种熘制法。成菜明汁亮芡（包汁芡），滑嫩鲜香、清淡醇厚。

举一反三

依此方法，变换主料可烹制“滑熘鸡片”“滑熘鱼片”“滑熘虾片”“滑熘虾仁”“滑熘鸭肝”等菜肴；变换主料和口味，可烹制出“醋熘鸡丁”“鱼香肉丝”“过油肉”“蚝油牛柳”“糟熘鱼片”“番茄鱼片”“番茄肉片”“番茄虾仁”等菜肴。

任务2 炸熘——焦熘丸子

原料组配

主料：猪肥瘦肉末150g。

配料：鸡蛋1个。

调料：葱丝10g，姜末5g，蒜片5g，盐少许，酱油15g，醋5g，料酒15g，湿淀粉50g，调和油500g（实用约50g），鲜汤适量。

操作过程

❶ 将肉剁成馅，加入3g姜末和鸡蛋1个，用少许湿淀粉抓匀备用。

❷ 锅内放油，烧至四成热时，将肉馅挤成直径1.5cm的丸子，放入油锅内，炸成金黄色、外焦里嫩时捞出。

❸ 将盐、料酒、酱油、醋、湿淀粉、鲜汤放在碗内，兑成调味汁。

❹ 锅内加底油烧热，放入葱、姜、蒜炝锅，再倒入兑好的汁，待汁爆起时，放入炸好的丸子翻炒均匀，盛入盘内即成。

工艺关键

❶ 丸子大小要均匀，丸子初炸时，油温不宜低，以使其迅速受热定型，否则，丸子易沉入锅底变形。

❷ 丸子要炸至外焦里嫩，色泽金黄。

风味特点

色泽红黄，外焦里嫩，咸鲜适口。

名师指点

炸熘也称焦熘、脆熘，是将切配成形的原料，经码味，再挂糊或拍粉，放入热油锅炸至外香脆、里鲜嫩，然后浇淋或粘裹芡汁成菜的烹调方法。成菜色泽金黄、黄红，油亮艳丽；口味以咸鲜微酸、酸甜咸鲜为多；质感外焦香酥脆，里鲜嫩可口。

举一反三

依此烹调方法、变换主料可烹制“焦熘鱼片”“焦熘肥肠”“焦熘虾片”“炸熘鱼条”等菜肴，变换原料和味型，可烹制“果汁鱼块”“糖醋里脊”“菠萝咕噜肉”等菜肴。

任务3 炸熘——糖醋鲤鱼

原料组配

主料：鲜活鲤鱼1条（750g）。

调料：米醋100g，白糖200g，葱花2g，姜米1g，蒜泥2g，酱油10g，精盐3g，湿淀粉150g，鲜汤300g，花生油2000g（实用约100g）。

操作过程

1. 将鱼去鳞、鳃、肠脏，洗净；在鱼身两面肉厚部位每隔2.5cm距离，先剞1.5cm深，再斜剞2cm；提起鱼尾使刀口张开，将精盐均匀地抹入刀口内稍腌，再在鱼的周身及刀口处均匀地涂上一层淀粉糊备用。
2. 炒锅置火上，倒入油，在旺火上烧至170℃时，手提鱼尾放入锅内，两面摆动一下，让花刀张开，然后将鱼腹向上，用锅铲将鱼推向锅边，使鱼身弯成弓形，炸2min，翻过来使鱼腹朝下再炸2min，待鱼全部呈金黄色时，捞出稍晾，再入油复炸一次，至外壳酥脆时捞出，头尾上翘摆在鱼盘内。
3. 炒锅复置火上，放入热油100g，投入葱、姜、蒜炸香，用小漏勺捞出，再加鲜汤、白糖、米醋，酱油、精盐，用湿淀粉勾芡制成糖醋汁，用手勺舀出，迅速浇在盘内鱼身上即成。

工艺关键

1. 剞刀时，刀距要相等，深浅要一致，鱼身两面剞刀要对称。刀深至龙骨。
2. 湿淀粉要挂满鱼身并均匀分布，特别是削刀深处，主料挂糊后应迅速浸炸，否则湿淀粉易脱落。
3. 炸鱼时，油温不宜过低，否则易脱糊。芡汁要用热油冲起（俗称发芡），使芡汁晶莹。

风味特点

造型美观，色泽棕黄，酸甜适口，外脆里嫩。

名师指点

一般来说，熘要经过两个步骤：第一步是把原料经刀技加工后，用油炸、煎或者蒸、氽、煮等方法进行初步熟处理，成为半熟或全熟状态，为熘做准备。第二步为熘的阶段，一般是另起油锅，调制各种相应的卤汁，运用不同的方法，挂在处理好的原料上，其通常有三种方法：① 浇汁熘法，即是把熟处理后的原料盛在盘中，以卤汁浇于表面，适用于整块、整料、大条等不易在卤汁中翻拌的原料。② 淋入熘法，即是经过熟处理的原料尚未熟透，再投入锅内加热，淋上芡汁，颠翻拌匀，适用于块形原料。③ 拌汁熘法，即是将经过熟处理的原料，迅速投入到卤汁中翻拌，适用于块、片、丁、丝等碎料。

举一反三

鳜鱼、鲈鱼等多种鱼类都可以用相同的方法制作成菜；糖醋汁也可以用番茄汁代替，还可以在芡汁中加入适当的配料；剞刀方法及造型也可变化，可烹制“松鼠鳜鱼”“金毛狮子鱼”“抓炒鱼”“茄汁菊花鱼”“葡萄鱼”“玉米鱼”“菠萝鱼”“柠汁脆皮鱼”等菜肴。

任务4　软熘——西湖醋鱼

原料组配

主料：活草鱼1条（约重700g）。

调料：姜米5g，醋40g，白糖60g，料酒25g，酱油25g，湿淀粉20g。

操作过程

1. 将草鱼饿养两天，促其排尽草料及泥土味，使鱼肉结实，宰杀去鳞、鳃、内脏，洗净。
2. 把鱼身劈成雌雄两片（连背脊骨一边称雄片，另一边为雌片），斩去牙齿，在雄片上，从颌下4cm处开始每隔4cm斜片一刀，刀口斜向头部（共片5刀），片第3刀时，在腰鳍后处切断，使鱼分成两段。再在雌片脊部厚肉处向腹部斜划一长剞刀，不要损伤鱼皮。
3. 炒锅置火上，加入清水，烧沸后将雄片前后两段放入锅内，然后将雌片并排放入，鱼头对齐，皮朝上，盖上锅盖。待锅水再沸时，揭开盖，撇去浮沫，转动炒锅，继续用中火烧煮，前后共烧约3分钟，用筷子轻轻地扎鱼的雄片颔下，如能扎入，即熟。炒锅内留下250g汤水（余汤烧稠蒸发），放入酱油、料酒和姜米调味后，即将鱼捞出，装在盘中（鱼皮朝上，两片鱼的背脊拼连，鱼尾段拼接在雄片的切断处）。
4. 将炒锅内的汤汁，加入白糖、湿淀粉和醋，用手勺推搅成浓汁，徐徐浇在鱼身上即成。

工艺关键

1. 要选用在活水中饿养两天的草鱼，成菜才能没有土腥味，且鱼肉结实、不易碎烂。
2. 改刀时刀距要均匀，不可深浅不一。
3. 鱼体加热时间不可过长，否则鱼肉变老，影响口感。

风味特点

色泽棕红发亮，肉质鲜嫩，酸甜适口，是杭州的传统名菜。

名师指点

软熘是采用质地软嫩或流体原料，先经蒸熟、煮熟、汆熟，再粘裹芡汁成菜的一种烹调方法。成菜口味以清淡为主，没有大甜、大辣或怪味，卤汁稍多；质感突出软嫩。

举一反三

依此烹调方法、变换主料可烹制“糟熘牡丹鱼”“五柳活鱼”“水浸鲜鱼”等。地方名菜有闽菜“软熘鲤鱼”、津菜“软熘鱼扇”、淮扬菜“软熘鸭心”、浙菜“软熘鲈鱼”等。

任务5 煎熘——鱼香虾饼

原料组配

主料：鲜虾仁200g。

配料：鲜蚕豆50g，马蹄80g，熟肥膘肉50g，蛋清1个。

调料：精盐8g，味精1g，料酒10g，葱花5g，姜末5g，蒜末10g，红泡辣椒30g，酱油5g，白糖20g，醋8g，芝麻油10g，湿淀粉10g，鲜汤80g，调和油150g。

操作过程

❶ 将虾仁洗净，与鲜蚕豆、马蹄、肥肉分别切成末，红泡辣椒剁细。

❷ 虾仁与精盐、料酒、蛋清、淀粉拌匀，再加入切成末的鲜蚕豆、马蹄、肥肉，拌匀成虾仁蓉。将酱油、白糖、醋、精盐、味精、湿淀粉、鲜汤、芝麻油放入碗内，兑成芡汁。

❸ 炒锅上火烧热加油，烧至五成油温时，把虾蓉挤成丸子放入锅内，压成直径3cm、厚1cm的饼，煎至两面金黄，盛入盘内。

❹ 另置锅放油，烧至三成热，放入红泡辣椒，炒出香味后，放入葱花、姜末、蒜末，倒入兑好的芡汁，待汁爆起，浇淋在虾饼上即可。

工艺关键

在煎制时要注意用油量不可淹没主料，油少时可随时点入，并随时晃动锅，使所煎主料不断转动，一防巴锅，二防上色不匀。另外，主料必须要煎熟、煎透。

风味特点

酥脆鲜嫩，鱼香味浓郁可口。

名师指点

煎熘，是将主料先经挂糊或拍粉拖蛋，下锅煎制（也可以直接下锅），然后再以芡汁熘制的一种烹调方法。煎熘可适用于动物性原料，如肉类、鸡脯、鱼虾等，也可适用于植物性原料（如豆腐等），其形状一般为扁平状。

举一反三

依此烹调方法、变换主料、味型，可烹制“煎熘豆腐”“煎熘腐皮卷”“煎熘鱼片”“煎熘脊柳”等。

任务6 炒熘——醋熘白菜

原料组配

主料：白菜嫩帮200g。

调料：芝麻油40g，花椒10粒，醋15g，精盐1g，酱油少许，湿淀粉15g，糖少许，鲜汤25g，姜5g，味精1g。

操作过程

1. 将白菜切1cm宽、3.3cm长的条，姜切末，用精盐、味精、糖、酱油、鲜汤、湿淀粉兑成汁待用。
2. 热锅加芝麻油，放上花椒炸成老红色捞出，放入姜、白菜煸炒至变色，加醋稍翻，倒入兑好的汁，待汁爆起出锅装盘即可。

工艺关键

1. 选用比较嫩的白菜（黄芽菜）帮为好。做醋熘白菜一定不能贪多，否则影响爆炒的效果，口感不理想。
2. 注意火候的掌握，炒的时候火要大，时间别太长。
3. 注意糖醋的比例一般以1：3为好。"醋"能保持白菜中的维生素C不被破坏，此外，醋与糖结合，使白菜酸甜爽口。

风味特点

质感脆嫩，酸咸适口。

名师指点

炒熘是将经过刀技加工的原料，先煸炒，然后再粘裹芡汁成菜的一种烹调方法。炒熘菜肴的原料，一般以脆嫩的植物性原料为主，如嫩白菜帮、菜薹等。其成菜特点是质地脆嫩，口味多样。

举一反三

依此烹调方法、变换主料可烹制"醋熘土豆丝""鱼香菜薹"等。卷心菜、莴笋、藕等都可如法烹制。

项目二 烹

任务1 炸烹——炸烹鸡条

原料组配

主料：鸡脯肉300g。

调料：料酒10g，米醋5g，精盐2g，味精1g，大葱15g，姜10g，大蒜6g，湿淀粉40g，鸡蛋黄120g，芝麻油3g，清汤40g，花生油1000g（实用约40g）。

操作过程

1. 鸡脯肉片成约0.6cm厚的片，剞上刀距约为0.2cm的多十字花刀，刀深为原料厚度的

1/5，再顺丝切成长约5cm、宽约0.6cm的条。葱白切成丝。姜切成细丝。大蒜切成片。

❷ 鸡条放碗中，加入精盐、味精、料酒，确定好“底口”，搅拌均匀，再放入鸡蛋黄、湿淀粉，搅拌均匀。

❸ 将清汤、精盐、料酒、味精、米醋、葱丝、蒜片、姜丝放碗内，调成碗汁。

❹ 炒勺置灶口上，放入油烧热，视油温升至五六成热时，放入鸡条浸炸，此时用旺火加热，使油温逐渐升高，视鸡条呈金黄色并外酥里嫩时，将鸡条同油一起倒入漏勺沥油。炒勺重新烧热，将鸡条倒回炒勺中，迅速倒入碗汁，用旺火快速翻炒，滋汁挂匀后淋入芝麻油即成。

工艺关键

❶ 鸡脯肉去尽筋膜，成形要长短粗细均匀。

❷ 糊的稀稠要适宜。过稀，鸡条挂糊易薄，致使成菜后质感柴老；过稠，鸡条挂糊易厚，致使成菜后质感松软。

❸ 米醋的用量，以成菜后吃不出明显的酸味为宜。清汤的量不要过多，以成菜后有少量的清汁为宜。

❹ 炸鸡条时，油温不宜过低，否则易脱糊，倒入碗汁后要用旺火快速翻炒，出勺要迅速。

风味特点

色泽金黄，芡汁，口味咸鲜，外酥里嫩。

名师指点

炸烹是将原料经炸制后，再加入液体调味清汁，迅速颠翻成菜的一种烹制法。炸烹的原料一般要挂一层薄浆或糊，也有的不上浆、糊，直接炸制烹汁。

举一反三

依此烹调方法、味型，利用变换主料的方法，还可烹制“炸烹肉条”“炸烹鸡卷”“烹鹌鹑”“炸烹狍肉”“炸烹鱼条”“炸烹带鱼”“炸烹大虾”“炸烹虾段”等菜肴。

任务2 煎烹——煎烹带鱼

原料组配

主料：净带鱼400g。

调料：盐3g，味精1g，酱油10g，料酒10g，白糖5g，醋2g，葱丝5g，姜丝5g，油100g。

操作过程

❶ 将带鱼切成长4cm的段，用料酒、盐腌渍5min。

❷ 用盐、味精、料酒、酱油、白糖、醋调制卤汁。

❸ 炒锅上火烧热，用油滑锅，放入油烧至五六成热时，下入带鱼煎至成熟且两面微黄时，倒入漏勺中沥油。

❹ 锅内留余油，放葱、姜丝煸出香味后，倒入带鱼，加入兑好的卤汁快速翻拌数次即可。

工艺关键

❶ 煎制带鱼时要用中火，待鱼肉缩紧色泽微黄后可翻面，以保证鱼块完整。

❷ 带鱼切段应保证长短一致。

风味特点

松香脆嫩，汁紧，酸甜适口。

名师指点

煎烹是先将原料煎熟后，再加入液体调味清汁，迅速搅拌成菜的一种烹制法。其一般制法是：主料先经细加工腌渍入味后，挂糊、拍粉或拖蛋液煎熟（有的只腌渍入味即可，煎烹菜肴切忌拖汁带芡，粘糊一团），再入旺火热锅中用液状调味汁裹之。

举一反三

依此烹调方法、味型，利用变换主料的方法，还可烹制“煎烹段虾”“煎烹鱼片”“煎烹海蛎子”“煎烹金钱虾饼”“煎烹猪肉片”“煎烹牛肉片”“煎烹豆腐”等。

任务3　炒烹——烹掐菜

原料组配

主料：绿豆芽500g。

调料：熟猪油50g，花椒油5g，盐1.5g，味精1g，醋、鲜汤各适量。

操作过程

❶ 将绿豆芽掐去根和头，用清水洗净，泡在凉水中。

❷ 将盐、味精、花椒油和鲜汤调成汁。

❸ 炒锅放旺火上，加熟猪油烧至八成热，把绿豆芽捞出，沥干水分，倒入油锅急速颠炒，待绿豆芽快断生时，加醋，再倒入兑好的汁，颠翻几下，出锅装盘。

工艺关键

❶ 旺火速成。

❷ 清汁，不勾芡。

风味特点

色泽银白，脆嫩清香，口味咸鲜。

名师指点

炒烹，就是将改好刀的主料入少量底油锅煸炒后，倒入碗汁成菜的一种方法。这种方法一般适用于脆嫩的蔬菜原料。

举一反三

依此烹调方法、味型，变换主料还可烹制出“醋烹土豆丝”“清烹辣椒”“烹嫩藕丝”“烹南瓜丝”等。

技能考核

考核样题

1. 在规定时间内完成2个指定菜（滑熘里脊、炸烹带鱼），1个抽签菜（糖醋里脊、五柳活鱼、煎熘鱼片、松鼠鳜鱼）。

2. 在规定时间内完成2个指定菜（焦熘丸子、煎烹带鱼），1个抽签菜（滑熘鸡片、醋熘白菜、烹掐菜、糖醋鲤鱼）。

注：具体考核项目，可根据本地、本校实际情况，参照教学大纲和中式烹调师操作技能考试国家题库，进行适当调整。

考核要求

1. 考场要求

（1）考场要干净卫生，便于考核。

（2）根据考核人数，配备一定数量素质较高的现场监考人员和其他服务人员。

（3）每位考生操作使用面积不少于3m^2。

（4）设备、考位应统一编号。

（5）成品送评判室前要实行编号制。

2. 学生要求

（1）提前10min到场，抽取考核顺序号。

（2）听从监考人员的指挥，降低焦虑心态，做好心理调节。

（3）穿戴整洁的工作服、工作帽。

（4）按照考核要求，备好有关烹调工具、盛器和原料。

评分标准

试题总成绩实行百分制积分方法，60分以上为及格。其中每道菜按百分制评分，其中现场操作30分，成品质量70分，评价指标见表9-1。

表9-1　　热菜烹调工艺单元考核评分表

评价指标		技术要求	标准配分	实得分
现场操作（30分）	切配加工过程	规范有序，动作协调适当，刀工娴熟，刀法准确	7分	
	烹调制作操作	程序合理，烹调方法运用恰当，勺工熟练协调，调味准确快捷	8分	
	节约减耗	在水、电、燃气使用方面注重节能减耗，原材料使用合理，废弃物处理妥当，没有浪费现象	5分	
	安全卫生	个人卫生符合要求，操作过程安全，现场整洁有序，原料存放安全卫生，器具干净卫生	5分	
	组织纪律	听从老师安排，遵守考试纪律和规定，按时独立完成作品制作	5分	

续表

评价指标		技术要求	标准配分	实得分
成品质量（70分）	观感	成形美观，刀工细腻，规格整齐，汁芡适度，色泽自然，装盘协调	16分	
	味感	味型恰当，口味纯正，主味突出，调味适当，无焦煳、腥膻等异味	16分	
	质感	火候得当，质感鲜明，符合应有的口感特点	16分	
	营养卫生	作品清洁卫生，生熟分开，点缀装饰恰当，营养保持合理	16分	
	实用性	可食性高，实用性强，数量符合规定要求	6分	
合计			100分	

模块十

烧扒焖工艺

实训目标

1. 了解“烧”“扒”“焖”工艺的概念、工艺流程、成菜特点、分类、代表菜品。
2. 掌握各种“烧”“扒”“焖”烹调方法的选料要求、工艺关键和技术要领，并能举一反三。

实训方法

教师讲解→示范操作→学生练习（分组或个人）→教师指导→综合讲评→填写实训报告。

项目一　烧

任务1　红烧——红烧鲤鱼

原料组配

主料：鲤鱼1尾（约750g）。

配料：水发冬菇20g，冬笋40g，猪肥瘦肉50g。

调料：酱油30g，料酒10g，精盐2g，味精2g，白糖15g，米醋15g，水淀粉40g，毛汤800g，大葱20g，姜15g，大蒜20g，调和油2000g（实用约60g）。

操作过程

❶ 将鲤鱼去鳞、去鳃，剖腹去内脏，洗净。大葱去老叶取葱白，姜刮表皮，冬菇去柄，大蒜剥表皮，洗净。

❷ 葱白切成段，姜、蒜切小薄片。猪肥瘦肉切成长约3.3cm、宽约2.5cm、厚约0.2cm的长方片。在鱼身两侧各斜剞上刀纹，刀距约为0.8cm。冬菇抹刀片成片，冬笋切菱形片。

❸ 将葱段、姜蒜片、鲤鱼、肉片、冬菇片、冬笋片分放配菜器皿内。

❹ 炒锅置旺火上，倒入油烧至七八成热，放入鱼炸至紧皮捞出沥油。勺中留底油，放入肉片煸炒片刻，随即下入冬菇片、冬笋片、葱段、姜蒜片炒出香味，添入毛汤用旺火烧沸，加入酱油、料酒、米醋、精盐、味精、白糖，调好颜色和口味，放入鱼后转用小火烧制。烧制中将鱼翻1次面，待鱼肉熟透时捞出鱼，原勺置火上，用水淀粉勾芡，视芡汁熟透发亮后，淋入少许油即成芡汁。

❺ 将鱼起出放鱼盘内，并将芡汁浇淋在鱼身上即可。

工艺关键

❶ 鱼要冲洗干净，并要去尽其腹内黑膜。

❷ 鱼身两侧靠鱼背处剞刀深度应略深，靠鱼腹部略浅。

❸ 在烹调中，原料下勺有先后顺序，故配菜时，应将原料分开放置，不要混掺，以免影响下一道工序的操作。

❹ 浸炸鱼时速度要快、时间要短，否则易使肉质柴老。烧鱼的时间要长一些，以利于入味。做到肉软离骨而不失其形。

风味特点

色泽棕红光润，口味以咸鲜为主，略有甜味，质感软嫩。

名师指点

红烧是指成菜芡汁为红色的烧制法。有些地方将经过汽蒸、焯水的原料先用有色的调味品煮上色，然后添汤烧制成菜的方法叫软烧，如河南软烧肚片、北京软烧羊肉、山东软烧豆腐等。红烧时，要恰当选用糖色、酱油、豆瓣辣酱、料酒、葡萄酒、面酱、番茄酱、糖等提色原料，要将菜肴的色泽层次与味感浓淡结合起来。下调料（如酱油、糖色等）调色时，宜浅不宜深。调色过深，会使成品颜色发黑、发暗而味发苦。红烧菜肴具有汁宽芡浓，色泽红润，酥软柔嫩，鲜味醇厚，明油亮芡的特点。

举一反三

依此烹调方法、味型，利用变换主料的方法，还可烹制“红烧肉”“红烧牛尾”“红烧鲍鱼”“梅干菜烧肉”“红烧甲鱼”“红烧鳝鱼段”等菜肴。

任务2　白烧——鲜菇烧豆腐

原料组配

主料：老豆腐300g。

配料：蘑菇（鲜蘑）75g

调料：精盐3g，味精1g，蚝油20g，豆油30g，芝麻油1g，淀粉5g。

操作过程

1. 老豆腐切成3cm见方的小块，用沸水浸着备用；鲜菇洗净，切成丝；淀粉加水调成湿淀粉。
2. 炒锅加入豆油烧热，下入豆腐块，再加鲜菇丝，加水，滚开后用精盐、味精、蚝油调味，最后用湿淀粉勾芡，淋入芝麻油即成。

工艺关键

1. 忌用有色调味品。
2. 勾芡宜薄，使其清爽悦目，色泽鲜艳。

风味特点

汤汁浓白，色泽素雅，清淡味美。

名师指点

白烧是指成菜汤汁为白色的烧制法。白烧的做法与红烧基本相同，不同的是白烧不加糖色、酱油等有色调味品，以保持原料自身的颜色，用芡宜薄，以既能使原料入味，又不掩盖其本色为好。白烧宜选用新鲜无异味、色泽鲜艳、质地细嫩、滋味鲜美的原料，如鱼肚、菜心、菜花等。原料熟处理的方法以煮、汆、滑油等为主。成菜芡汁色白素雅，味道咸鲜清爽，质感滑嫩。

举一反三

依此烹调方法、味型，变换主料可烹制"海米烧菜花""板栗烧白菜""白烧豆腐""白烧鱼肚""白烧鳝鱼""白烧鲫鱼"等菜肴。地方名菜有江苏"白烧白脊鱼"，河南"烧二冬"，北京"烧素四宝"，还有"浓汁烧鱼肚""鸡汁烧鱿鱼""雪花海参""白汁酿鱼""蟹肉烧白菜""云片烧猴头"等。

任务3 干烧——干烧鱼

原料组配

主料：草鱼1尾（约550g）。

配料：肥瘦猪肉末40g，芽菜20g。

调料：精盐7g，白糖1g，酱油10g，味精1g，胡椒粉1g，糖色10g，姜末、蒜末各10g，泡辣椒段20g，葱段15g，醪糟汁15g，料酒10g，鲜汤150g，花生油750g（实用约75g）。

操作过程

1. 草鱼经过初加工后用姜、葱、料酒、精盐码味，放入六七成热的油锅中，炸至外部干香、金黄，捞出备用。
2. 炒锅置旺火上，放入油加热至四五成热，放入泡辣椒、葱段、姜末、蒜末和猪肉末炒出香味，加入鲜汤、精盐、白糖、胡椒粉、酱油、味精、醪糟汁，烧沸出味，放入草鱼、芽菜、猪肉末，烧至入味成熟，基本收干汤汁，将鱼从锅中捞出，装入鱼盘内，继续将锅内的汤汁收干，只留油汁，起锅淋到鱼上即成。

工艺关键

❶ 炸鱼时油温要高，时间要短。否则鱼皮易破，而且易使肉质柴老。

❷ 烧制的时间要稍长一些，以利于入味。应做到肉软离骨而不失其形。

❸ 收汁宜用中火，火旺易造成油黑而味苦，以汤汁收尽仅剩红油为度。

风味特点

色泽朱红色，鲜香带辣，味美，别有风味。

名师指点

干烧的烹制方法与红烧大体相近，不同的是干烧原料在初步熟处理时多用油炸法；调味必用辣椒（四川泡辣椒）、豆瓣酱等；油大味厚，色泽红亮；干烧汁紧，不勾芡，淋明油见油不见汁。

举一反三

依此烹调方法、味型，利用变换主料和形状的方法，还可烹制“干烧鲫鱼”“干烧鲤鱼”“干烧蹄筋”等菜肴。地方名菜有川菜“干烧岩鲤”，京菜“干烧冬笋”，鲁菜“干烧鲳鱼”，粤菜“干烧牛腩”，淮扬菜“干烧紫鲍”，豫菜“干烧冬笋”等。

任务4 酱烧——酱汁瓦块鱼

原料组配

主料：鲤鱼1尾（约1kg）。

调料：甜面酱25g，味精3g，精盐2g，酱油10g，醋5g，白糖10g，料酒5g，葱姜各10g，大料、花椒各3g，鲜汤、芝麻油各适量，花生油1000g（实用约70g）。

操作过程

❶ 将鱼进行初步加工后，从尾部片去软扇，将硬扇头、尾去掉，在鱼皮处剞瓦楞花刀（间隔0.6cm），葱姜切块备用。

❷ 锅中放油烧至八成热，将鱼下锅炸至金黄色捞出。

❸ 原锅加底油，加葱姜块、大料炝锅，放入面酱炒出香味，加料酒、酱油、白糖、精盐、醋、花椒、鲜汤，将炸好的鱼放入，旺火烧沸，撇去浮沫，转入小火烧至入味，再转旺火将汁收浓，淋适当芝麻油出锅装盘。

工艺关键

❶ 炸鱼块时，油温要高，时间要短。

❷ 酱应炒香，且底油不宜过多，以免澥汁。烧制鱼块时火力不宜过大，以免糖、酱过火而影响成菜口味和颜色。

❸ 装盘时应将鱼皮面朝上且摆放整齐，力求美观。酱汁应分布均匀。

风味特点

色泽金红，质嫩味鲜，咸甜可口，酱香浓郁。

名师指点

酱烧是调料以酱（甜面酱、黄酱、酱豆腐）为主的烧制法，即用热锅温油把酱炒出香味，再加调料和适量的鲜汤炒匀，然后放入经过初步熟处理的原料，烧至成菜的一种烹调方法。炒酱必须炒透，炒出香味，大火烧开定色定味，小火缓缓烧至汤汁浓稠，成熟入味。有些菜品直接收汁不勾芡，有些收汁后勾芡。成菜色泽酱红，酱香味浓，咸中带甜，酥软柔嫩。

举一反三

依此烹调方法、味型，利用变换原料形状的方法，还可烹制“酱汁鱼条”“酱汁全鱼”“酱汁肘子”“酱烧鲫鱼”等菜肴。地方名菜有京菜“酱汁鱼”，粤菜“柱侯烧鸭子”，淮扬菜“腐乳烧肉”，闽菜“南乳烧肉”，鲁菜“酱汁中段”，冀菜“酱汁瓦块鱼”等。

任务5 葱烧——葱烧海参

原料组配

主料：水发刺参500g。

配料：葱白150g。

调料：酱油25g，白糖4g，精盐4g，味精3g，料酒20g，湿淀粉20g，鲜汤900g，花生油适量。

操作过程

❶ 将海参用斜刀批成2cm宽的抹刀片，焯水后入锅用鲜汤加精盐、料酒、白糖、酱油煨制2分钟，捞出控干水。

❷ 炒锅置火上，放入油烧至180℃，将切成7cm长的葱段炸成金黄色时离火，将葱油滗入碗中。

❸ 炒锅复置火上，放入鲜汤、酱油、白糖、精盐、味精、料酒、海参，连同炸过的葱一起，大火烧开，改用小火焖至汤浓，勾芡后淋入葱油，起锅装盘。

工艺关键

❶ 海参改刀要厚薄适当，用鲜汤煨制时间不可过长。

❷ 葱白去老皮用嫩葱心，炸葱油时火候要适当。

❸ 烧海参时要把握好火候，主配料达到口感软嫩即可。

❹ 勾芡时要注意时机，芡汁的稠稀要准确。

风味特点

海参色泽乌黑发亮，金葱色泽红亮，香鲜酥烂，卤汁咸鲜可口。

名师指点

葱烧是原料经焯水等初步熟处理后加入炸或炒黄的葱段及其他调料烧制成菜的方法。葱烧与红烧工艺基本相同。不同的是葱烧菜的调料中葱的用量较大，约占主料的1/4或者1/3。炒好葱，是做好葱烧菜的关键。炒葱应用小火，如火太旺，易出现焦煳现象。葱烧菜的葱，以老葱为好。

“葱烧海参”是山东风味名菜。大葱白经过油炸成金黄色，称为“金葱”，其炸葱的葱油用来调味，可使菜肴具有浓郁的经久不散的葱香味道。灰刺参是海参中的名贵品种，滋味纯正，不苦不麻，肉质口感最佳，古代即被列为“中八珍”。

举一反三

依此烹调方法、味型，利用变换原料及形状的方法，还可烹制“葱烧蹄筋”“葱烧鸡翅”等菜肴。地方名菜有鲁菜“葱烧蹄筋”，川菜“葱烧糊辣鸡”，淮扬菜“葱烧肥肠”，东北菜“葱烧肘子”等。

任务6　家常烧——家常豆腐

原料组配

主料：豆腐500g。

配料：猪肥瘦肉100g，蒜苗50g。

调料：酱油10g，料酒5g，精盐3g，味精1g，白糖1g，水淀粉15g，郫县豆瓣30g，泡红辣椒10g，姜10g，鲜汤250g，花生油100g。

操作过程

1. 猪肉切成5cm长、0.5cm宽、0.2cm厚的片。蒜苗切寸段。豆腐切成5cm长、3.5cm宽、0.5cm厚的片。姜切成1cm见方、0.1cm厚的方片。泡红辣椒和郫县豆瓣一起剁细末，并加油拌和。
2. 豆腐片、蒜苗段、猪肉片、姜片、泡红辣椒和郫县豆瓣末分别放配菜器皿内。
3. 炒锅置中火上，放入底油烧热，将豆腐片平码在锅底，用中火将其两面均煎成金黄色，倒入漏勺沥油。炒锅回置火口上，加入用中火烧至四五成热，放入肉片煸炒，待肉片炒散后加入泡红辣椒、郫县豆瓣末和姜片煸炒至油色变红，加入料酒，添入鲜汤、精盐、白糖、酱油和煎好的豆腐片，用中火烧沸后移置小火烧至入味，放入蒜苗和味精翻炒均匀，然后用水淀粉勾芡，待芡汁熟透发亮后即可出锅装盘。

工艺关键

1. 煎制豆腐宜用小火，豆腐两面均要煎成金黄色。郫县豆瓣和泡红辣椒要充分煸炒出香味，否则有生豆瓣味。
2. 烹制时，要将豆腐烧透，使原料内部入味。
3. 出锅前，要勾薄芡，使卤汁与原料交融，滋味更美。

风味特点

色泽红亮，咸鲜微辣，质感软嫩。

名师指点

此菜是四川风味名菜。“家常味”是四川民间常吃的菜肴味道，也是川菜较有特色的味型之一，著名的回锅肉、家常狮子鱼都是这一类菜肴。用家常味来烹制海参，受到广大食客的好评。

举一反三

依此烹调方法、味型，利用变换主料和形状的方法，还可烹制“家常鱿鱼”“家常蹄筋”“家常狮子鱼”“家常海参”等菜肴。

项目二　扒

任务1　白扒——香菇扒菜心

原料组配

主料：香菇（鲜）150g，油菜心150g

调料：植物油20g，芝麻油5g，水淀粉5g，盐3g，味精2g，葱末5g，姜末2g。

操作过程

1. 将香菇去蒂洗净，码在圆盘中央。
2. 油菜心洗净，从根部划一刀，下入开水锅内焯一下，捞出控水，根向外，叶向内逐个码在香菇周围，叶交叉压在香菇上。
3. 炒锅注油烧热，下入葱姜末炝锅，加精盐、水烧开，推入码好的香菇、菜心，小火煨至汤汁将尽时用水淀粉勾芡，大翻勺，淋入芝麻油，撒上味精即可。

工艺关键

1. 菜心焯水时间不宜过长，焯水后应及时过凉，以保持翠绿的颜色和脆嫩的质感。
2. 菜心要码放整齐有序，以便于烹调。
3. 扒制时间不宜过长，火力不易过猛，以原料入味为度。淀粉糊化后再淋入明油，以使菜肴达到明油亮芡的效果。

风味特点

芡汁乳白光润，口味咸鲜，美观大方。

名师指点

白扒是菜肴经烹制后，芡汁白亮，清爽素雅的一种扒制法。在原料的选择上多以色淡清爽的鱼肚、猴头菇、鱿鱼以及各种时鲜蔬菜为主，在调料上不用糖色、酱油等有色调味品，以保持原料的本色。

举一反三

依此烹调方法、味型，利用变换主料和形状的方法，还可制作“扒肥肠白菜”“扒蟹黄白菜”“海米扒菜心”“扒鲍鱼芦笋”“白扒蟹黄鱼肚”“扒菜心”“扒白菜条”“白扒猴头蘑”“白扒鸡条”“白扒目鱼条”“白扒鹿筋”等菜肴。

任务2　红扒——红扒茄条

原料组配

主料：茄子450g。

配料：香菜10g。

调料：酱油8g，姜汁15g，白糖5g，精盐2g，味精3g，五香粉1g，芝麻油10g，甜面酱15g，淀粉10g，鲜汤适量，调和油750g（实用约60g）。

操作过程

❶ 将茄子去皮切成1cm见方的大长条，香菜切寸段。

❷ 锅内加调和油烧七成热，下茄条略炸，然后整齐地摆入盘内。

❸ 锅内留底油5g，加入酱油、姜汁、鲜汤、白糖、精盐、味精、五香粉、甜面酱烧开；将茄条整齐推入勺内，用小火烧2min；大翻勺，勾芡，淋芝麻油出锅，拖入盘内，放上香菜段即成。

工艺关键

❶ 扒时要用慢火，使味进入原料内部，使原料熟烂。

❷ 勾芡时随晃锅随淋粉汁，使芡汁全部入原料缝隙即好。

风味特点

菜形整，色泽红亮，软嫩咸香，口味绵长。

名师指点

红扒是菜肴在烹制时使用酱油等有色调味品，使成菜呈红色的一种扒制法。有的先用卤水将原料煮至上色，然后再以卤水或者老抽（以卤水为主，老抽只起到适当调色的辅助作用）加盐等调料扒制，菜品色泽红亮、浓香可口，属浓香型菜品。也有的红扒加入番茄汁、红曲米、糖色等红色调料，颜色更加鲜艳诱人。

举一反三

依此烹调方法、味型，利用变换主料和形状的方法，还可制作“扒牛肉条”“鸡腿扒海参”“葱扒海参”“海参扒鸡脯”“虾子扒海参”“红扒鲨鱼唇”等菜肴。

任务3 盖面扒——素扒鱼翅（即黄花菜）

原料组配

主料：水发黄花菜250g。

配料：香菇50g，冬笋50g，豆芽50g，蛋清100g。

调料：葱段2g，姜片2g，精盐3g，味精2g，白糖3g，料酒10g，湿淀粉20g，鲜汤200g，花生油适量。

操作过程

❶ 将黄花菜泡软去蒂，三根一捆，做成鱼翅坯排放盘中；将香菇、冬笋切成细丝，焯水后捞出；将蛋清打成蛋泡糊。

❷ 炒锅置火上；放入花生油烧至150℃，将鱼翅坯逐个蘸上蛋泡糊，放入油锅中炸挺，捞出码放盘中；把香菇丝、冬笋丝和豆芽加精盐、味精炒熟，盛入盘中垫底。

❸ 炒锅复置火上，加底油烧热，加葱段、姜片爆锅，添入鲜汤烧开，拣去葱、姜，加精盐、味精、料酒，放入黄花菜做成的鱼翅坯，汤烧开后改小火煨至入味，用湿淀粉勾芡，淋少许油，大翻锅，起锅放在垫底的三丝上，即可上桌供餐。

工艺关键

❶ 黄花菜要泡软，去净根蒂，梳成细丝后要排放整齐，不可杂乱。

❷ 鱼翅坯裹蘸蛋泡糊要均匀，油炸时要注意火候，烹制时不可太过。

风味特点

形似鱼翅，美观大方，芡汁油亮，口感脆嫩，滋味清鲜。

名师指点

此菜属于盖面扒（用辅料垫底主料盖面的方法），为天津风味名菜。选用黄花菜为主料，配以香菇、冬笋、豆芽等原料，采用扒烧技法制做而成，既体现素料荤做、形态仿真的巧妙，又能展现厨师大翻勺的精湛技艺。

举一反三

依此烹调方法、味型，利用变换主料和形状的方法，还可制作出“扒海羊”等菜肴。

任务4 拼配扒——扒三白

原料组配

主料：鱼肉蓉200g，白菜心250g，芦笋200g。

配料：猪肥膘肉蓉60g，蛋清50g。

调料：葱段10g，姜片8g，精盐3g，味精2g，料酒10g，湿淀粉20g，鲜汤200g，鸡油15g，调和油适量。

操作过程

❶ 将鱼肉蓉和猪肥膘肉蓉加入蛋清、味精、精盐、料酒、淀粉拌均匀，然后氽熟成鱼脯。

❷ 白菜心一切两片，下水焯透捞出，沥干水，切成14cm长、1cm宽的条，放在圆盘中间；芦笋剥皮后，放在圆盘一边整齐排好；将熟鱼脯整齐地排在白菜的另一边。

❸ 炒锅置火上，放调和油少许，下葱、姜炝锅，加料酒、鲜汤、精盐、味精，捞出葱姜，将盘中3种原料整齐地推下锅，扒烧至入味，下湿淀粉勾芡，淋上鸡油出锅装盘即成。

工艺关键

❶ 制作过程中要注意保持扒料形状的完整。

❷ 此菜烹制过程中要注意把握勾芡和出锅时机。

风味特点

色泽洁白，质地软熟，清淡鲜醇。

名师指点

拼配扒是使用两种以上原料扒制，要求规格整齐，比重相等，适于各种档次原料扒菜。如低档的扒两样（菠菜、香菇）、扒三样（鸡腿、酱牛肉、酱猪肉）；高档的扒鲍鱼龙须、扒蟹黄白菜心、扒三白（鱼肚、白鸡、玉兰片）、（海参、鱼肚、干贝）等。拼配扒色泽和谐，造型美观，菜肴成形后有如冷菜的什锦花样。

举一反三

依此烹调方法、味型，利用变换主料和形状的方法，还可制作出“扒两样”“扒三鲜”“扒全菜”等菜肴。

项目三 焖

任务1 油焖——油焖春笋

原料组配

主料：嫩春笋500g。

调料：酱油30g，白糖50g，味精3g，花椒5g，芝麻油10g，调和油80g，葱段30g，姜片20g，精盐2g，鲜汤适量。

操作过程

1. 将春笋肉洗净，剖开拍松切段，焯水。
2. 锅置中火上，添调和油烧热，放入花椒炸出香味捞出，再下葱、姜炒出香味，下入春笋段煸至色呈微黄，加酱油、白糖、精盐、鲜汤，用小火焖至汤汁浓稠时，加入味精，淋上芝麻油即成。

工艺关键

1. 春笋在焖制前，要先汆水。
2. 此菜调味要突出重油、重糖的特点。

风味特点

色泽红亮，鲜嫩爽口，略呈甜味。

名师指点

焖和炖的原料均需初步熟处理，均需盖上盖用小火或微火长时间烹制，菜肴质地均要求酥烂脱骨而不失其形，形整而质软，均不需勾芡。其工艺流程与炖颇为相似，但也有一定的区别：① 初步熟处理的方法不同。炖制菜肴原料一般采用焯水沏烫的技法；而焖制菜肴则采用走红或走油的方法，使其外皮上色或脱水。② 汤汁多少不同。炖制菜肴汤汁要求达到容器的4/5；而焖菜汤汁最多占容器的2/3。③ 色泽不同。炖制菜肴要求汤汁清澈，俗称清炖；而焖制菜肴要求原料色红润、汁浓厚，俗称黄焖、红焖。④ 成品特点不同。炖的特点是汤汁清醇、原汁原味；焖的特点是色红酥烂、汁浓味厚。

举一反三

依此烹调方法、味型，变换主料还可制作“油焖冬笋”“油焖茄子”“油焖四季豆”“油焖茭白”“油焖香菇”“油焖大虾”等菜肴。

任务2 红焖——红焖羊肉

原料组配

主料：羊后腿肉250g。

调料：辣椒酱20g，红酱油10g，料酒25g，姜块5g，大葱段15g，精盐、鸡精、湿淀粉各适量，食用油75g。

操作过程

❶ 把羊肉剁成2.5cm见方的块，放入清水中浸泡2～3h捞出，沥尽血水，入沸水锅中焯水，再捞起沥干水分；姜块、大葱洗净，拍破。

❷ 炒锅置火上，放油烧至六七成热，先下姜葱爆香，随即将羊肉块倒入锅中爆炒，再加入部分料酒，待羊肉收缩变色后，迅速下入辣椒酱用中火炒香，再下红酱油将羊肉炒至上色，掺入适量清水，下入料酒、精盐，加盖用中小火焖烧40～50min，至羊肉酥烂时揭开锅盖，调入鸡精，淋入湿淀粉勾芡即可。

工艺关键

❶ 掌握好调料的种类和数量。

❷ 焖制时要注意火候，不要煳锅。

风味特点

羊肉酥烂，汤红不辣，原汁原味，醇香不膻。

名师指点

红焖是主料经过加工处理，用热油煸炒或炸后，炝锅加鲜汤和酱油等调味品，使原料成熟的一种焖制方法。成菜色泽金红，汁浓味醇，质地酥烂。

“新乡一绝”的红焖羊肉火锅是李武卿老先生于1988年创始的。其做法是：羊肉或者羊排洗净，用开水焯去血水；锅内放植物油，放入白糖熬糖色放羊肉炒至上色，倒入砂锅中；加姜块、葱段、热水，老抽、盐、料酒、干辣椒、大料、花椒、甘草、肉桂、茴香、陈皮、砂仁、丁香、山楂片、大枣、枸杞等慢炖1～2h。起菜时随配油面筋、老豆腐、大白菜、香菜各一碟上桌。吃时一般先吃砂锅内的羊肉，待吃到酒酣耳热，再用砂锅内的原汁涮烫配料及各种荤素原料。在最鼎盛的1995年，新乡、郑州等地出现了“红焖炊烟浩荡处，今日早市没有羊”的奇特景观。

举一反三

依此烹调方法，变换主料还可烹制“红焖牛腩”“红焖猪肉”“红焖猪蹄”“红焖小土豆”“红焖鳝鱼”“红焖肘子”“干菜焖肉”等菜肴。

任务3 黄焖——黄焖鸡

原料组配

主料：嫩净鸡1只（约600g）。

调料：葱、姜各20g，冬笋50g，冬菇25g，酱油50g，精盐2g，料酒10g，清汤250g，调和油750g（实用约50g），白糖20g，八角5g，大葱油20g。

操作过程

❶ 将鸡洗净，去头、爪，剁成3cm的方块；葱姜洗净，用刀拍松；冬笋、冬菇切薄片。

❷ 炒锅置旺火上，加调和油烧至200℃时，将鸡块沾上酱油放入油内炸成金黄色捞出，控净油。冬笋、冬菇分别用开水焯一下，备用。

③ 炒锅内留底油，加葱、姜炸出香味，再加清汤、鸡块、料酒、白糖、八角、精盐，用急火烧开，撇去浮沫，盖上锅盖，用微火焖至鸡块熟烂，去掉葱姜，加冬菇、冬笋、味精、大葱油搅匀，盛盘内即可。

工艺关键

① 炸鸡块时，油温要高，否则不易上色。

② 焖制鸡块时注意火力不要太急，否则容易煳锅。

风味特点

鸡块熟烂，大小均匀，汤汁浓稠，味道醇厚。

名师指点

黄焖是以酱油（或糖色）为主要调料，菜肴焖制后呈黄色的一种焖制法。它与红焖基本相同，只是酱油（或糖色）的用量多寡不一。黄焖的原料有两类，一类是高档原料，如大肉翅等，不挂糊；另一类是鸡、鸭和畜类的肌肉，一般要求挂全蛋糊。成菜色泽金黄透亮，质地酥烂。

举一反三

依此烹调方法，变换主料还可烹制“黄焖鸡块”“黄焖鸭肝”“黄焖兔”“黄焖甲鱼”“黄焖鳝鱼”“黄焖鱼头”“黄焖鳗段”等菜肴。

任务4　酒焖——啤酒焖牛肉

原料组配

主料：牛腿肉500g。

配料：嫩扁豆300g。

调料：精盐5g，精细面粉15g，啤酒1瓶，白胡椒粉2g，黄油50g，味精1g，香叶1片，调和油70g。

操作过程

① 切牛腿肉成块，洗净，控去水，用精盐、白胡椒粉搅拌，再放入精细面粉搅匀；嫩扁豆切去两头。

② 锅上旺火，放油烧热，下牛肉块煸透，滗出油，倒入啤酒，加精盐、香叶，烧沸，移小火上焖约1小时至肉烂。

③ 炒锅上火，放入黄油烧热，下扁豆、精盐煸透，加入味精，倒入牛肉锅中再煮片刻，起锅装盘即成。

工艺关键

① 掌握好啤酒的用量。

② 掌握好焖制的火候。

风味特点

牛肉软烂，啤酒味浓，别具特色。

名师指点

酒焖是在焖制时，用酒量较大的一种焖制方法，它的一般制法与红焖相同。常用的酒有百花酒、陈皮酒、花雕酒、啤酒、葡萄酒等，成菜一般为红色或金黄色，酒香浓郁，酥烂入味。

举一反三

依此烹调方法，变换主料还可烹制“啤酒焖鸡”“啤酒焖排骨”“啤酒焖黄鱼”“百花酒焖肉”“陈皮酒焖鸡”“酒焖全鱼”“贵妃鸡翅”“花雕酒焖肉”等菜肴。

任务5 酱焖——酱焖茄子

原料组配

主料：茄子500g。

配料：肉末30g。

调料：葱末20g，姜米5g，蒜米20g，甜面酱30g，料酒15g，酱油15g，味精2g，白糖35g，芝麻油5g，清汤适量，调和油750g（实用约100g）。

操作过程

1. 将茄子去皮，改刀成长约3cm的滚料块。
2. 洁净炒锅置于炉火上，加入调和油用中火加热，加入肉末炒熟，再加入葱、姜、蒜、甜面酱炒香，然后加入茄子煸炒至茄子呈微黄色时，加入酱油、白糖、清汤，加盖用小火焖制，待汤汁收浓时，加入味精，淋上芝麻油，出锅装盘即可。

工艺关键

1. 茄子改刀要均匀，使之成熟时间一致。
2. 炒肉末时要将肉末中的水分除去，煸炒至酥香。
3. 甜面酱炒制时油温不宜太高，否则不能炒出香味。
4. 此菜不勾芡，要求自然将汤汁收浓。

风味特点

色泽棕红，口感软滑，咸鲜微甜，酱香味厚。

名师指点

甜面酱又称甜酱，是以面粉为主要原料，经制曲和保温发酵制成的一种酱状调味品。其味甜中带咸，同时有酱香和酯香。

通常烹调酱焖菜肴用甜面酱，有些也用豆瓣酱、沙茶酱等酱类。

举一反三

依此烹调方法，变换主料还可烹制“酱焖鲫鱼”“酱焖茭白”“酱焖牛肉”“酱焖林蛙”“酱焖猪蹄”“酱焖辣子鸡”等菜肴。

技能考核

考核样题

1. 在规定时间内完成2个指定菜（红烧鲤鱼、香菇扒菜心），1个抽签菜（酱汁瓦块鱼、家常豆腐、油焖春笋、酱焖茭白）。

2. 在规定时间内完成2个指定菜（红扒茄条、酱焖茄子），1个抽签菜（葱烧海参、干烧鱼、海米烧菜花、干烧冬笋）。

注：具体考核项目，可根据本地、本校实际情况，参照教学大纲和中式烹调师操作技能考试国家题库，进行适当调整。

考核要求

1. 考场要求

（1）考场要干净卫生，便于考核。

（2）根据考核人数，配备一定数量素质较高的现场监考人员和其他服务人员。

（3）每位考生操作使用面积不少于$3m^2$。

（4）设备、考位应统一编号。

（5）成品送评判室前要实行编号制。

2. 学生要求

（1）提前10min到场，抽取考核顺序号。

（2）听从监考人员的指挥，降低焦虑心态，做好心理调节。

（3）穿戴整洁的工作服、工作帽。

（4）按照考核要求，备好有关烹调工具、盛器和原料。

评分标准

试题总成绩实行百分制积分方法，60分以上为及格。其中每道菜按百分制评分，其中现场操作30分，成品质量70分，评价指标见表10-1。

表10-1　热菜烹调工艺单元考核评分表

评价指标		技术要求	标准配分	实得分
现场操作（30分）	切配加工过程	规范有序，动作协调适当，刀工娴熟，刀法准确	7分	
	烹调制作操作	程序合理，烹调方法运用恰当，勺工熟练协调，调味准确快捷	8分	
	节约减耗	在水、电、燃气使用方面注重节能减耗，原材料使用合理，废弃物处理妥当，没有浪费现象	5分	
	安全卫生	个人卫生符合要求，操作过程安全，现场整洁有序，原料存放安全卫生，器具干净卫生	5分	
	组织纪律	听从老师安排，遵守考试纪律和规定，按时独立完成作品制作	5分	

续表

评价指标		技术要求	标准配分	实得分
成品质量（70分）	观感	成形美观，刀工细腻，规格整齐，汁芡适度，色泽自然，装盘协调	16分	
	味感	味型恰当，口味纯正，主味突出，调味适当，无焦煳、腥膻等异味	16分	
	质感	火候得当，质感鲜明，符合应有的口感特点	16分	
	营养卫生	作品清洁卫生，生熟分开，点缀装饰恰当，营养保持合理	16分	
	实用性	可食性高，实用性强，数量符合规定要求	6分	
合计			100分	

模块十一

汆炖工艺

实训目标

1. 了解“汆”“烩”“煮”“炖”工艺的概念、工艺流程、成菜特点、分类、代表菜品。
2. 掌握各种“汆”“烩”“煮”“炖”烹调方法的选料要求、工艺关键和技术要领，并能举一反三。

实训方法

教师讲解→示范操作→学生练习（分组或个人）→教师指导→综合讲评→填写实训报告。

项目一　汆、烩

任务1　清汆——清汤鱼丸

原料组配

主料：净鳜鱼肉400g。

配料：水发香菇30g，鸡蛋清2个。

调料：葱姜汁30g，精盐3g，白胡椒粉2g，鲜汤500g，味精1g，熟猪油适量。

操作过程

1. 将净鳜鱼肉放入清水中泡去血水，捞出沥去水分，斩成极细的蓉，放入碗内，加葱姜汁、味精、鸡蛋清、精盐，顺一个方向搅拌，边搅边加水，制成稠蓉糊，再加入少许熟猪油搅匀。另将水发香菇切成薄片待用。

❷ 炒锅置火上，加入清水，用手将鱼蓉挤成橘瓣形鱼汆，逐个用汤匙舀入锅内，用勺背轻轻拨动，汆至八成熟时再加入少量冷水，待沸捞出。

❸ 炒锅复置火上，加入鲜汤、香菇、精盐、味精烧沸，再放入鱼汆，待锅内汤微沸，鱼汆熟透时淋少许油，撒上白胡椒粉，盛入碗中即成。

工艺关键

❶ 调制鱼缔时注意投放调味品的次序。精炼油要最后加入。

❷ 鱼汆挤入锅中，要迅速加热，以防鱼汆在水中变形。

❸ 要冷水将鱼汆入锅，小火养熟，火大或大沸易使鱼汆内部有孔。

风味特点

汤清味鲜，色白晶莹，质嫩味鲜。

名师指点

湖北风味名菜。鱼汆，即鱼圆，因其造型似橘瓣，故名。它是将调制好的鱼缔挤成橘瓣形漂在汤中，玲珑剔透。

举一反三

依此烹调方法，变换主料还可烹制“汆丸子”“清汤虾丸”“清汤鸡丸”“双色浮圆”“龙井鸡丝汤”“汆黄管脊髓”等菜肴。地方名菜有京菜“汆鸡脯”、川菜“豆花鱼片汤”、粤菜“竹荪汆鸡片”、鲁菜“清汆丸子”和“山东海参”、淮扬菜“茉莉花汆鸡片”、河南“清汤汆什锦”、杭州“西湖莼菜汤”、四川“清汤里脊”、甘肃“猴头过江”、广东“爽口丸子”等。

任务2 混汆——萝卜丝汆鲫鱼

原料组配

主料：鲫鱼500g。

配料：白萝卜250g，豌豆苗25g。

调料：熟猪油75g，精盐3g，味精2g，料酒20g，大葱15g，姜15g。

操作过程

❶ 鲫鱼刮鳞、去鳃和内脏，用清水冲洗干净，然后在鱼身两侧各划数刀（刀口相距2.5cm）。白萝卜去皮，洗净，切成细丝。豆苗择下嫩尖，葱切段，姜切片备用。

❷ 炒锅放在火上烧热，放入油烧热，下入鲫鱼，两面稍煎，加入开水、料酒、精盐、味精、葱段、姜片，用大火烧开，转用小火慢煮半小时。

❸ 鱼煮好后，把白萝卜丝放入沸水锅中焯一下，捞入锅内。

❹ 白萝卜丝与鲫鱼同煮一会儿，盛在大汤碗内，撒上豌豆苗即成。

工艺关键

❶ 要选用活的鲫鱼，否则风味不佳。

❷ 萝卜丝切好后要用开水焯一下，去其辛辣味。

风味特点

色泽鲜艳，汁鲜味美，酥嫩适口。

名师指点

清氽法是将主料投入沸水中快速氽透，捞入汤碗内，另加新鲜清汤，调味后供食。混氽法是先将清汤烧沸，再把主料投入，汤沸料熟后盛装供食。

举一反三

依此烹调方法，变换主料还可烹制“榨菜肉丝汤”“笋尖肉片汤”等，地方名菜有江苏“莼菜氽塘鳢片”、浙江“萝卜丝氽鲫鱼”、广东“胗球氽鸽蛋”“鲜菇氽鸡片”“榆耳氽鸭掌”等。

任务3　汤爆——汤爆肚仁

原料组配

主料：生猪肚尖400g。

配料：熟火腿20g，冬笋20g，冬菇5g，绿叶菜50g。

调料：精盐3g，小苏打2g，料酒10g，白胡椒粉1g，毛汤500g，高级清汤750g，味精2g。

操作过程

1. 将肚尖用刀剖开，摊平，铲去外皮，刮去肉里油腻，修齐边沿，两面用直刀交叉剞五分之三深，成蓑衣花刀，再切成5cm长、3cm宽的长方块，放清水中，加入小苏打，浸泡1h后，用清水漂净。
2. 火腿、冬笋切成相同大小的柳叶片，冬菇切片。
3. 汤锅上火，放入毛汤烧沸，将肚片倒入略烫，捞入汤碗内，加料酒、精盐。
4. 将冬笋、冬菇、绿叶菜倒入锅内略烫捞出，放在肚片上，舀入清汤，撒上白胡椒粉即成。

工艺关键

1. 剞肚仁的深度要一致。
2. 烫过肚仁的汤不用，另用清汤。

风味特点

汤清澈见底，肚仁脆嫩，汤鲜味美。

名师指点

此种氽法适于用质地脆嫩而本身略带异味的原料制作汤菜，又称“汤爆”。此法操作时动作要求迅速，对火候要求极强。

举一反三

依此烹调方法，变换主料还可烹制“汤爆双脆”“氽腰花”“氽鱿鱼花”“汤爆螺片”“汤爆鸭肫”“汤爆活海参”“汤爆蛤蜊”等菜肴。

任务4 普通烩——西湖牛肉羹

原料组配

主料：牛肉末250g。

配料：鲜蘑粒（或香菇）100g，香菜30g，蛋清1个。

调料：葱粒30g，鲜汤1kg，盐5g，水淀粉10g，5g，料酒2g，芝麻油1g。

操作过程

❶ 将牛肉末用料酒、盐、水淀粉上浆，然后与鲜蘑粒在虾眼水（指将开未开、锅底有许多像虾眼大小的气泡的水）中焯过，以断生为度，捞出待用。

❷ 炒锅上火倒入鲜汤，汤开后加入牛肉末、鲜蘑粒，下入盐、胡椒粉、料酒，再用水淀粉勾芡，芡熟后离火，倒入盛有蛋清的汤盆里，迅速搅拌均匀使蛋清成飞絮状。

❸ 在汤盆中加入香菜及芝麻油即可。

工艺关键

❶ 要用稍嫩一些的牛肉，剁牛肉时尽量剁细。

❷ 飞水时必须用眼睛水（指将开未开、锅底有许多像鱼眼睛大小气泡的水），切忌大开，否则牛肉易结团变老。

❸ 芡不宜过稠，要适中。

风味特点

汤鲜味浓，清淡爽口，微有辣味。

名师指点

广东方言称香菜为“芫茜”，此菜是用香菜（芫茜）、胡椒粉、牛肉合制而成，故此得名，但习惯称为“西湖牛肉羹”。

普通烩是原料先经煮、蒸、焯水后改刀，再用热勺底油炝锅，加调料、汤，入主料，开锅入味勾芡点香油的一种成菜方法。

举一反三

依此烹调方法，变换主料还可烹制“素烩四宝”“什锦素烩”“烩乌鱼蛋”“芹菜烩鸡腰”“玉米全烩”“烩鱿鱼丝”“拆烩鲢鱼头”等菜肴。

任务5 滑烩——烩鸡丝

原料组配

主料：鸡脯肉250g。

配料：火腿50g，水发香菇50g，冬笋50g，鸡蛋清1个。

调料：精盐6g，味精3g，白胡椒粉3g，葱和姜各5g，芝麻油5g，精炼油500g（实用约50g），湿淀粉20g，鲜汤1000g。

操作过程

❶ 鸡脯肉片成薄片摆放好，顺鸡肉纤维切成细丝，放盘中，加入蛋清、精盐、湿淀

粉上浆均匀。

❷ 把火腿、香菇、冬笋切成细丝。葱切段，姜切片，拍松。

❸ 炒锅上火烧热，用油滑锅后，注入油，烧至三成热，将鸡丝放入滑散，断生后捞出沥油。

❹ 炒锅上火烧热，加底油放入葱、姜炝锅，加入鲜汤烧沸，捞出葱姜，再依次放入鸡丝、火腿丝、笋丝、香菇丝，烧沸后，加入精盐、白胡椒粉、味精调味，用湿淀粉勾芡，淋入芝麻油，装盘即成。

工艺关键

❶ 切制鸡丝时要注意粗细均匀，上浆时将蛋清、湿淀粉抓匀。

❷ 鸡丝滑油时要注意油温，以三成热的油温为宜。

❸ 芡的厚薄要适中。

风味特点

肉丝粗细均匀，肉质鲜嫩，咸鲜适中，食之爽口。

名师指点

滑烩是将主料经过加改刀后，上浆（蛋白浆或水粉浆），入热勺凉油锅滑开然后炝锅，投入主辅料，加调料和鲜汤，出锅前勾芡的一种方法。一般适用于里脊、虾鱼、鸡脯等鲜嫩的原料。成菜具有色泽银白，质嫩，口味咸鲜的特点。

举一反三

依此烹调方法，变换主料还可烹制“宋嫂鱼羹”“鲈莼羹”“五彩稀卤鸡米”“烩两鸡丝”“鸡丝烩鱼肚”“鸡丝烩鱼面”“鸡丝烩豌豆”“奶汤烩银丝”等菜肴。

项目二　煮、炖

任务1　煮——煮干丝

原料组配

主料：方豆腐干400g。

配料：熟鸡丝50g，虾仁50g，熟鸡肫片25g，熟鸡肝25g，熟火腿丝10g，冬笋丝30g，焯过水的豌豆苗10g。

调料：虾子3g，精盐6g，白酱油10g，鸡清汤450g，熟猪油80g。

操作过程

❶ 选用黄豆制作的白色方豆腐干（方干要求质地细腻，压制紧密），先片成厚0.15cm的薄片，再切成细丝，然后放入沸水中浸烫，用筷子轻轻翻动拨散，沥去水，再用沸水浸烫2次，每次约2min捞出，用清水漂洗后再沥干水分。

❷ 炒锅上旺火，舀入熟猪油25g，烧熟，放入虾仁炒至乳白色，起锅盛入碗中。

❸ 锅中舀入鸡汤，放干丝。再将鸡丝、肫、肝、笋放入锅内一边，加虾子、熟猪油55g置旺火上烧约15min。待汤浓厚时，加白酱油、精盐。盖上锅盖烧约5min离火，

将干丝盛在盘中，然后将肫、肝、笋、豌豆苗分放在干丝的四周，上放火腿丝、虾仁即成。

工艺关键

1. 豆腐干要好，切得要细，且要烫透，去尽黄泔味。煮时要透，不可缺虾子、猪油、清汤。
2. 豆腐干切丝后，不能马上烹调，还要经过清洗浸烫、清除异味（豆腥味）的过程。首先把切好的细丝，放入清水中浸泡，使丝分开，不粘不连，丝分开后，捞出沥去水分，再放入开水中浸烫除味。一般要经过三次浸烫，第一次用开水烫约0.5h，再换新开水，连续漫烫三次，每次均为半小时。经过三次浸烫，干丝清爽利落，异味除净，挤干水分，才能烹调。
3. 豆腐干丝烧煮时间不宜过短，要充分煮透，并使汤汁变白。酱油的剂量不宜过多，汤汁颜色不要过深。

风味特点

豆腐干丝洁白，缀以各色配料，色彩美观，味鲜绵软，嚼时有韧性，风味独特。

名师指点

淮扬菜中豆腐制品花色品种极多，“大煮干丝”又称“鸡汁煮干丝”，风味之美，历来被推为席上美馔。

举一反三

可在辅料调味上加以变化，以适应不同的要求。春季，用竹蛏、海参或燕窝丝入味；夏季，用脆鳝丝与千丝同煮；秋季，以蟹黄增色，鲜味尤浓，干丝鲜中见纯；冬季，配野蔬、豌豆苗入干丝，色调和谐，起香生色。于是“海味干丝”“鱼煮干丝”“蟹黄干丝”“时蔬干丝”应季而生，还有“五味干丝”等。扬州各茶社常用“烫干丝”配各类茶点供客人食用。

任务2 煮——水煮牛肉

原料组配

主料：牛柳肉250g。

配料：白菜75g，芹菜75g，蒜薹50g。

调料：葱25g，菜油100g，豆瓣50g，干辣椒5个，花椒10粒，精盐1.5g，酱油30g，味精1g，水淀粉100g。

操作过程

1. 肉洗净，去筋，切成片，装在碗内用精盐、酱油、水淀粉拌和均匀。白菜、芹菜、蒜薹、葱均择洗干净，切成6cm长的节。在热锅内放油少许，把去蒂的干辣椒和花椒在锅内炒脆，铲起放在案板上铡细。
2. 炒锅置旺火上，下菜油少许，将白菜、芹菜、蒜薹、葱等下锅煸炒几下，推在锅边。锅内再放菜油，烧至六成热时，下豆瓣炒，炒至油呈红色时，再将锅边蔬菜铲至锅中间炒数下，掺汤烧开。随即将拌好的牛肉片下锅，用筷子轻轻拨散，然后下味精，起锅装入碗中，将铡细的干辣椒、花椒撒在牛肉片上。

③ 将锅洗净，下菜油少许，烧至七成热时，淋在撒干辣椒的牛肉片上即成。

工艺关键

① 牛肉片要切得厚薄均匀，下热汤锅滑至颜色转白断生即起锅，受热时间过长肉质会变老。

② 给牛肉上浆时一定要稠稀适度，薄厚均匀。为了使牛肉更加滑嫩，上浆时可加入小苏打，与盐、淀粉拌匀。

③ 要掌握好水煮牛肉的时间，时间过长，牛肉会不滑嫩。

④ 掌握好炸辣椒、花椒时的火候和锅中调和油的温度。

风味特点

色泽红亮，质地细嫩，麻辣鲜烫，汁浓味厚。

名师指点

水煮牛肉相传起源于北宋。当时，四川自贡一带就已成为著名的井盐产地，使用牛作为吸取盐卤的劳力。当役牛老弱淘汰后，盐工们即就地宰杀，将牛肉水煮略加食用井盐、花椒等佐食。其肉嫩味鲜，因此得以广泛流传，成为民间一道传统名菜。后来，菜馆厨师又对“水煮牛肉”的用料和制法进行改进，成为了流传各地的名菜。此菜中的牛肉片，不是用油炒的，而是在辣味汤中烫熟的，故名“水煮牛肉”。

“水煮”系列的菜，以麻辣为主体口味，咸香为基础口味。在调制时，重点在“味厚”这个特点上，调味品以豆瓣酱、干辣椒、花椒为主。

举一反三

水煮牛肉的牛肉可以不浆直接投入味汁中浸煮，也可上浆后油滑至熟，再投入味汁中浸煮，或上浆原料（碱面吸水助嫩）沸水至熟，再入味汁煮。在原料变化上可制作“水煮肉片”“水煮鳝段”“水煮毛肚”“水煮鱼片”等。

任务3 清炖——清炖鸭

原料组配

主料：净母鸭1只（约1000g）。

调料：胡椒粉1g，味精2g，精盐5g，料酒1g，葱段20g，姜块20g。

操作过程

① 将鸭洗净后用清水浸泡，去净血水待用。

② 锅洗净，掺清水2500g置旺火上，放入母鸭烧沸，撇净浮沫，加料酒、葱段、姜块，移至小火上炖制，待鸭肉软烂时，放入精盐、味精、胡椒粉，将其盛入汤盆即成。

工艺关键

① 母鸭必须宰杀干净，并去净血水。

❷ 母鸭在炖制时，应使用小火长时间加热。

❸ 母鸭在炖制过程中，应一次性加足水，不能在炖制中途加水。

风味特点

鸭肉软烂，汤味鲜美，营养丰富。

名师指点

清炖是将原料经沸水烫或焯水后，去掉血污杂味，洗净后，再放入澄清的汤汁（或清水）中，加调味品，慢慢炖至酥烂的方法。这类炖法有汤汁清澈、原汁原味的特点。

举一反三

依此烹调方法，变换主料还可烹制“清炖鸡”“清炖鸽子”“清炖乌鸡”“清炖牛腩”“清炖羊肉”“清炖排骨”“清炖甲鱼”“清炖蛇”“砂锅鱼头”“清炖蟹粉狮子头”“清炖鱼”等菜肴。

任务4 隔水炖——清炖鸡

原料组配

主料：嫩光鸡1只（约2kg）。

调料：精盐4g，味精1g，料酒10g，葱、姜片各适量。

操作过程

❶ 鸡去内脏，在热水锅中焯净血污后取出洗净，放在陶制的容器中，加入清水500g左右、葱片、姜片、料酒，用桑皮纸密封，勿使漏气。

❷ 将密封容器放在水锅中，锅中加水要低于锅内容器，盖紧锅盖，用旺火炖3h左右，直至鸡肉酥烂为好。上桌前放入精盐、味精调味。

工艺关键

❶ 容器必须用瓷制和陶制品，如砂锅、钵头等。原料进入容器，一般要糊以桑皮纸，把口封严。一方面防止原料的香味、鲜味散失，一方面也防止水锅的水浸入，破坏鲜味。

❷ 容器置于滚沸水锅中，水面必须低于容器。低于多少，以水沸起水泡不能浸过容器为度；但锅中的水又必须保证整个加热过程的需要，即中途水不能耗干。水较少时必须马上补进新的开水。

❸ 在整个加热过程中，水面要始终保持沸腾，使水的热量源源不断地通过容器传给原料，促进肌体组织分解，溢出鲜味。为了保证水的沸腾，仍然是间接受热，与微火加热作用相同。

风味特点

汤汁清鲜，鸡肉酥香。

名师指点

隔水炖是指原料经沸水烫后去血污杂味，再放入陶、瓷之类容器内，加葱、姜、酒等调味品与汤汁（一般不用有色调味品），用桑皮纸封口，置于水锅中，隔水烧沸将原料炖至酥烂。这种方法的最大优点是在整个加热过程中，温度比较稳定，原料间接受热，肌体营养缓缓分解，原料的鲜香味不易走失，富有原料原有的风味，而且汤汁澄清。因此，高级炖菜大都采用这种炖法。

举一反三

依此烹调方法，变换主料还可烹制“清炖鸭”“清炖鸽子”“清炖乌鸡”“清炖牛肉”“清炖排骨”“清炖猪蹄”“清炖甲鱼”“清炖蛇”“砂锅鱼头”“清炖鱼”等菜肴。

任务5　砂锅炖——砂锅豆腐

原料组配

主料：嫩豆腐500g。

配料：小虾仁50g，油菜心50g，鲜蘑菇50g。

调料：浓鸡汤500g，精盐8g，料酒5g，味精3g，葱段10g，香菜梗5g，干辣椒7g，调和油30g。

操作过程

1. 豆腐切成2.5cm见方的方块，用开水焯一遍，捞出控净水。
2. 油菜心根部用刀剞上十字口，洗净，鲜蘑菇撕成长条片，干辣椒切成小段，香菜梗切成段。
3. 锅内放油烧热，加入葱段、干辣椒段炸出香辣味，将葱椒油倒入碗内待用。
4. 将鸡汤倒入砂锅内，放入豆腐、鲜蘑菇、料酒、精盐用旺火烧开，小火炖约10min，再加油菜心、虾仁，烧开打去浮沫，最后加入精盐、味精、香菜段和炸好的葱椒油即可。

工艺关键

1. 豆腐应选择用卤水制的嫩豆腐。
2. 油菜心和虾仁入锅后加热时间不能太长，即要使其成熟，又要达到鲜嫩的要求。
3. 砂锅上桌时，底部要用一小圆盘托住。

风味特点

红绿白三色相映，豆腐软嫩，汤汁鲜美。

名师指点

砂锅骤然受热受冷，会引起急剧膨胀或收缩，因而造成破裂。新买来的砂锅，往往漏水，这是因有许多砂眼的缘故。新锅第一次使用时，最好做面汤或稀粥，吃完后，先不刷锅，把它放火炉边烤一下，使锅里的面糊干结，堵住锅壁上那些微小的砂眼，然后洗净。这样，砂锅就不会漏水了。

举一反三

依此烹调方法，变换主料可烹制“砂锅鸡”“砂锅鱼头”“炖菜核”“砂锅鱼头豆腐”“三鲜砂锅”“肥肠砂锅”等。

技能考核

考核样题

1. 在规定时间内完成2个指定菜（橘瓣鱼氽、烩鸡丝），1个抽签菜（西湖牛肉羹、清炖鱼、水煮肉片、汤爆双脆）。

2. 在规定时间内完成2个指定菜（水煮牛肉、清炖鸡），1个抽签菜（素烩四宝、氽丸子、宋嫂鱼羹、什锦素烩）。

注：具体考核项目，可根据本地、本校实际情况，参照教学大纲和中式烹调师操作技能考试国家题库，进行适当调整。

考核要求

1. 考场要求

（1）考场要干净卫生，便于考核。

（2）根据考核人数，配备一定数量素质较高的现场监考人员和其他服务人员。

（3）每位考生操作使用面积不少于3m^2。

（4）设备、考位应统一编号。

（5）成品送评判室前要实行编号制。

2. 学生要求

（1）提前10min到场，抽取考核顺序号。

（2）听从监考人员的指挥，降低焦虑心态，做好心理调节。

（3）穿戴整洁的工作服、工作帽。

（4）按照考核要求，备好有关烹调工具、盛器和原料。

评分标准

试题总成绩实行百分制积分方法，60分以上为及格。其中每道菜按百分制评分，其中现场操作30分，成品质量70分，评价指标见表11-1。

表11-1　热菜烹调工艺单元考核评分表

评价指标		技术要求	标准配分	实得分
现场操作（30分）	切配加工过程	规范有序，动作协调适当，刀工娴熟，刀法准确	7分	
	烹调制作操作	程序合理，烹调方法运用恰当，勺工熟练协调，调味准确快捷	8分	
	节约减耗	在水、电、燃气使用方面注重节能减耗，原材料使用合理，废弃物处理妥当，没有浪费现象	5分	
	安全卫生	个人卫生符合要求，操作过程安全，现场整洁有序，原料存放安全卫生，器具干净卫生	5分	
	组织纪律	听从老师安排，遵守考试纪律和规定，按时独立完成作品制作	5分	

续表

评价指标		技术要求	标准配分	实得分
成品质量（70分）	观感	成形美观，刀工细腻，规格整齐，汤汁或芡汁适度，色泽自然，装盘协调	16分	
	味感	味型恰当，口味纯正，主味突出，调味适当，无焦煳、腥膻等异味	16分	
	质感	火候得当，质感鲜明，符合应有的口感特点	16分	
	营养卫生	作品清洁卫生，生熟分开，点缀装饰恰当，营养保持合理	16分	
	实用性	可食性高，实用性强，数量符合规定要求	6分	
合计			100分	

模块十二

蜜汁与拔丝工艺

实训目标

1. 了解“蜜汁”“拔丝”工艺的概念、工艺流程、成菜特点、分类、代表菜品。
2. 掌握各种“蜜汁”“拔丝”烹调方法的选料要求、工艺关键和技术要领，并能举一反三。

实训方法

教师讲解→示范操作→学生练习（分组或个人）→教师指导→综合讲评→填写实训报告。

项目一　蜜汁

任务1　蜜炖——蜜汁红薯

原料组配

主料：红薯500g。

配料：山楂糕25g。

调料：蜂蜜25g，白糖100g，桂花酱10g。

操作过程

❶ 红薯削皮切成长约4cm、厚约2cm的滚刀块，放入清水中洗净备用，山楂糕切成豌豆大的粒。

❷ 洁净炒锅置于炉火上，加入清水用旺火烧开，放入白糖、红薯块旺火烧沸，再用

小火将红薯煨至软糯，放入蜂蜜、桂花酱，收浓汤汁，装入盘中，撒上山楂糕粒即可。

工艺关键

1. 原料改刀成形要均匀。
2. 要甜度适中，不可太腻。
3. 熬制汤汁时要求使用小火，防止熬焦或熬烂原料。

风味特点

色泽橙红油润，甜香软糯。

名师指点

蜜炖是将加工好的原料放进清水锅中，加入白糖、蜂蜜，旺火烧沸后，转微火炖制，至原料软烂且汤汁黏稠时，勾芡（也可不勾芡），出锅成菜。这种方法成菜，也需掌握好火力和时间，质脆的原料（如苹果、雪梨）时间应稍长一点，质软易烂的原料（如香蕉）时间应稍短一些。总的来说，炖制时都应用小火慢炖，以免出现原料外烂而内硬的现象。

举一反三

依此烹调方法，变换主料和形状可烹制“蜜汁橄榄山芋”“蜜汁山药”“蜜汁葫芦”“蜜汁红果”“冰糖银耳”“冰糖莲子”“冰糖哈士蟆”等。

任务2 蜜汁——蜜汁三果

原料组配

主料：山楂250g，栗子200g，水发莲子200g。

调料：桂花酱5g，蜂蜜50g，白糖150g，调和油30g，芝麻油5g。

操作过程

1. 山楂放入沸水中略煮后去外皮，并用圆筒刀子捅去山楂核；栗子在顶部用刀切十字小口，刀纹深度为栗子的1/4，然后放入沸水中略煮，捞出后剥去外皮。
2. 将栗子、莲子放入大盆内，加清水、白糖（20g）入笼蒸约20分钟，滗水备用。
3. 炒锅置中火上，加少许调和油烧至三成热，加入白糖（30g），炒至糖汁呈深红色时，加入清水，加入白糖（100g）、山楂、栗子、莲子，用小火收煨至汁水为原料的三分之一时，再加入蜂蜜、桂花酱，至汁浓稠，淋入芝麻油搅匀，盛入盘内即可。

工艺关键

1. 蒸栗子、莲子时，要加糖蒸，否则不易蒸酥糯。
2. 收汁时要用小火。

风味特点

色泽鲜艳，汁红光亮，香甜软烂，原料各味相融，略带桂花香味。

名师指点

蜜汁的熬煮方法有两种：一种是将原料下锅加水、白糖（冰糖）直接熬制，另一种是将糖用少量油稍炒至微黄色，加水（或加些蜂蜜）烧溶，再将原料放入一起熬煮。

举一反三

依此烹调方法，变换主料可烹制“蜜汁山药”“蜜汁山药饼”“蜜汁苹果”“蜜汁葫芦（面粉、鸡蛋制成）”等。

任务3 蜜蒸——蜜汁火方

原料组配

主料：熟南腿中峰750g。

配料：莲子50g，松子仁50g。

调料：糖桂花5g，蜂蜜30g，白糖25g，调和油500g（实用约20g），湿淀粉25g。

操作过程

1. 将火腿修切成大方块，皮朝下放在菜墩上，用刀剞成小方块，深度至肥膘的1/2，但要皮肉相连。皮朝下放入碗内，加清水上笼蒸2h取出，换清汤，加冰糖再上笼蒸约1h取出，放入莲子再蒸30min，取出滗出汤汁，装入盘中。
2. 炒锅置于旺火上烧热，加调和油加热至五成热，投入松子仁略炸至金黄色，取出待用。
3. 锅内倒入滗出的汤汁，加蜂蜜烧开，用湿淀粉勾芡，放入糖桂花搅匀，浇在盘中的火腿上面，再撒上松子仁即可。

工艺关键

1. 要求选用质量上乘的火腿。
2. 剞花刀时深度不能太深，且要求刀距均匀一致。
3. 勾芡的淀粉使用量不宜过多，尽量用小火收汁的办法来收浓汤汁。

风味特点

蜜汁芬芳，味甜咸香，酥烂甘鲜，此菜为苏州名菜。

名师指点

蜜蒸又分为两种方法：一是将预制好的原料码入碗内，加少许清水和白糖，上笼蒸酥烂取出，把蒸汁滗入锅中，加入适量蜂蜜，上火熬至有黏性时，勾少许湿淀粉成蜜汁。接着把蒸好的原料翻扣于盘中，将锅中蜜汁浇在盘中原料上即成。二是将调好味的原料在盘中拼摆成一定的形状，然后上笼蒸熟，取出后，浇淋上用白糖、蜂蜜和水熬成的蜜汁即成。

用蜜蒸方法成菜，需掌握好两点：一是要掌握好蒸制的火力和时间，定碗蒸制，应用旺火大气，以保证成品熟透软烂；摆型蒸制，应用中火蒸制，以原料刚熟为好。二是蒸制时均要用保鲜膜盖住原料，以免滴进蒸馏水，影响成菜口味。

举一反三

依此烹调方法，变换主料可烹制“蜜汁排骨”“冰糖云腿”“龙眼南瓜”“蜜汁仙桃”等。

项目二　拔丝

任务1　拔丝——拔丝土豆

原料组配

主料：土豆500g。

调料：白糖150g，清水100g，芝麻油5g，花生油1000g（实用约50g）。

操作过程

1. 将土豆洗净去皮，切成滚料块。
2. 炒锅内加入花生油烧至150℃时，把土豆放入油内，炸熟透至金黄色时捞出控净油。
3. 炒锅刷净，加清水、白糖，用小火熬至浓稠时淋上芝麻油，待糖变色出丝时，倒入炸好的土豆，离火颠翻炒锅，使糖液完全粘裹在土豆上，倒入抹过芝麻油的盘内，上席时带一碗凉开水。

工艺关键

1. 炸制土豆的油温不宜过低，否则容易熟烂且不上色。
2. 熬制糖液时，要注意观察糖液的颜色和浓度变化，不要煳锅。

风味特点

色泽金黄，甜酥香嫩，牵丝不断。

名师指点

用水熬糖时，先将炒勺冲涮干净，然后放入水和糖（糖水的比例为每100g糖，25～30g水），将勺置中火上炒制。炒时要用手勺不停地搅动，其目的是使糖浆受热均匀。应该注意的是，搅动的频率不可太快，加为搅动时除了能够使糖浆受热均匀外，还可以起到一定的降温作用。糖与水受热后，观其变化时，首先出现的是大泡，搅动时的感觉如搅动清水差不多。待炒一会儿后，由于水分的蒸发和糖的溶化，糖浆开始稠黏，搅时略微有阻力，此时，可少滴一点油，以增加润滑，便于搅动。再搅几下，大泡逐渐减少，变成一些小泡并进一步由稠变稀，这时要密切注视糖浆的变化，用手勺舀起糖浆再倒回勺中糖液似断线小珠连绵不断并有清脆的哗哗响声时，温度160～170℃，糖浆即已炒好，马上放入主料。

水炒糖用白砂糖为宜，其特点是色泽白亮、丝细而长，适用于色白清亮的原料（如蛋清、白肉、橘子等）。其缺点是炒糖的时间长。

举一反三

依此方法，变换主料和形状还可以烹制出“拔丝红薯”“拔丝山药”等菜肴。

任务2 拔丝——拔丝苹果

原料组配

主料：苹果300g。

调料：面粉50g，鸡蛋2个，干淀粉20g，水适量，白糖15g，调和油1000g（实用约100g），糯米纸1张。

操作过程

1. 将苹果削皮切成滚料块，拍上干淀粉。将鸡蛋、面粉、水调制成糊，将苹果挂上糊待用。
2. 将挂糊的原料投入七成热的油锅内炸制至结壳、呈金黄色时倒入漏勺沥油。
3. 炒锅加底油和糖，炒至糖熔化。待糖液呈棕黄色时投入炸好的原料颠翻，使苹果粘匀糖液后。倒入铺有糯米纸垫底的平盘内，上桌时配一碗凉开水。

工艺关键

1. 糊要先调匀后再投入苹果，否则挂糊不匀。
2. 水果类原料含水分较多，过油时的油温宜高且时间要短。
3. 熬糖时锅要刷净、擦净且底油要少，否则原料裹不上糖液。
4. 要注意观察，掌握出丝火候。

风味特点

色泽金黄透亮，银丝缕缕，香甜可口。

名师指点

做拔丝菜时，使用的糊有三种，即蛋清糊、全蛋糊和蛋泡糊，但并不是每一种拔丝菜都需要挂糊，而是根据所用原料的不同性质，来决定是否挂糊。一般含淀粉多的根茎类蔬菜则不需要挂糊，如地瓜、土豆、山药等；橘子、葡萄、西瓜含水量多，制做时容易破碎或变形，水分和营养成分也很难保持，而蛋泡糊体积大，封闭性好，又有一定的吸水能力，因此，这种糊最适宜制做“拔丝橘子”“拔丝葡萄”“拔丝西瓜”等含水量极多的菜肴。而“拔丝苹果”“拔丝白梨”“拔丝香蕉”这些菜肴的原料与前者相比，含水量较少，挂上蛋清糊或全蛋糊，就可以对原料起到保护作用。

举一反三

依此烹调方法，变换主料和形状可烹制出“拔丝南荠”“拔丝香蕉”“拔丝蜜瓜”“拔丝湘莲”“拔丝栗子”“拔丝金枣”等菜肴。

任务3 拔丝——拔丝葡萄

原料组配

主料：鲜葡萄20个。

配料：鸡蛋清5个，面粉75g，干淀粉20g。

调料：熟猪油2kg（实用约70g），白糖40g，芝麻油少许。

操作过程

1. 将逐个摘下来的葡萄用冷水洗净，然后用开水烫一下，一两分钟后捞出去皮，去皮的要领是在葡萄的蒂把孔首先剥起，性不能急，手不宜重，如果是有核葡萄还需要去核，去核也是由蒂把孔处用牙签向下直透，剥净核为止。
2. 取一大平盘放入面粉，将葡萄放入滚拍上，以面粉沾匀为好。
3. 取蛋清放汤盘内用筷子抽搅，视筷子能立糊中不倒为止，糊中加干淀粉搅匀即可。
4. 锅中加油烧至油四成热时，用筷子夹住葡萄蘸裹上蛋泡糊逐个放入，此时动作要快，尽量使先后下入葡萄时间差为最短。糊要挂严，切勿使葡萄暴露于糊外，见蛋泡糊炸成浅黄色时，即可捞出控净油分。
5. 锅内放底油5g，放入白糖，用手勺推炒，眼、耳、鼻结合观察，见糖起小泡，听有哗哗声，闻有熟糖香味，即可放入炸好的葡萄，轻颠轻翻，见糖浆挂满，洒少许芝麻油，倒入撒有糖粉的盘中，带一碗凉开水迅速上桌。

工艺关键

1. 把蛋泡糊打好，以能站住筷子为宜。
2. 蛋泡糊要挂均匀，炸制时间不宜过长。

风味特点

色泽金黄明亮，外脆里嫩，香甜适口，金丝细长均匀。

名师指点

从理论上讲，挂蛋泡糊的拔丝菜不宜用植物油。用含水分多的水果原料如橘子、苹果、香蕉等做拔丝菜时，如果挂的是蛋泡糊，则须用动物油烹制，若挂的是全蛋糊，无论用动物油，还是用植物油都可以使糖挂得均匀饱满，拔丝效果好。这是因为蛋泡糊含亲糖分子基因少，糖分子的着落点少，所以拔丝菜肴表面不均匀，拔丝效果不佳。全蛋糊含有蛋黄，增加了磷脂等亲糖分子的基因成分，所以，原料挂全蛋糊后用植物油炸制，也可以达到挂糖均匀、拔丝好的效果。另外，动、植物油在成分上有很大差异，如动物油含饱和脂肪酸，胆固醇等成分都是植物油所没有的，而这些成分能使动物性油脂的亲糖分子基因增多。所以，挂蛋泡糊的拔丝菜不宜用植物油。

举一反三

依此烹调方法，变换主料和形状可烹制“拔丝西瓜”“拔丝蜜橘”“拔丝菠萝”“拔丝冰淇淋”等菜肴。

技能考核

考核样题

1．在规定时间内完成2个指定菜：蜜汁红薯、拔丝土豆。

2．在规定时间内完成2个指定菜：冰糖银耳、拔丝苹果。

注：具体考核项目，可根据本地、本校实际情况，参照教学大纲和中式烹调师操作技

能考试国家题库，进行适当调整。

考核要求

1．考场要求

（1）考场要干净卫生，便于考核。

（2）根据考核人数，配备一定数量素质较高的现场监考人员和其他服务人员。

（3）每位考生操作使用面积不少于3m^2。

（4）设备、考位应统一编号。

（5）成品送评判室前要实行编号制。

2．学生要求

（1）提前10min到场，抽取考核顺序号。

（2）听从监考人员的指挥，降低焦虑心态，做好心理调节。

（3）穿戴整洁的工作服、工作帽。

（4）按照考核要求，备好有关烹调工具、盛器和原料。

评分标准

试题总成绩实行百分制积分方法，60分以上为及格。其中每道菜按百分制评分，其中现场操作30分，成品质量70分，评价指标见表12-1。

表12-1　拔丝、蜜汁烹调工艺评分表

评价指标		技术要求	标准配分	实得分
现场操作（30分）	切配加工过程	规范有序，动作协调适当，刀工娴熟，刀法准确	7分	
	烹调制作操作	程序合理，烹调方法运用恰当，勺工熟练协调，调味准确快捷	8分	
	节约减耗	在水、电、燃气使用方面注重节能减耗，原材料使用合理，废弃物处理妥当，没有浪费现象	5分	
	安全卫生	个人卫生符合要求，操作过程安全，现场整洁有序，原料存放安全卫生，器具干净卫生	5分	
	组织纪律	听从老师安排，遵守考试纪律和规定，按时独立完成作品制作	5分	
成品质量（70分）	味感	拔丝菜香甜可口；蜜汁菜口味浓甜纯正，主味突出，调味适当，无糊味、腥膻味、异味等	16分	
	质感	火候得当，质感鲜明。拔丝菜外壳脆；蜜汁菜清甜细润，或浓香肥糯，或绵软酥烂。由于失饪造成生、糊不能食用，菜品不予判分。	16分	
	观感	刀工成形大小均匀，整齐美观。拔丝菜能抽出绵绵不断的糖丝，色泽光亮黄红。蜜汁菜色泽淡雅，光亮透明，甜汁黏稠。餐具与菜肴谐调	16分	
	营养卫生	作品清洁卫生，生熟分开，点缀装饰恰当，营养保持合理	16分	
	实用性	可食性高，实用性强，数量符合规定要求	6分	
合计			100分	

模块十三

蒸烤焗与微波烹调工艺

实训目标

1. 了解“蒸”“烤”“焗”“微波烹调”工艺的概念、工艺流程、成菜特点、分类、代表菜品。
2. 掌握各种“蒸”“烤”“焗”“微波烹调”烹调方法的选料要求、工艺关键和技术要领，并能举一反三。

实训方法

教师讲解→示范操作→学生练习（分组或个人）→教师指导→综合讲评→填写实训报告。

项目一　蒸

任务1　清蒸——清蒸鱼

原料组配

主料：鲜鲤鱼1条（约600g）。

调料：葱段30g，姜片5g，料酒15g，精盐15g，胡椒粉1g，猪网油100g，姜汁味碟2个。

操作过程

1. 将鱼去鳞、鳃及内脏，洗净后，擦干其水分，在鱼身两侧分别斜剞6刀。
2. 加入料酒、精盐、姜片、葱段、胡椒粉码味20min。
3. 鱼入盘盖上猪网油，入笼用旺火蒸约10min，拣去猪网油、姜片、葱段，去掉蒸制时溢出的汤汁，随姜汁味碟上桌。

工艺关键

❶ 做鱼不能缺的调味品有白酒或料酒、芝麻油或其他油类、盐、葱、姜等，将调味料放入鱼腹中，可使鱼的味道更鲜，又可使蒸出的鱼显得饱满。蒸鱼本身味道很鲜美，所以省略味精、鸡精。

❷ 火候是清蒸鱼的关键所在，与很多清蒸菜一样，一定要在锅内水开后，再将鱼入锅，蒸10min立即关火。

❸ 鱼蒸好后，先别打开锅盖，利用锅内余温再蒸几分钟后出锅。此时的清蒸鱼，肉质松软，味美芳香，并具有较高的营养价值。

风味特点

鱼肉鲜嫩，汤汁清爽，咸鲜适口，原汁原味。

名师指点

不同的地区对“清蒸”，有不同的释义：① 蒸制中不用酱油等有色调料，使成品色泽清淡的方法。② 指主料不经挂糊、拍粉或煎、炸等处理而直接蒸制的方法。③ 指不加配料的蒸制方法。清蒸菜基本为原料本色，汤汁颜色也较浅；口味鲜咸醇厚，清淡爽口；质地松软、细嫩。

举一反三

小型的肉质鲜美的鱼都可以清蒸，较大的鱼可以切段，剞上花刀。比如可以制作“清蒸江团”“清蒸鲈鱼”“清蒸鳜鱼”“清蒸武昌鱼”“清蒸鮰鱼”“清蒸鲥鱼”等。除此之外，利用其他原料，还可烹制“清蒸鸡”“虫草鸭子”“生蒸羊肉”等。

任务2 粉蒸——小笼粉蒸牛肉

原料组配

主料：牛肉500g。

配料：熟粳米粉75g。

调料：酱油50g，姜米15g，郫县豆瓣20g，醪糟汁100g，辣椒粉10g，花椒粉25g，香菜50g，葱花25g，蒜泥10g，菜籽油适量。

操作过程

❶ 将牛肉去筋，横着肉纹切成厚片，加入豆瓣、酱油、菜籽油、醪糟汁、姜米、熟粳米粉拌匀，上笼用旺火蒸1h，至牛肉软烂后出锅。

❷ 将笼下垫一个盘子，并在牛肉上加辣椒粉、花椒粉、葱花、蒜泥、香菜拌匀即成。

工艺关键

❶ 肉片必须切的大小厚薄均匀，调味要匀，不宜过重。

❷ 米粉一定要用熟粳米粉，而且米粉的颗粒不宜太细，否则会影响口感。

❸ 蒸粉蒸肉宜先大火后用中火。

风味特点

牛肉软烂，粉料松香，咸鲜微辣，回味悠长。

名师指点

粉蒸是原料调味拌渍后粘裹上一层炒米粉后再蒸的方法。拌米粉时，要根据原料的质地老嫩、肥瘦比例来确定米粉的用量，一般掌握在1：（0.06～0.1）。拌制的干稀程度要适当，以原料湿润而不见汤汁为准。

举一反三

改变主料可以制作许多类似的菜，如鄂菜“粉蒸鲭鱼”“沔阳三蒸”（蒸肉、蒸白丸和蒸珍珠丸子），川菜“粉蒸牛肉”，清真菜“粉蒸羊肉”等。

任务3　包蒸——荷叶粉蒸肉

原料组配

主料：猪五花肉500g。

配料：熟粳米粉60g，鲜荷叶3张。

调料：鲜豌豆200g，酱油15g，醪糟汁10g，姜末5g，精盐5g，花椒1g，豆腐乳汁10g，葱青叶5g，郫县豆瓣酱30g，糖色适量，熟菜油（或调和油）10g，鲜汤150g。

操作过程

1. 猪五花肉刮洗干净，切成约10cm长、4cm宽、3cm厚的片，装入盆内，加入精盐、酱油、豆腐乳汁、郫县豆瓣酱、姜末、花椒（铡碎）、葱青叶（切碎）、糖色、熟菜油（或调和油）、米粉、醪糟汁、鲜汤拌匀，浸渍入味。
2. 将荷叶洗净去梗，每张切成4块（共切12块）；将荷叶铺在案板上，每块荷叶上放两片猪肉和适量米粉，逐份包好后摆放在碗内，上笼蒸熟取出扣在盘内即成。

工艺关键

1. 要选用猪五花肉，且要将肉刮洗干净。
2. 调味腌渍时，调味要适中，不要太咸。
3. 上笼蒸制时要用旺火一次蒸制成熟。

风味特点

色泽红亮，咸鲜微辣，醇香味厚，软糯化渣，带有荷叶香味。

名师指点

包卷蒸法是将原料加工成丝、片、糜状等小型状，用调味品拌渍成馅，用荷叶、竹叶、芭蕉叶、油皮、菜叶、网油、吊蛋皮等包卷后，放入器皿中用蒸汽加热至熟的方法。被包卷的原料一般多为米、粒、糜状的鲜嫩原料，其调味以口味鲜咸为特色。包卷用料多为大片状，一般有卷包法和裹包法。其形体有长方形、圆形、三角形等多种，一定要裹严，不可漏馅。

举一反三

依此方法，变换原料还可烹制“荷叶粉蒸鸡”“荷叶蒸鱼”“荷叶蒸枸杞香菇鸡”“荷叶蒸鳗”“荷叶蒸排骨”“荷叶鸭子”“芭蕉蒸鱼”等菜肴。

项目二　烤

任务1　明炉烤——烤羊肉串

原料组配

主料：羊肉250g。

调料：芝麻油25g，孜然5g，辣椒粉10g，花椒粉2g，精盐4g，味精1g，酱油10g，料酒20g，香料粉15g。

操作过程

❶ 将羊肉洗净，切成片或条块，加入精盐、味精、酱油、料酒、香料粉拌匀，静置1h，再用竹签或用铁签串成串待用。

❷ 将精盐、味精、辣椒粉、花椒粉调匀呈麻辣味，盛入碟中待用。

❸ 将羊肉串平放在烤炉上，采用微火慢烤，随时刷上芝麻油，撒上孜然、香料粉，待肉串成熟时，配上麻辣味碟，食用时蘸味即可。

工艺关键

❶ 选料要精，无筋络；拌味要均匀，静置时间要够。

❷ 串肉时不能用力挤压太紧，以免影响成熟。

❸ 烤时注意翻动原料，随时调节火力。

风味特点

焦香鲜嫩，有孜然香味。

名师指点

串烤是把加工成片、块的原料经腌渍后，用金属扦串起来在明火上炙烤，使之成熟并上色的烹调方法。

现有羊肉串电烤炉，专用于串烤类的菜肴；还有先用油进行熟处理，再采用电烤或酒精火炉烤。

举一反三

依此烹调方法，变换主料还可烹制“烤杂肉串”“烤鳜鱼串”“烤海鲜串”“串烤鱿鱼”等菜肴。

任务2　烤箱烤——烤鲤鱼

原料组配

主料：鲤鱼1000g。

调料：孜然粉25g，辣椒粉15g，葱250g，姜50g，味精2g，精盐5g，料酒10g，花椒粉5g，芝麻油适量。

操作过程

❶ 将新鲜鲤鱼剖腹、去内脏、去鳃、洗净，用刀尖沿脊骨两侧下刀剔去脊椎骨，用

刀跟轻轻排剁几下，葱切段、姜切片、拍松以后加少量花椒、孜然、辣椒粉、精盐、料酒揉搓均匀。

❷ 将揉搓后的调味品在鲤鱼表面和肉面擦匀，腌渍30min。

❸ 将鲤鱼腹腔内填上余下的葱、姜，放入以葱、姜垫底的烤盘上，放在烤箱内，用表火200℃、底火200℃烤制25min，待鲤鱼鳞片香脆时取出，在鱼身上刷上芝麻油，撒上孜然、花椒粉、辣椒粉入烤炉续烤2min后取出装盘。

工艺关键

❶ 烤制时要注意控制好火候。

❷ 去脊骨时要注意手法。不要将鱼皮戳破。

风味特点

形状完整，鳞脆肉鲜嫩，香气浓郁。

名师指点

烤箱烤是将原料放入烤箱进行烤制的方法。烧烤温度和烤制时间视原料肉而定。一般为200～220℃，加工叉烧肉烤制25～30min，加工鸭（鹅）烤制30～40min，加工猪烤制50～60min。

举一反三

依此烹调方法，变换主料还可烹制出“烤鳜鱼”“烤鲈鱼”“烤鳝鱼”“烤乳鸽”等菜肴。

任务3　叉烤——叉烧肉

原料组配

主料：猪后腿肉1000g。

调料：精盐15g，白酒20g，白糖80g，酱油25g，八角粉2g，豆瓣酱15g，饴糖50g。

操作过程

❶ 将猪肉去皮，切成长约40cm、宽约5cm、厚约2cm的肉条，将全部调味品放入盆内与肉条拌匀，腌渍约1h，中途翻拌两次。

❷ 将腌好的肉条逐条穿上叉环（用铁条制成的叉肉工具，成倒丁字形。横铁条两头穿上肉条，中间的竖铁条顶端有挂钩，用以挂在叉烧烤炉内烧烤），肉条穿连好后，将叉环逐排挂入叉烧炉内。

❸ 肉条入炉后即将炉盖盖紧，火力要先弱后强，烤约0.5h至肉条呈金黄色时取出，刷上饴糖，上菜时切片装盘即成。

工艺关键

❶ 穿肉时应该将瘦肉和半肥半瘦的肉分开各穿一环。

❷ 肉条入炉烤制时应该先烤瘦肉部分，后烤带肥肉部分，以免肥肉失油过多，影响菜肴质量。

❸ 烤制时要不断注意炉内肉条的变化，不要烤煳。

风味特点

色泽金黄，内咸外甜，微含蜜香，回味甘甜，肥而不腻。

名师指点

叉烤又称叉烧，是把腌渍后的原料叉在特制的叉子上，放入炉内烧烤的技法。

举一反三

依此烹调方法，变换主料还可烹制“烤乳猪”“叉烤鸭”“烤酥方”等菜肴。

任务4 挂炉烤——烤鸭

原料组配

主料：净填鸭1只（约2kg）。

配料：荷叶饼适量。

调料：饴糖水35g，甜面酱、葱白段、蒜泥等适量。

操作过程

❶ 向鸭体皮下脂肪与结缔组织之间充入气体约八成满，使鸭体膨胀，再掏膛，取净内脏、气管、食管，将高粱秆做成的鸭撑放进鸭膛，将鸭脯撑起，并用清水冲洗鸭膛，将鸭子挂在铁钩上。随后用开水烫洗鸭皮，使其绷紧，油亮光滑。然后打糖色，在鸭身上均匀地浇淋上饴糖水，使鸭皮呈浅枣红色，接着将鸭子挂在阴凉通风处吹干。

❷ 通常用挂炉烤。在烤鸭入炉之前，先在肛门处塞入一节8cm长的高粱秆塞严肛门（有节处塞入肛门里边），并从刀口处灌入八成满的开水。鸭子进炉后，先烤鸭的右背侧（即有刀口的一侧），使热气从刀口处进入鸭膛，把水烤沸，6～7min后转向左背侧烤3～4min，再烤右体侧3～4min，并燎左裆30s；烤右体侧3～4min，燎右裆30s；鸭背烤4～5min。按上述顺序循环地烤，直到鸭身呈红色成熟为止。

❸ 烤鸭出炉后，倒出膛内开水，再片鸭，装盘，跟荷叶饼、甜面酱、葱白段、蒜泥上席。

工艺关键

❶ 鸭坯充气要适中，太足会破口或跑气，太少则干瘪不丰满。

❷ 烫淋鸭皮要适度，过度则鸭皮出油不易着色，太少则毛孔不能紧闭，容易跑气，烤鸭皮面松弛。

❸ 打糖上色要进行两次，以保证上色均匀，成品色泽好。

❹ 烤炉内温度要稳定在230～250℃，过高则鸭皮紧缩，两肩发黑；过低则会使胸脯出皱褶。同时，不要使鸭脯直接对着火烤。

❺ 鉴定是否烤好的依据，除时间外，还可掂重量，熟鸭比生鸭减少1/3左右；看颜色，烤熟的鸭子色呈枣红，油润光亮。

风味特点

烤鸭色泽红润，皮脆肉嫩，腴美醇香。烤鸭肉最宜蘸上甜面酱，和着葱白丝，卷入荷叶饼或夹在空心芝麻烧饼里吃。还可根据食者爱好，配上黄瓜条和萝卜条，以清口解腻。

名师指点

挂炉烤是将加工处理好的原料（一般抹糖浆），吊挂在大型烤炉内，利用燃烧明火产生的辐射热把原料加热成菜的技法。这种烤制成品的松脆性，比焖炉烤、叉烤的效果更好。但是窗口散发水分的同时，也引起了炉内温度的不匀。因此在烤制时，采取观察、转动等技术措施调整，以使制品表层色泽均匀，内外成熟一致。

举一反三

依此烹调方法，变换主料还可烹制“烤鸡”“烤鹅”等菜肴。

任务5　泥烤——叫花鸡

原料组配

主料：光鸡1只（约1200g）。

配料：猪肉100g，鸡胗1个，火腿25g，香菇50g，虾仁25g，猪网油150g。

调料：葱25g，姜10g，花椒1g，芽菜或榨菜75g，精盐20g，味精1g，酱油10g，胡椒粉2g，料酒100g，白糖5g，香料粉5g，食用油30g，芝麻油5g，葱酱碟、芝麻酱碟适量。

辅助材料：黏泥适量，草屑100g，荷叶6张，微波炉纸1卷，细麻绳3m。

操作过程

1. 将黏泥、草屑、盐、水拌和均匀，捶揉至细腻带有黏性，将黏泥平抹在纸上待用。
2. 将鸡肋开去尽内脏，洗净血水，去掉头、颈骨、翅膀、腿大骨，将精盐、料酒、姜、葱、香料粉拌匀，均匀地抹在鸡的内外肉上，静置1小时待用。另将猪肉、鸡胗、火腿、香菇、虾仁分别加工成丁；芽菜洗净切成短节；姜加工成米粒；葱加工成葱花。
3. 炒锅置火上，放油烧至六成油温，放入猪肉、鸡胗、火腿、香菇、虾仁、芽菜快速翻炒至原料断生，加姜米、葱花炒香，放入精盐、味精、白糖、酱油、胡椒粉、香料粉、料酒炒匀起锅，然后装入鸡腹腔内，用网油裹包紧，扎上气眼，再依次用处理后的荷叶、微波炉纸、细麻绳扎捆成形，最后用黏泥包裹成椭圆形，扎一个眼孔，为“泥包鸡坯”。
4. 烤箱预热至230℃，放入“泥包鸡坯”加热30min后，用泥封住气眼，调节温度至180℃加热1h，并每隔20min翻一次，再调节温度至100℃加热1h，取出，装入大平盘中。
5. 敲开泥壳揭去微波炉纸、荷叶、网油，取出鸡腹内的原料放在盘的一端，鸡斩成块放在盘的另一端刷上芝麻油，配上葱酱碟和芝麻酱碟即成。

工艺关键

1. 鸡浸渍要入味，香料要齐备。
2. 包裹鸡时要整洁牢固，防止黄泥渗入。现在也可用面粉加入清水、精盐和成团，代替黄泥也可。

3. 烤制时如果包裹鸡的泥出现干裂，应及时用湿泥填上。注意扎放气眼，以保持形状完整、成熟度一致。

风味特点

干香酥烂，原汁原味，鸡皮金黄肥润，肉质鲜香异常。

名师指点

泥烤是将原料腌渍入味，用猪网油、荷叶、玻璃纸等包扎，外裹黏性黄泥后，放在特制的工具内（如远红外烤炉、家庭电调炉、缸炉等）烤制成菜的一种方法。泥烤传统的方法是采用明炉烤，现大多在封闭的暗炉中，甚至可在微波炉中进行。

举一反三

依此方法，变换主料还可烹制出“黄土泥烤鸽子”“泥烤鸭子”等菜肴。

项目三　焗

任务1　盐焗——盐焗鸡

原料组配

主料：光肥嫩母鸡1只（约1.2kg）。

调料：姜片10g，葱段10g，粗盐4kg，精盐12g，味精5g，八角末2g，沙姜粉3g，芝麻油5g，熟猪油75g，花生油适量。

操作过程

1. 炒锅置小火上，放入精盐炒热后加沙姜粉略炒取出，分成3小盘，每盘加入熟猪油15g拌匀，浸制10分钟成沙姜油；将熟猪油、精盐、芝麻油、味精制成味汁；将纱纸刷上调和油待用。
2. 将光鸡去内脏后洗净，再晾干，去掉嘴壳和趾尖，在翼的两边各划一刀，再于颈项处斩一刀（颈身仍相连）。然后用精盐、姜片、葱段、八角末擦匀鸡腔内，姜、葱留腔内，腌制15min，先用一张抹上花生的棉皮纸包好，再裹上一张锡箔纸待用。
3. 炒锅置火上，下粗盐炒至暗红色，取1/4于砂锅内，将鸡侧放在粗盐上，余下的盐盖在鸡身上，盖上锅盖，焗约15min，待盐温度降低后，再把盐取出炒热，将鸡反转再焗约7min至熟（时间视鸡大小和气温情况而增减）。
4. 将焗熟的鸡趁热去掉纸，拣去姜、葱，剥下鸡皮，鸡肉撕成大片，骨拆散，用味汁拌匀，放入盘中（骨垫底，肉在中间，皮在上），拼摆成鸡形，香菜点缀在两边。食用时佐以沙姜油。

工艺关键

1. 要选用肥嫩的仔母鸡来制作盐焗鸡。
2. 粗盐炒至温度达到120℃左右即可，不要温度太高。要用小火焗制，掌握好时间。
3. 制作沙姜油时需要先将精盐炒热后，再加入沙姜粉。

风味特点

清雅大方，皮爽肉清，骨香味浓，佐以沙姜油，味更香美。

名师指点

盐焗也称盐烙、盐煨，是将生料或半熟的原料经过腌制，晾干后用薄纸等包裹，埋入灼热的盐粒中加热成菜的一种烹调方法。盐焗的具体操作方法比较费时费事，也不能大批量生产。目前餐饮业中大多改为烤制，但不改变原料的加工处理方法，这就减少了炒盐的工序，操作也较为简便，火候容易调节，又能批量制作，风味也不比传统的盐焗逊色。有些地区在改用新法制作后就改称“盐烤”了，并有不少名菜，如盐烤河鳗、盐烤明虾、盐烤鳝鱼、盐烤荷叶鸭等。

举一反三

依此烹调方法，变换主料和形状可烹制“盐焗乳鸽”“盐焗鸭”“荷香竹节虾”等菜肴。

任务2　气焗——葡汁焗四蔬

原料组配

主料：罐装珍珠笋150g，鲜蘑菇150g，西蓝花250g，芥菜心300g。

调料（葡汁料）：玉米油30g，咖喱粉5g，面粉30g，素上汤或清水250g，盐、糖各5g，椰汁、淡奶各100g。

操作过程

1. 将鲜蘑菇择洗干净，切成厚片；芥菜心修齐洗净；西蓝花洗净切成小朵；珍珠笋倒出。分别将4种蔬菜放入沸水中焯熟，过冷水，捞出沥干，在一同整齐地排入盘中。
2. 煮葡汁：用玉米油炒香咖喱粉、面粉，加入素上汤慢火搅匀，再加入盐、糖、椰汁、淡奶，煮滚即离火。
3. 将葡汁淋在蔬菜上，放入温度为200℃的焗炉中，焗约5min，取出即成。

工艺关键

1. 葡汁味香浓嫩滑，是常用的调味汁。既可自制，市面也有现成瓶装出售。
2. 四种蔬菜焯水的时间稍长。

风味特点

香味浓郁，美味爽口。

名师指点

原料经腌制后，以气体为传热介质，焗至熟而成菜的烹调方法称为气焗。此法常用的导热的气体有：食油的蒸气、水蒸气和空气等。使用电焗炉焗时除了空气导热外，还有热辐射的作用。气焗产品常具有色鲜和味香浓等特点，而且操作比较简便。

“葡汁焗四蔬”是一种食味香浓的菜式。葡汁即椰味咖喱汁，它是由一位澳门厨师发明的，因主人怕味浓较辣的咖喱会让小孩接受不了，所以要求淡化咖喱，厨师便在咖喱中加入了椰奶，未料此菜大受客人欢迎，厨师便将之称为“葡汁”。“四蔬”为四种不同的蔬菜，没有一定要用什么材料，但通常是有一种叶菜类、一种根球类，再加上一种茎类的材料和一种菇类。

举一反三

依此烹调方法，变换主料和形状可烹制“炉焗生蚝”“蜜汁焗叉烧”等菜肴。

任务3 汤汁焗——葱姜焗肉蟹

原料组配

主料：鲜活肉蟹600g。

调料：姜30g，葱20g，蒜5g，精盐4g，味精3g，料酒10g，胡椒粉0.5g，蚝油5g，鲜汤60g，白糖3g，干淀粉20g，水淀粉15g，调和油750g（实用约40g）。

操作过程

1. 鲜活肉蟹冲洗干净。将蟹背朝下平放在砧板上，先去蟹脐，切下蟹厣，把肉蟹翻过来揭下缝盖，清除污物和杂质。生姜刮去外皮，葱剥去老叶，蒜剥去外皮，洗净备用。
2. 每个蟹螯分别剁成两段，再用刀背轻轻敲裂螯壳（便于成熟和入味），切去蟹爪前两节不用，蟹身切成块状，将蟹块和蟹螯段分别拍上干淀粉。姜切厚片，大葱用刀拍松后再切段，蒜剁成末。
3. 将精盐、味精、料酒、胡椒粉、鲜汤、白糖和蚝油放碗内，调成滋汁。
4. 炒锅置中火上烧热，加油烧至六七成热时，将蟹螯段和蟹肉块入油浸炸至断生，视原料表面呈橘红色时，捞出沥油。炒锅回置火上，加底油20g烧热，放入蒜末、姜片和葱段煸炒出香味，加入料酒；倒入肉蟹和蟹螯段，随即倒入滋汁迅速翻炒，然后转用小火，盖上锅盖焖2～3min后，拣出葱姜不用，移置旺火用水淀粉勾芡，视芡汁裹住原料后，淋入包尾油拌匀即成。

工艺关键

1. 要将肉蟹附着的污物和杂质去除干净。切块时应使每个蟹块连带1只蟹爪（共8块），大小均匀。
2. 应用小火焖焗入味。芡汁要挂匀。

风味特点

芡汁色白光润，咸鲜适口，姜葱味浓，质感软嫩。

名师指点

生料经腌制调味后，加入汤汁，加盖焗至熟而成菜的烹调方法称为汤汁焗。

举一反三

依此烹调方法、味型，利用变换主料和形状的方法，还可烹制出“姜葱焗鱼球”“姜葱焗全虾”“碧绿花雕鸡”“汤焗桂花雀”“OK汁焗明虾”“西汁焗石岐鸽”“果汁焗鹌鹑”等菜肴。

项目四　微波烹调工艺

任务1　微波法——清炖牛肉

原料组配

主料：牛腱肉500g。

配料：白萝卜300g，八角2g，花椒0.5g，葱段10g，姜片8g，精盐6g，味精1g，胡椒粉0.5g。

操作过程

1. 将牛腱肉切成大块洗净，八角、花椒用洁净纱布包好，白萝卜削皮，切成3cm见方的块。
2. 将牛肉放入锅中，加入清水用旺火烧沸，撇去浮沫，放入葱、姜及花椒、八角包，用小火炖至软熟。
3. 将牛肉块捞出，横着肉纤维切成约4cm长、1.5cm粗的条。牛肉汤用汤筛过滤除去杂质，然后将萝卜块加入汤中与切片的牛肉条一起入微波炉，将牛肉和萝卜一起炖至软熟即可。
4. 在出菜前，用精盐、味精、胡椒粉调味，以白萝卜垫底，牛肉盖面，加入原汤即可。

工艺关键

1. 牛肉煮熟改刀时，应横着肉纤维改刀。
2. 微波炉炖牛肉和萝卜时，应当根据微波炉的功率大小，依照说明书的要求进行加热。
3. 在使用牛肉原汤时，应当将杂质滤净，保持汤汁清澈。

风味特点

汤味鲜香，肉质熟软。

名师指点

可使用的微波器皿有：耐热的玻璃烹调器皿，陶、瓷的烹调器皿，耐热性聚丙烯烹调器皿等。但油量多的食物请改用耐热的玻璃烹调器皿或陶、瓷的烹调器皿。不适宜微波炉加热用的餐具有：铝锅、不锈钢锅等金属容器，漆器，不耐热的普通塑料容器，不耐热的玻璃容器，草木、竹制品容器，所有金属胎的搪瓷餐具等。

举一反三

依此方法，变换主料还可烹制“清炖排骨”“茄汁冬瓜”“红烧牛腩”等菜肴。

任务2　微波法——咖喱嫩鸡

原料组配

主料：光鸡腿500g。

配料：土豆300g。

调料：精盐3g，白糖4g，椰子粉5g，料酒6g，洋葱50g，咖喱粉80g，鲜汤200g，油40g。

操作过程

1. 将鸡腿斩切成块，土豆洗净、削皮，切成滚刀块；洋葱切片；椰子粉与100g水拌匀待用。
2. 将鸡块放一碗内，加精盐、白糖、咖喱粉拌匀腌制30min。
3. 取微波炉用器皿，放入调和油，再加入洋葱片，加盖以强火烹制2min至软。取出，加入剩余的咖喱粉拌匀，再放入微波炉中烹制2min。取出加入鲜汤，倒入椰浆，放入土豆块及鸡块，加盖，以强火加热10min后，改中火再加热15min，烹至鸡肉变软即成。

风味特点

色泽乳黄，鸡肉酥烂，卤汁醇香。

任务3 微波法——鱼蓉花菜羹

原料组配

主料：净鱼肉350g。

配料：西蓝花200g，火腿末20g，芹菜末15g，蛋清1个。

调料：精盐3g，料酒8g，味精1g，0.5g，清汤750g，调和油15g，芝麻油0.5g。

操作过程

1. 将鱼肉放入搅拌机中制成泥（或用刀切斩成泥），加入鸡蛋清、精盐、料酒，拌匀成鱼蓉。
2. 西蓝花洗净，用小刀划为小朵，放入较深盘中，加水100g，加盖用微波炉强火档加热5min左右。
3. 取微波耐高温玻璃盆，放入清汤及西蓝花、精盐、胡椒粉，加盖用强火档加热3min后取出。将鱼蓉加入其汤内搅匀，加盖用强火档加热2min。取出，淋上芝麻油，撒上火腿末和芹菜末即成。

风味特点

鱼肉鲜嫩爽口，营养丰富，汤汁清纯。

技能考核

考核样题

1. 在规定时间内完成3个指定菜：清蒸鱼、烤箱烤鲤鱼、微波清炖牛肉。
2. 在规定时间内完成3个指定菜：小笼粉蒸牛肉、叉烧肉、微波咖喱鸡块。

注：具体考核项目，可根据本地、本校实际情况，参照教学大纲和中式烹调师操作技能考试国家题库，进行适当调整。

考核要求

1. 考场要求

（1）考场要干净卫生，便于考核。

（2）根据考核人数，配备一定数量素质较高的现场监考人员和其他服务人员。

（3）每位考生操作使用面积不少于3m^2。

（4）设备、考位应统一编号。

（5）成品送评判室前要实行编号制。

2. 学生要求

（1）提前10min到场，抽取考核顺序号。

（2）听从监考人员的指挥，降低焦虑心态，做好心理调节。

（3）穿戴整洁的工作服、工作帽。

（4）按照考核要求，备好有关烹调工具、盛器和原料。

评分标准

试题总成绩实行百分制积分方法，60分以上为及格。其中每道菜按百分制评分，其中现场操作30分，成品质量70分，评价指标见表13-1。

表13-1　　热菜烹调工艺单元考核评分表

评价指标		技术要求	标准配分	实得分
现场操作（30分）	切配加工过程	规范有序，动作协调适当，刀工娴熟，刀法准确	7分	
	烹调制作操作	程序合理，烹调方法运用恰当，勺工熟练协调，调味准确快捷	8分	
	节约减耗	在水、电、燃气使用方面注重节能减耗，原材料使用合理，废弃物处理妥当，没有浪费现象	5分	
	安全卫生	个人卫生符合要求，操作过程安全，现场整洁有序，原料存放安全卫生，器具干净卫生	5分	
	组织纪律	听从老师安排，遵守考试纪律和规定，按时独立完成作品制作	5分	
成品质量（70分）	观感	成形美观，刀工细腻，规格整齐，色泽美观，装盘协调	16分	
	味感	味型恰当，口味纯正，主味突出，调味适当，无焦煳、腥膻等异味	16分	
	质感	火候得当，质感鲜明，符合应有的口感特点	16分	
	营养卫生	作品清洁卫生，生熟分开，点缀装饰恰当，营养保持合理	16分	
	实用性	可食性高，实用性强，数量符合规定要求	6分	
合计			100分	

模块十四

拌炝工艺

实训目标

了解拌、炝法的概念和特点，掌握各种拌、炝的工艺流程、操作关键、成品特点、代表菜，并能举一反三。

实训方法

教师讲解→示范操作→学生练习（分组或个人）→教师指导→综合讲评→填写实训报告。

项目一　拌

任务1　生拌——大拌菜

原料组配

主料：红椒1只，黄椒1只，黄瓜1根，苦菊菜适量，大杏仁100g（或者其他坚果）。

调料：芝麻适量，橄榄油20g，香醋15g，白糖10g，鸡精少量，盐适量，干辣椒段5g，花椒10粒，大蒜15g。

操作过程

1. 将锅烧热，放入橄榄油和干辣椒段、花椒，用小火将辣椒、花椒的味道炸出来，待辣椒、花椒变成棕红色关火，捞出辣椒、花椒不要，将油晾凉待用。
2. 将彩椒洗净切开，去除籽和筋，切成小块。黄瓜洗净，切成滚料块或者片；苦菊菜洗净用手撕成小块。大杏仁切成块。
3. 大蒜去皮压成蒜泥，将炸好的油和醋、糖、鸡精、盐、蒜泥拌匀，可以根据自己的口味调整。

❹ 将处理好的彩椒、黄瓜、苦菊菜、杏仁放入盆中，将调好的调料放入拌匀即可。

工艺关键

叶菜尽量不要用刀来切，以免遗留金属味。

风味特点

色泽鲜艳，口味清爽，口感丰富。

名师指点

此菜也称“什锦大丰收”“拌大丰收”“生拌大丰收”“素拌什锦”“大团结”等。

举一反三

制作时原料可适当增减，也可改变调料，制作“酱拌大丰收”“麻酱大丰收”“芥末大丰收”等。

任务2　腌拌——蓑衣黄瓜

实训目的

通过制作蓑衣黄瓜，掌握蓑衣花刀的剞法和腌拌菜肴的制作方法。

原料组配

主料：嫩黄瓜500g。

配料：干辣椒丝5g，葱丝10g，姜丝15g。

调料：精盐10g，白糖30g，醋20g，芝麻油30g。

操作过程

❶ 嫩黄瓜洗净，剞上蓑衣花刀，撒上精盐码一下，把水分挤出。

❷ 锅放中火上，加芝麻油，投入配料炸出香味，下精盐、白糖、醋将汁收浓，随即浇在黄瓜上即成。

工艺关键

❶ 宜选用质嫩、不打弯的直条型黄瓜。

❷ 剞花刀时，刀纹的深度和间距要均匀一致。

❸ 腌黄瓜的时间不宜过长，挤出的汁水可下锅中与调料一起收浓成汁。

风味特点

色泽碧绿，提起似蓑衣，咸甜酸辣，脆嫩爽口。

名师指点

腌拌是将经过刀技加工的原料，先用盐腌一段时间，以排除原料内部分水分，再与其他调料拌制成菜的方法。腌拌适宜于新鲜脆嫩的蔬菜原料，如大白菜，洋白菜、莴笋、萝卜、茭白、菜头、蒜薹、嫩姜等，原料成形以条、丝、片、段为主。腌制时，应先将原料洗净。

举一反三

依此方法、味型，利用变换原料方法，可制作“蓑衣胡萝卜”“蓑衣莴笋”等，变换味型或原料成形，可制作“姜汁莴笋”“酸辣白菜丝”“酸辣莴笋条”“糖醋萝卜丝”“糖醋黄瓜条”“糖醋白菜”等。

任务3 熟拌——双味鸡片

原料组配

主料：净鸡腿500g。

调料：芝麻酱20g，精盐2g，酱油25g，醋20g，白糖25g，味精3g，红油40g，花椒末2g，芝麻油5g，熟芝麻5g，姜、葱适量，葱青10g，整花椒1g，冷鲜汤适量。

操作过程

1. 将鸡腿放入沸水锅中，加入姜（拍破）、葱（挽结），大火烧开后打去浮末，将火调成小火，继续加热，待用竹筷能插入鸡腿，且鸡腿形态饱满，外表完整，身体柔软（即为完全成熟）时将鸡腿捞出，用原汤浸泡晾凉。
2. 将芝麻酱放入调味碗中，加入酱油和醋，用调味勺将其充分调散，再加入白糖、味精调匀，调成咸鲜带甜酸味感，再加入红油、花椒末，淋芝麻油，撒上熟芝麻，装入调味碗中成怪味味碟。
3. 将葱青洗净，与整花椒一起剁成蓉状，成椒麻糊，再加入适量鲜汤，将精盐、味精、酱油、芝麻油调成椒麻味汁，装入调味碗中成椒麻味碟。
4. 将凉透的鸡腿去掉鸡腿骨，片成鸡片，将鸡片整齐摆入平盘中装盘，配上怪味味碟和椒麻味碟成菜。

工艺关键

1. 掌握煮制时间，刚熟即成；鸡肉成熟后用原汤浸泡，保持原料细嫩。
2. 掌握好原料数量与调味汁的比例。
3. 装盘要饱满、美观、整齐。

风味特点

味汁为双色，其一为油色红亮、汁为酱色；其二为褐色与绿色相间。

名师指点

煮拌是将经过初步加工的原料，放入清水锅或汤锅中煮至断生或软烂，晾凉改刀装盘，再以调味品拌和或蘸食的方法。煮拌，实际上就是平常所说的“白煮”制法。煮拌的原料，一定要新鲜。主要选用一些肥嫩的禽畜类原料，如鸡、鸭、鹅、乳鸽、鹌鹑，鸡鸭鹅的翅、腿、足、心、肝、胗，猪、牛、羊；狗、兔的肉及其部分下水料。成菜保持本色，突出本味；细嫩软烂，鲜香醇厚；口味丰富，味道鲜美。

举一反三

依此烹调方法、变换原料或口味，可烹制出“怪味鸡块”“怪味腰片”“怪味肚丝”“椒麻肚片”“椒麻鸭掌”“椒麻腰花”“红油肚丝”“红油鸭块”“红油鸡块”等菜肴。

任务4　生熟拌——酸辣蜇头

原料组配

主料：鲜海蜇头120g。

配料：黄瓜75g，鲜红小米辣50g。

调料：精盐2g，白醋15g，味精2g，红油20g，芝麻油10g，葱5g，熟芝麻5g。

操作过程

1. 鲜海蜇用清水冲洗干净，切成5cm长、0.3cm粗的丝；黄瓜洗净，刮去表面的皮，去瓤，切成8cm长、0.3cm粗的丝，加少量的精盐腌渍；鲜红小米辣洗净，切成小圆片；葱洗净，切成葱花。
2. 锅置于旺火上，掺入清水，烧开后放入海蜇丝，焯水断生后捞出，沥干水分，倒入调味盆中，加入鲜红小米辣片拌匀，再加入精盐、白醋、味精、红油、芝麻油拌匀，静置片刻。
3. 将黄瓜丝沥干水分，装入平盘中垫底，再将拌好味的海蜇丝放于黄瓜丝上，面上撒上细葱花和熟芝麻成菜。

工艺关键

1. 鲜海蜇焯水断生即可。
2. 腌制时间要适当。

风味特点

红、白、绿颜色鲜艳，口味酸辣，嫩脆爽口。

名师指点

腌拌是将经过刀技加工的原料，先用盐腌一段时间，以排除原料内部分水分，再与其他调料拌制成菜的方法。腌拌适宜于新鲜脆嫩的蔬菜原料，如大白菜，洋白菜、莴笋、萝卜、茭白、菜头、蒜薹、嫩姜等，原料成形以条、丝、片、段为主。腌制时，应先将原料洗净。

举一反三

依此方法，利用变换原料或味型，可制作“鸡丝拌黄瓜”“怪味鸡片”“三丝黄瓜卷”“五彩冬笋卷”“三丝白菜卷”“糖醋萝卜卷”等菜肴。

项目二　炝

任务1　普通炝——炝腰片

原料组配

主料：猪腰子300g。

配料：黄瓜100g，水发木耳15g。

调料：姜末2g，蒜末10g，精盐4g，料酒10g，白胡椒粉3g，味精3g，醋40g，酱油15g，花椒粒5g，食用油50g。

操作过程

❶ 猪腰撕去外皮，片成两半，去除腰臊，用直刀在腰子外面顺长剞数刀（约0.3cm宽），然后翻身，由里面顶刀片成薄片，成梳子花刀片。黄瓜剖开去籽切成4cm长、2cm宽、0.3cm厚的长方片。

❷ 取汤盆一个，加精盐、味精、酱油、白醋、胡椒粉、料酒，兑成调味汁。

❸ 净锅置旺火上，添水烧沸，倒入黄瓜片焯水后捞出沥干水分，倒入盆内，加入兑好的调味汁。腰片倒入沸水氽至变色时捞出沥水，倒入同一汤盆内，上面放姜末、蒜末。

❹ 净炒锅置中火上添油烧六成热，放入花椒炸出香味，捞去花椒，将热油泼在腰片上，迅速用盘子盖严，捂一会儿，拌匀装盘即可。

工艺关键

❶ 选用新鲜的猪腰子，要去净腰臊。

❷ 氽腰片时以腰片变色为度，氽的时间不能过长，以免质老。

❸ 调味时酸味不能突出。

风味特点

腰片鲜嫩，蒜香味浓，清爽利口。

名师指点

普通炝，是将经过刀技加工的原料用沸水焯透，滤去水分，趁热（也可晾凉后）加入花椒油或胡椒粉、芝麻油等调味品，使炝入主料内而成菜的方法。

猪腰子可以炒、爆、炸、炝等。猪腰子切片后，为去臊味，用葱姜汁泡约2h，换两次清水，泡至腰片发白膨胀即成。猪腰质脆嫩，以色浅者为好。

举一反三

依此烹调方法、味型，利用变换原料和形状的方法，还可烹制出“炝腰花”“腰条”“炝腰丝”“炝鱿鱼”“炝蟮片”“炝肚块”“炝冬笋”“炝莴笋条”“炝莲菜”“炝圆白菜”“海米炝芹菜”“虾子炝蒲菜”“虾仁炝西芹”等菜肴。

任务2 滑炝——滑炝鱼丝

原料组配

主料：净鱼肉150g。

配料：青椒50g，鸡蛋清1个，淀粉少许。

调料：精盐5g，味精少许，料酒10g，花椒油15g，调和油500g（耗约30g）。

操作过程

❶ 将净鱼肉切成5cm长的细丝，用清水泡去血水。青椒去籽切成丝。

❷ 鱼丝沥尽水，加入少许精盐、料酒、蛋清、淀粉一起拌匀浆好。

❸ 炒锅烧热，加调和油烧至四成热，放入鱼丝滑油，见鱼丝呈乳白色即倒入漏勺沥

油。另取锅加清水烧沸后，将青椒丝烫熟捞出，随即用冷开水浸凉，然后捞出沥干水分，与鱼丝一起装入盘中。

4. 把花椒油、味精、精盐调成卤汁，浇入盘内即成。

工艺关键

1. 鱼丝上浆时，应使浆液充分“吃浆上劲”，以表面既有浆液又不明显为宜。如浆液过厚，则肉丝滑油时易粘连结团，影响菜肴的质量。
2. 鱼丝滑油时，油温不宜过低或过高。如油温过低，浆液易脱落，致使内部水分流失，肉质柴老而失去其软嫩的质感。如油温过高，容易造成肉丝相互粘连，且易出现生熟不匀，体面粗糙等现象。用温水漂油的时间宜短不宜长，以漂净油分为度。

风味特点

色白光润，咸鲜清香，质感软嫩。

名师指点

滑炝，就是将经过刀技加工的原料上浆滑油后，再用温开水冲洗去油分（有时可不冲），然后加入炝制调味品拌匀入味的方法。加工原料时，丁、条、丝、片应大小一致，薄厚均匀，便于成熟。

举一反三

依此烹调方法和味型，利用变换原料和形状的方法，还可烹制出“滑炝虾仁”“滑炝里脊丝”“滑炝鸡丝”“炝鸡丁豌豆”“炝凤尾虾”等菜肴。

任务3　特殊炝——南乳炝虾

原料组配

主料：活河虾500g。

调料：豆腐乳1块，料酒25g，清汤10g，白糖5g，芝麻油25g，味精1g，蒜泥25g，大红浙醋50g，优质白酒15g，花椒粉1g，生姜10g，香菜25g。

操作过程

1. 将河虾剪去须爪，洗净后放入盘内。将生姜切末待用。
2. 取一个小碗，放入豆腐乳，加入料酒、清汤、白糖、芝麻油、味精，用小勺将豆腐乳压成蓉泥状并拌匀，制作成南乳汁放入小碟内。另取一个小碟，放入蒜泥与大红浙醋制成醋汁。
3. 将白酒淋在河虾上，拌匀，撒上花椒粉、生姜末、切段后的香菜，盖严。
4. 食用前，将碗盖揭开，蘸腐乳汁与醋汁食用。

工艺关键

1. 制作此菜时，要注意给各种用具清洁、消毒。选用的原材料必须是新鲜、无毒、无污染的。
2. 给河虾剪除须爪时，要做到动作迅速、干净利落。

❸ 南乳汁的调配比例要适当，拌制要均匀，口味要偏重。

风味特点

虾鲜肉嫩，清淡适口。

名师指点

特殊炝，指选用活的动物性原料，不经过加热处理，洗净后，直接加入调味品的一种制作菜肴的方法。一般选用质嫩味鲜的河鲜、海鲜原料，如虾、蟹、螺、蚶等，所用的调味品以白酒、醋、蒜末等具有杀菌消毒功能的调味品为主。

举一反三

可用此法制作炝河虾、炝河蟹、炝蛏子、炝海螺等。

任务4 芥末炝——芥末三丝

原料组配

主料：墨鱼肉150g，荷兰豆100g，红椒20g。

配料：心里美萝卜15g。

调料：芥末油10g，盐1.5g，味精1.5g，绵白糖3g，葱油、芝麻油各5g，料酒10g。

操作过程

❶ 将墨鱼洗净切成薄片，再切成细丝放入盆中，放入少许盐和料酒腌渍5min，然后用清水冲一下洗掉墨鱼板上的黏液和腥味。红椒切丝，荷兰豆切同样粗的丝。

❷ 将处理过的墨鱼放入沸水中焯30s捞出，迅速放入冷水中过凉，然后放入盆中，加入荷兰豆丝、红椒丝、盐、味精、绵白糖、芥末油、葱油、芝麻油拌匀。

❸ 将心里美切成半圆形薄片围边即可。

工艺关键

应现吃现拌，不易久放。

风味特点

芥末味浓，开胃爽口。

名师指点

芥末原产于中国，历史悠久，从周代起就已开始在宫廷食用，自古以来都被当作一种自然药草。后传入日本，因为日本为岛国，吃海鲜的人很多，而芥末有很强的解毒功能，能解鱼蟹之毒，所以在日本得到发展，现在，芥末是日本料理的重要调味料之一，荞麦面、生鱼片和寿司尤其常用芥末。通常，将芥末的根研磨之后，作成调味料。新鲜研磨出来的芥末呈现出浅绿色，具有黏性，散发出清新的气味和辛辣的味道。

西洋芥末和日本芥末在外观上像两种完全不同的植物，但其辛辣味道的化学成分完全一致。西洋芥末的辛辣程度平均比日本芥末强1.5倍。

绿芥末和黄芥末是两种完全不同的调味料。黄芥末源于我国，是芥菜的种子研磨而成，呈黄色，微苦，是一种常见的辛辣调料，多用于凉拌菜。除调味外，民间还用黄芥末内服治疗呕吐、脐下绞痛，外敷治疗关节炎等。

举一反三

依此烹调方法和味型，利用变换原料和形状的方法，还可烹制出“芥末舌片”“芥末肚花”“芥末鸭掌”“芥末鸡条”“芥末扇贝”“芥末鱿鱼”“芥末菠菜”“芥末菜卷”“芥末土豆”等。

技能考核

考核样题

在规定时间内制作下列冷菜：滑炝鸡丝、蓑衣黄瓜、姜汁芸豆、海米炝芹菜、酸辣白菜。

考核要求

1. 自觉遵守考场规则。
2. 按规定的原料进行操作。
3. 服从现场监考老师的指挥。
4. 注意安全。
5. 必须穿清洁的工作服。

评分标准

试题总成绩实行百分制积分方法，60分以上为及格，其中每项按百分制评分，评分标准见表14–1。

表14–1　拌炝菜肴烹调评分表

评价指标	技术要求	配分标准	实得分
刀工	① 刀工精细，刀法纯熟，刀口均匀，硬软刀面搭配合理；② 薄厚均匀；③ 层次有序（搭刀整齐连贯）；④ 没有连刀（特殊形态除外）；⑤ 边沿整齐	20分	
火候	冷菜成品符合各自的火候要求（指的是成品质感、口感）	25分	
色泽	① 色彩搭配协调；② 鲜艳悦目；③ 点缀合理	20分	
口味	① 食用性强；② 荤素搭配；③ 口味多样；④ 口味纯正；⑤ 咸淡适中；⑥ 无异味	25分	
卫生	① 清洁卫生无并味；② 消毒符合卫生标准；③ 盛器无指痕、无油污；④ 盛器中无不可食用的材料	10分	
合计		100分	

模块十五

腌醉糟泡工艺

实训目标

了解腌、醉、糟、泡的概念和特点，掌握腌、醉、糟、泡的工艺流程、操作关键、成品特点、代表菜，并能举一反三。

实训方法

教师讲解→示范操作→学生练习（分组或个人）→教师指导→综合讲评→填写实训报告。

项目一　腌

任务1　生腌——腌黄瓜条

原料组配

主料：鲜黄瓜400g

调料：精盐4g，味精2g，白糖5g，白醋15g，干辣椒丝5g，姜丝3g，辣椒油10g。

操作过程

1. 将黄瓜洗净，一剖两半，挖去内瓤，再顺长切成7cm长的条，放入盛器，加精盐拌匀，腌1个小时后，挤去水分。
2. 加入白糖、白醋、味精、干辣椒丝、姜丝、辣椒油拌匀，放入恒温冷藏柜中4h，装盘即可。

工艺关键

1. 有的菜肴原料须用盐粒干腌，精盐一定要均匀抖散，盐腌的中途要不时翻动，使精盐渗透均匀。有时要先用精盐腌制出坯，滴（或挤）干水分，再将盐及所需调味品调制均匀，然后与出坯后的原料进行腌制，这样既节约调味品，又有良好的质感和调味效果。

2. 用盐量要准确。腌制的时间长短，应根据季节、气候，以及原料的质地、形状大小而定。

风味特点

色泽碧绿，质地脆嫩，口味咸鲜，酸辣适口。

名师指点

腌法作为独立的烹调方法，不同于预腌，而是以盐为主，辅以其他调料（如辣椒、五香料、蒜、糖等，使成品呈现多种不同风味）将主料一次性加工成菜的方法。应该注意，饭店餐厅的腌与一般腊、腌风制品的腌是不相同的概念，前者具有取料新鲜、调味丰富、应即时之需、不贮存等特点；后者则是部分烹饪原料的加工方法。

举一反三

依此方法，变换原料、味型和形状，可制作“糖醋杨花萝卜”“酸辣白菜”“酸辣甘蓝”“蛇皮辣黄瓜”“辣莴笋”等。

任务2　熟腌——盐水鸡条

原料组配

主料：鸡腿250g。

调料：精盐3g，味精2g，胡椒粉1g，冷鸡清汤100g，姜15g，葱20g，芝麻油3g。

操作过程

1. 在冷鸡清汤加入精盐、胡椒粉、味精，调成盐水鸡汁。
2. 将鸡腿放入沸水锅中，加入姜（拍破）、葱（挽结），大火烧开后撇去浮沫，将火调成小火，继续加热，待用竹筷能插入鸡腿，且鸡腿形态饱满，外表完整，身体柔软（即为完全成熟）时将鸡腿捞出，放入调制好的盐水鸡汁中浸泡晾凉。
3. 将凉透的鸡腿斩成5cm长、1.5cm粗的条，整齐摆入蒸碗中（鸡皮一面贴碗底），灌入盐水鸡汁，浸渍约30min，渗透入味。
4. 将鸡肉翻扣于平盘中，淋少许鸡汁和芝麻油成菜。

工艺关键

1. 鸡腿要煮至刚熟，晾凉后改刀要形状整齐。
2. 定碗装盘时鸡皮贴近碗底，保持鸡皮整齐。
3. 浸泡时间要恰当，使其渗透入味。

风味特点

色泽白嫩，咸鲜清淡。

名师指点

动物性原料的腌制，一般要经过熟处理（如蒸、水煮、焯水、炸等）至刚熟（切不可过于酥烂），再与调制的味汁腌制成菜。

举一反三

依此方法，变换原料、味型和形状，可制作“盐水西蓝花”“盐水菊花鸭胗”“卤浸油鸡”“卤浸鱼条”等。

项目二　醉

任务1　生醉——酒醉鲜虾

原料组配

主料：活塘虾300g。

调料：料酒50g，葱段10g，花椒末少许，葱末、精盐、白糖、芝麻油各5g，酱油3g。

操作过程

1. 用花椒末、葱末、精盐、白糖、芝麻油、酱油调成两碟椒麻味汁待用。
2. 将活虾用清水洗净泥沙杂质，剪去虾须、虾脚，再用清水洗净后放入碗内，淋入料酒，放入葱白段，随即将盘盖在碗上，再将虾翻扣在盘内，以免虾蹦出，直到上桌时才能揭开。
3. 上桌时醉虾与椒麻味汁碟同上，揭去扣碗，趁活蘸味而食。

工艺关键

1. 原料必须鲜活、干净。
2. 酒腌过程中，要封严盖紧不使漏气，但时间不能太长，防止口味发苦。若在夏天制作，应尽可能放入冰箱或保鲜室。
3. 盛器要严格消毒，注意清洁卫生（因为通过醉制后不再加热处理）。

风味特点

味道鲜美，风味独特。

名师指点

生醉是将生料洗净后装入盛器，加酒料等醉制的方法。主料多用鲜活的虾、蟹和贝类等。山东、四川、上海、江苏、福建等地多用此法。

举一反三

依此方法，变换原料、味型和形状，可制作“醉蚶”“醉蛎生”“醉蟹”“醉螺”“醉活虾”等。

任务2　熟醉——醉腰丝

原料组配

主料：猪腰子500g。

配料：水发香菇100g，水发玉兰片100g，油菜心25g，水发木耳30g。

调料：葱椒料酒50g，精盐0.5g，酱油50g，味精2g，姜末2g，芝麻油10g。

操作过程

1. 净猪腰撕外皮，片两半，去腰臊，隔0.6cm剞一刀，然后横切成5cm长丝，入清水泡去血水和臊味。
2. 玉兰片、菜心均切成3.5cm长的丝，香菇切丝，均用沸水焯过捞出，加盐拌匀。
3. 锅加清水用旺火烧八成热，下腰丝搅动速捞凉开水中浸一下，捞出挤干水分。
4. 将葱椒料酒、酱油、精盐、芝麻油、味精放碗内兑成醉汁，加玉兰片、菜心、香菇、腰丝调拌均匀，腌20分钟，装盘，撒上姜末即成。

［**葱椒料酒制法**］将花椒碾碎，葱白斩成末，加少量料酒调湿（其比例为葱4椒1），用纱布包好，放入料酒中浸泡数小时，即成葱椒料酒。

工艺关键

1. 猪腰多浸泡，去尽臊味。
2. 汆猪腰火力要大，水要宽，猪腰汆烫刚熟即可。
3. 醉腌时应将口封严，腌制时间要长一些。

风味特点

红、白、绿、褐四色相间，口味清香，脆嫩可口。

名师指点

熟醉是指将原料加工成丝、片、条、块或用整料，经熟处理后醉制的方法。具体制法可分三种：先焯水后醉、先蒸后醉、先煮后醉。

举一反三

依此方法，变换原料和形状，可制作“醉冬笋”“醉玉米笋”“醉蛋”“醉鸡”“醉鸭条”“醉鸭肝”“醉鸡肝”“啤酒乳鸽”“醉鹌鹑”“酒醉黄螺”等。

项目三　糟

任务1　生糟——糟莴笋

原料组配

主料：莴笋1kg。

调料：香糟100g，黄酒100g，精盐25g，味精3g，白糖10g，花椒2g。

操作过程

1. 将莴笋去叶、老根，刨去外皮洗净。用刀在整根莴笋上从头到尾连刀斜切，刀深2/3。一面切好后翻过来以同样方法切另一面。
2. 将切好的莴笋放在盆内，加精盐、花椒腌制2h。取出，抖去花椒，用冷开水冲去盐汁。
3. 香糟与料酒拌和，加精盐、白糖、味精和适量冷开水搅匀，放入莴笋，浸制经约2h，入味后捞出。

④ 将整根莴笋用刀断几段，然后逐段摆放在盘内，浇上糟卤即可。

工艺关键

① 制作香糟卤汁的容器一定要干净，否则易生细菌。

② 糟腌的时间要恰当。

风味特点

色泽淡绿，清脆爽口，糟香味浓，别具风味。

名师指点

生糟法是指将生的原料经过一定的刀工处理，用盐腌渍后放入酒糟中（也可直接将原料浸于香糟卤中），密封浸渍数小时或数天后，取出原料再进行烹制，调味成熟后食用的一种方法。

糟有生糟、熟糟之分，生糟用的时间长，实际是用糟和盐来腌生的原料，菜馆供应的多是熟糟，是用料酒的糟、料酒、盐、糖和各种香料调制成糟卤，再用它来腌浸烧熟冷却的各色原料，时间不过几个小时，物料由此被“保鲜”起来，味鲜、凉爽、耐嚼，那股若有若无、有酒香无酒味的特殊的糟香，令人闻香而至，胃口大开。可糟之物很多，一头猪从头到脚，以至鸡鸭鸽鹅，鱼虾蟹贝，毛豆茭白，花生面筋，全可以拿来糟一下，古代的师傅夸张地形容：“入口之物，皆可糟之。”

举一反三

依此方法，变换原料，可制作“糟青鱼干”“糟蛋”等，皆是采用此法糟制。

任务2 熟糟——香糟仔鸡

原料组配

主料：净仔鸡1只（约1000g）。

调料：醪糟汁150g，胡椒粉1g，清汤150g，料酒50g，精盐10g，味精2g，大葱20g，姜15g，芝麻油10g。

操作过程

① 将鸡腹开去除内脏，剁去鸡头和爪洗净。大葱去老叶留葱白，姜刮去表皮，洗净。

② 将鸡沿脊骨劈开成两半。葱白改刀成段。姜切片。

③ 将鸡放沸水锅中焯水，紧皮去净血渍，捞出洗净。

④ 汤锅放灶口上，加入清水、姜片、葱段，料酒和鸡，汤汁烧沸后撇去浮沫，转用小火加热至断生捞出，稍凉后剁成约3cm见方的块，置器皿中加清汤、醪糟汁、胡椒粉、精盐、味精拌和浸渍约4h，待其入味后沥汁码放在器皿中，淋入少量芝麻油即可。

工艺关键

① 鸡熟处理时，加热时间不要过长，以紧皮去净血渍为度。

② 烹调时应用小火煮制，否则肉质容易变老而发柴。浸渍鸡块的滋汁口味以咸鲜清淡为宜，香糟味突出，略带甜味。浸渍时滋汁应与鸡块拌匀，以使其肉质入味。

❸ 装器皿时应把鸡块有序码好，使刀面整齐。器皿内滋汁不宜过多。

风味特点

鸡肉色白，咸鲜适口，回味略甜，糟香味醇，质感酥软。

名师指点

“糟”与“醉”相似，调料都用酒，做法也相似，江南一带的人都把它们称为“糟醉一家”。

举一反三

依此烹调方法、味型，利用变换原料和形状的方法，还可烹制出“香糟鸭子”“香糟鸭舌”“香糟兔条”“糟香乳鸽”“糟香鹌鹑”“糟香鸡块”“红糟鸡”等菜肴。

项目四　泡

任务1　咸泡——爽口老坛子

原料组配

主料：凤爪100g，鸭舌100g，猪耳100g，鹅肫100g，青笋50g，胡萝卜50g，子姜50g，洋葱50g，大红灯笼椒50g。

调料：野山椒1小瓶，白醋15g，精盐10g，花椒粒1g，泡菜老盐水50g，姜片5g，葱节20g，料酒5g。

操作过程

❶ 将野山椒、白醋、精盐、花椒粒及老盐水兑成泡菜盐水，装入泡菜坛中。

❷ 凤爪、猪尾、猪耳治净；鹅肫治净后，剞上花刀并改成菱形块；青笋、胡萝卜、子姜、洋葱、灯笼椒洗净，均切成小条块状。

❸ 锅放于火上，掺入清水烧沸，放入料酒、姜片、葱节，将凤爪、猪尾、猪耳和鹅肫分别入沸水锅中氽煮成熟后捞出，过凉。

❹ 分别将原料装入调制好的盐水泡菜坛中浸泡，凤爪入坛泡4h，猪尾切成3cm段泡2h，猪耳切薄片泡15min，鹅肫花泡20min，青笋、胡萝卜、子姜、灯笼椒泡4～6h，然后捞出。

❺ 将泡制好的原料从泡菜坛中取出，沥干水分，再装入玻璃泡菜坛中，配上白色圆平盘上桌，再将菜肴倒于白色圆平盘中即成。

工艺关键

❶ 不同原料成熟度要求不同，凤爪、猪尾、猪耳等需要煮熟透；鹅肫断生即可，因此，原料要分别煮制。小火加热。

❷ 凤爪可脱骨，原料要完全晾凉后刀工，保持形状整齐。

风味特点

咸鲜带酸辣味。

名师指点

咸泡是用以盐、白酒、花椒、生姜、干辣椒、蒜等为主要调料制成的卤汁泡制原料的方法。

举一反三

依此烹调方法，变换原料可烹制“泡凤爪”“泡鸭舌”“泡猪耳”“泡鹅肫”等。

任务2 甜泡——什锦泡菜

原料组配

主料：卷心菜1.5kg，胡萝卜400g，葱头400g，黄瓜300g，菜花300g，芹菜250g，青椒250g。

调料：白糖900g，白醋200g，精盐50g，干辣椒100g，丁香15g，桂皮75g，白胡椒8g，香叶5片。

操作过程

1. 将修整后的卷心菜洗净，切成3cm见方的片；菜花洗净去梗，切成小朵；芹菜去根、叶，洗净切成小段；胡萝卜去根须，洗净切成花边片；青椒去蒂、子，洗净切成小片；黄瓜洗净切滚刀块；葱头去老皮、根，洗净切西瓜瓣。
2. 卷心菜片入沸水锅，翻两下迅即捞出入冷水浸泡，然后捞出沥尽水；胡萝卜入沸水锅2s后放菜花朵，翻两下再依次放青椒、芹菜、黄瓜和葱头，待水即沸时，捞出过冷水，冷却后捞出沥水，与洋白菜一起装入坛内。
3. 将切段的干辣椒、丁香、胡椒粒、桂皮、香叶（可将上述香料装在纱布袋中）放入沸水锅内（用水量1.5～2kg），用小火煮1h，加白糖、精盐，再煮20～30min停火，加入白醋，晾凉待用。
4. 将晾凉的泡菜汁倒入有菜料的坛中，然后封坛，泡24h即可。

工艺关键

注意不要将油污带入坛内。

风味特点

甜酸嫩脆，颜色美观。

名师指点

甜酸泡是用以白糖和白醋（或醋精）为主要调味品制成的卤水来浸泡原料的方法，成品口味以甜酸为主。甜酸泡不必发酵，只要把原料泡至入味即可，保存在5℃左右的冰箱内或阴凉处。若卤汁杂质太多或味不浓，可用锅烧沸，再加入适当的调料，冷却后继续使用。

举一反三

依此烹调方法、味型，变换原料和形状，可烹制“甜泡嫩藕”“甜泡马蹄”“甜酸辣泡芹”“甜酸辣苹果”“甜泡苦瓜”等。

任务3 酒泡——红酒雪梨

原料组配

主料：雪梨400g

调料：葡萄酒、白砂糖各适量。

操作过程

1. 将雪梨清洗干净，去皮、去核，顶刀切0.5cm厚的片。
2. 将雪梨片放入干净的容器中，注入适量的红酒浸泡雪梨，约半天时间。
3. 调配糖水，将白砂糖20g放入干净的锅中，再加入200g清水，加热至沸，搅拌均匀，使糖全部溶解，冷却后倒入由红酒浸泡的雪梨中，放入冰箱冷藏后食用。

工艺关键

1. 切片要厚薄一致，整齐美观。
2. 掌握好浸泡的时间。

风味特点

口味香甜，有淡淡的微酸，酒香淡雅，爽口开胃。

名师指点

可以以个人喜好添加冰糖、绵糖均可。炖煮时间因个人喜好、梨的质量和火力而有所不同。

举一反三

依此烹调方法、味型，利用变换原料和形状的方法，可烹制“红酒苹果”“红酒鲜桃”等。

技能考核

考核样题

在规定时间内制作下列冷菜：盐水西蓝花、醉腰丝、什锦泡菜、红酒苹果。

考核要求

同模块十四的考核要求。

评分标准

同模块十四的评判标准。

模块十六

卤酱煮工艺

实训目标

了解卤、酱、盐水煮的概念和特点，掌握各种拌、炝的工艺流程、操作关键、成品特点、代表菜，并能举一反三。

实训方法

教师讲解→示范操作→学生练习（分组或个人）→教师指导→综合讲评→填写实训报告。

项目一　卤

任务1　红卤——卤肥肠

原料组配

主料：净猪大肠1000g。

调料：姜15g，葱段20g，老卤水，八角10g，山柰3g，小茴香2g，丁香1g，桂皮5g，砂仁2g，糖色适量，花椒粒2g，干辣椒5g，精盐10g，料酒15g。

操作过程

❶ 肥肠切成大段，放进沸水中焯水（水里放入姜片、葱段和料酒去异味），捞起再用清水冲净。

❷ 卤锅置于火上，倒入老卤水，加入鲜汤，将香料装入香料袋，放入锅里，加精盐、糖色、料酒、姜片、葱段，烧开后转小火焖约2h，至肥肠用筷子能插进去即可。

工艺关键

1. 清洗肥肠时，里面是关键，标准的做法是不但洗得干净而且没有异味，还不能把那层油脂全洗掉，只剩下一层皮就不叫“肥”肠了。洗时除了用醋外，还可以用面粉。
2. 肥肠用小火加热焖煮制至熟软，用筷子夹起来柔软不烂、有弹性、色泽红亮。

风味特点

色泽红亮，口味咸鲜回甜，香气浓郁，软糯化渣。

名师指点

红卤中由于加入了酱油、糖色、红曲米等有色调料，故卤制出的成品色泽棕红发亮，适宜于畜肉、畜禽内脏、鸭以及豆制品的卤制。

举一反三

此菜若与茶叶一起卤，即为“茶香卤肥肠”。依此烹调方法、味型，利用变换原料及形状的方法，可烹制“符离集烧鸡”“红卤鸡”“卤肫肝”“香卤鸭掌”“卤牛肉”“卤猪心舌肚”“五香鹌鹑”“卤鸡蛋”“兰花豆干”等。

任务2　白卤——白卤仔鸡

原料组配

主料：三黄鸡1只（重约1500g）。

调料：姜20g，葱10g，甘草10g，大茴香2g，小茴香2g，桂皮2g，草果2颗，丁香1g，香叶1g，白酱油500g，玫瑰露酒50g，料酒250g，精盐50g，味精20g，芝麻油20g，香菜少许。

操作过程

1. 将宰杀好的光鸡由肛门处开口，取出内脏洗净。然后在鸡颈下肋处开一个小口，将鸡头塞进鸡胸内，用刀斩去鸡爪指甲，与姜、葱一道将鸡爪反塞进鸡腹内，投入沸水中焯水后捞出，洗净血污。取纱布将甘草等香料装入袋内，扎好成香料袋，备用。
2. 锅上火，放入清水3000g，放入香料袋煮沸，然后加入白酱油、玫瑰露酒、料酒、精盐、味精。
3. 将鸡放入锅中，改用小火煮15～20min即可捞出晾凉，在鸡身上抹上芝麻油，斩件装盘，淋上原卤汁，撒上香菜即可。

工艺关键

1. 煮制鸡时，水量要够，以水完全没过鸡为宜。掌握煮制鸡的时间，以六成熟为好。
2. 煮鸡过程中要勤翻动，使之受热均匀。

风味特点

卤汁稠浓醇厚，肉质鲜咸香嫩。

名师指点

白卤是用白卤水卤制的方法。白卤不用有色的调味品，一般不放糖，香料的种类与用量也较少，成菜以清鲜见长。

举一反三

依此烹调方法、味型，利用变换原料及形状的方法，可烹制“白卤老鸭”“白卤乳鸽”“白卤猪头肉”“白卤牛头”“白卤猪肚”“白卤凤爪”“白卤牛肉”等。

项目二　酱

任务1　酱——酱牛肉

原料组配

主料：牛腱子肉1500g。

调料：精盐30g，姜50g，葱50g，料酒20g，酱油20g，甜面酱200g，味精20g，白糖50g，芝麻油25g，花椒50g，八角10g，桂皮10g，丁香2g，白芷5g，砂仁5g，豆蔻5g，山柰5g，小茴香2g，香叶1g。

操作过程

1. 取一个小纱布袋，将花椒、八角、桂皮、丁香、白芷、砂仁、豆蔻、山柰、小茴香、香叶装入袋内扎好待用。
2. 将洗净的牛腱子肉切成150g大小的块，投入沸水锅中焯水，捞出洗净血污，用凉水浸泡片刻。
3. 锅上火，放入少许油，投入葱结、姜块煸炒，加入料酒、酱油、甜面酱、味精、芝麻油、牛肉汤、白糖、香料袋，煮成酱汤。
4. 将牛肉放入酱汤锅中烧5～6min，改用小火焖煮2h，保持汤微开、冒泡，勤翻动牛肉，使之均匀受热。大火收汁至浓稠，将牛肉捞出晾凉。
5. 将牛肉切成薄片，装盘，即可食用。

工艺关键

1. 在制作酱卤汁时，可加入酱油、红糖、红曲米煮制成紫酱色、玫瑰色、鲜红色的卤汁。
2. 酱制牛肉时一定要用小火将牛肉煮烂，注意勤翻动，使之受热均匀。
3. 收汁时一定要用大火，使汁浓稠并完全包裹在原料上。

风味特点

色泽酱红，咸甜适中，酱香味浓，质感酥软。

名师指点

1. 牛肉煮后若用凉水浸泡，可使牛肉发紧成品不易被切碎。
2. 将牛肉和剩余的肉汤一起倒入容器中保存，这样可以使牛肉更加入味。
3. 酱和卤者属热制冷吃的烹调方法，其调味、香料大致相同，制法也大同小异，故有人把酱和卤并称“卤酱”。其实，酱与卤从原料选择、品种类别、制作过程和成品风味等方面都有不同之处。

举一反三

依此烹调方法、味型，利用变换原料的方法，还可烹制出“酱口条”“酱鸡”“酱鸭”“酱羊肉”“酱排骨”“酱狗肉”等菜肴。地方名品有北京天福号酱肘子、月盛斋酱羊肉，浙江张一品酱羊肉，苏州等地的陆稿荐酱肉、酱汁肉，太原六味斋酱猪肉，开封长春轩兔肉，安阳罗锅肉，河北酱驴肉等。

任务2　酱——酱鸡脖

原料组配

主料：净鸡脖2000g。

调料：料红色老卤2000g，葱段25g，姜片15g，芝麻油适量。香料包1个（内装花椒、八角、桂皮、山柰、肉蔻、白芷、陈皮、丁香、草果、辛夷各适量）。

操作过程

1. 温水浸泡，刮洗干净，再放入沸水锅内烫透，捞出沥干。
2. 锅内放入适量清水，加入红色老卤、香料包、葱、姜，烧开后放入焯好的鸡脖，旺火烧沸，转入小火酱至鸡脖酥烂即可。取出后刷上芝麻油，食用时剁成小块装盘。

举一反三

原料鸡脖可用鸡胗、鸡头替换，称为酱鸡胗。调料可换成白卤水，则称为白卤鸡脖。

项目三　煮

任务1　盐水煮——盐水鸡肫

原料组配

主料：鸡肫500g。

调料：料酒25g，精盐14g，葱20g，姜20g，花椒10粒，桂皮50g，八角2粒，味精2g，香叶6片。

操作过程

1. 将鸡肫洗净后加入料酒、精盐腌制4h。
2. 将鸡肫投入沸水锅中焯水，然后捞出洗净。
3. 锅内倒入清水1000g，加入葱、姜、花椒、桂皮、八角、香叶、料酒、精盐、味精，放入鸡肫，用大火烧沸后改用小火煮15～20min至熟捞出冷却。
4. 切片装盘，淋上卤汁即可。

工艺关键

❶ 掌握好腌渍的时间，以保证鸡肫的蛋白质凝固不外泄，使菜品香脆。腌渍过程中可根据个人需要增减各种香料和调料的比例。

❷ 要掌握好水与原料的投放比例，以水没过原料为宜。煮制时注意掌握火候，先大火烧沸，后小火浸煮。

风味特点

色泽深红，鲜嫩爽口。

名师指点

盐水煮，是指将腌制的原料或未腌的原料放入锅中加入盐、姜、葱、花椒等调味品，再加热成熟的一种烹调方法。

对一些形小质嫩或要求保持色泽鲜艳的植物性原料，应沸水下锅，煮至断生即可，如“盐水毛豆”就不易久煮，否则绿色变成黄色，容易散失养分。对体大质老坚韧的原料应冷水下锅，先用旺火烧沸，再用小火焖煮成熟，不宜长时间大火烧煮，否则原料质老而韧，不宜咀嚼。另外要注意，用于盐水煮的锅一定要洗刷干净，否则影响外观颜色，影响食欲。盐水煮不炝锅，不提前制卤。

举一反三

依此烹调方法和味型，利用变换原料及形状的方法，还可烹制出“盐水肚头”“盐水羊肉”“盐水腰片”“盐水牛肉”“盐水虾”“盐水猪舌”“盐水鸭”“盐水毛豆”“盐水花生”等菜肴。

任务2 白煮——白斩鸡

原料组配

主料：净小母鸡1只（约750g）。

调料：精盐15g，味精3g，蚝油20g，酱油10g，白糖5g，清汤150g，大葱40g，姜20g，芝麻油20g，调和油80g。

操作过程

❶ 将鸡腹开去除内脏，剁去鸡头和爪（不可过关节）。葱白、姜分别切成细末。

❷ 先将葱、姜末（一半）放碗内，取炒锅置灶口上，倒入底油30g加热后，倒入碗内，然后放入精盐、清汤、味精、芝麻油调兑即成葱油汁。取炒锅置灶口上放入底油40g加热，然后放入葱、姜末煸炒出香味，随即加入蚝油、味精、酱油、白糖、清汤调匀倒入碗内即为蚝油汁。

❸ 将鸡放入沸水锅中，用小火浸煮15min左右，待肉质断生捞出，用凉开水浸泡至凉，使其皮爽，取出搌干表面水分，再用熟花生油涂抹在表皮上，保持油润。把鸡斩成块，码入器皿内呈鸡形即可带滋汁上桌佐食。

工艺关键

❶ 要将鸡皮表面的残毛择净，并反复冲洗干净。

❷ 调兑葱油汁时，葱末应略多于姜末，以突出葱香味。调兑蚝油汁时，煸炒葱、姜末时宜用小火防止煸煳，蚝油汁口味应以咸鲜为主，略带微甜。

❸ 煮制鸡时宜用小火，以其断生为度。

❹ 码入器皿时，鸡脯部位要往上，且摆放要整齐美观。

风味特点

鸡肉色白，清淡爽口，咸鲜适中，质感酥软。

名师指点

冷菜的白煮和热菜的煮法主要区别就在于加热的火力和时间不同。热菜的煮法大都是旺火或中上火，加热的时间较短；冷菜的白煮则是中小火或微火，加热时间较长，根据原料性质而定，一般为一两个小时，有的3h。

白煮的菜肴具有原料纯正的鲜香本味，再配上精细制作的调味料后，就形成更丰美的滋味。

举一反三

白斩鸡也称“白煮鸡”或“白切鸡”。依此烹调方法和味型，利用变换原料及形状的方法，还可烹制出“白煮肉”（有的称白肉片）“白煮牛百叶”“白切狗肉”“白切羊”等菜肴。

技能考核

考核样题

在规定时间内制作下列冷菜：盐水腰片、白斩鸡、酱牛肉、盐水鸭肫、油焖冬菇。

考核要求

同模块十四的考核要求。

评分标准

同模块十四的评判标准。

模块十七

凝冻与粘糖工艺

实训目标

了解蜜汁、挂霜、琉璃的概念和特点，掌握各种拌、炝的工艺流程、操作关键、成品特点、代表菜，并能举一反三。

实训方法

教师讲解→示范操作→学生练习（分组或个人）→教师指导→综合讲评→填写实训报告。

项目一　凝冻

任务1　凝冻——肉皮冻

原料组配

主料：猪肉皮3kg。

调料：大葱200g，八角25g，花椒粒20g，姜150g，酱油300g，料酒50g，精盐100g，味精2g，芝麻油15g。

操作过程

1. 将肉皮用开水烫泡，刮净残毛和污物，下锅煮一下捞出晾凉，剔去肉皮里面的肥肉，切成条。
2. 锅中加清水5kg，放入肉皮及香料袋（葱、姜、蒜、花椒、八角）。用大火烧开，撇去浮沫、浮油，改小火熬至汁浓且成金红色时，拣出香料袋，加入精盐、酱油、芝麻油、料酒、味精搅匀，再倒入盛器内冷凝成形。

工艺关键

1. 精盐和酱油要后加，否则肉皮不易煮烂。
2. 熬肉冻时要用微火，要不断打净浮沫，保证成品的外观。
3. 手试冻液发黏时即已熬好。

风味特点

色红，半透明，滑润。

名师指点

此菜属于原汁冻，即直接利用主料所含的胶质，经较长时间熬、煮水解后，再冷却凝结而成菜的方法。食用时可切成条加入红油、醋、花椒粉、葱花等调料，按自己口味拌食。

举一反三

依此烹调方法，还可烹制江苏镇江的“水晶肴蹄”、四川的“绿豆冻肘”和民间常见的“水晶肘花”“鱼冻”等菜肴。

任务2　凝冻——潮州冻肉

原料组配

主料：猪五花肉500g。

配料：猪前蹄750g，猪皮250g，香菜25g。

调料：鱼露50g，老抽5g，冰糖12g，珠油6g，味精3g，白矾1g。

操作过程

1. 将五花肉、猪蹄、猪皮刮干净分别切成块（每块五花肉约100g，猪蹄约200g，猪皮约50g）。
2. 上述肉料用沸水分别滚汆约1min，捞起洗净。
3. 炒锅放清水1500mL，烧沸，加入冰糖、珠油（潮州地区的一种调味品，色泽近似老抽，口味偏甜，主要用于调色）、老抽、鱼露，放入竹箅垫底，把全部肉料放在竹箅子上面，先用中火烧沸，后转用小火熬约3h至软烂。
4. 取出肉类，放入砂锅内（皮向下）；然后将炒锅内浓缩的原汤（约750mL）放回炉上烧至微沸，加入明矾，撇去浮沫，再加入味精，用洁净纱布将汤过滤后，倒入砂锅。将砂锅内的肉汤放在炉上烧至微沸，端离火口，冷却凝结后，取出放在碟上，伴以香菜、鱼露佐食。

操作关键

1. 在熬制原料时要撇净汤面浮沫，如汤太少，可加入沸水，但不能加凉水，否则影响质量。
2. 若夏季制作可放入冰箱凝冻。

风味特点

晶莹透澈，味鲜软滑，入口即化，肥而不腻；伴以鱼露、香菜，风味特殊。

名师指点

此菜属于配料冻，即将原料经过熟处理后，与猪皮、食用果胶、明胶或琼脂等胶质添加料一起蒸煮，然后冷凝成菜的一种方法。此菜宜选用珠油，珠油为潮汕调味品，近似老抽，味偏甜，主要用于调色，若没有珠油再用老抽代替其调色。

举一反三

依此烹调方法、味型，利用变换原料的方法，还可烹制“琥珀蹄冻”“冰冻水晶全鸭”“冻虾仁肉圆”“三色水晶冻”等菜肴。

任务3 凝冻——水晶鸡脯

原料组配

主料：鸡脯肉250g。

配料：琼脂5g，熟火腿20g，香菜10g，水发冬菇10g。

调料：精盐5g，味精3g，料酒20g，胡椒粉1g，花椒1g，清汤500g，大葱30g，姜15g。

操作过程

1. 鸡脯肉去筋膜。将琼脂洗净置器皿内，用凉水浸泡至软。
2. 熟火腿顺筋切成薄片，用模具修成梅花瓣形。水发冬菇焯水后切成细丝，葱白切段，姜切片。
3. 汤锅置灶口上，加入清水，鸡脯肉、葱段、姜片、花椒、精盐、料酒加热，汤汁烧沸后撇去浮沫，转用小火煮制鸡脯肉断生，捞出沥水（弃葱段、姜片、花椒不用）。晾凉后改刀成骨牌片，移置托盘内整齐摆放（片与片间距约为2cm）。
4. 将冬菇（做花梗）、香菜叶（做花叶）、火腿（做花瓣）组合呈梅花形摆放点缀在每一片鸡脯肉上。
5. 琼脂沥水置碗内，添入清汤、精盐、味精、胡椒粉、葱段、姜片上屉用旺火蒸制，待琼脂全部溶化时取出，将其过箩缓缓倒入托盘内，视汤汁定型完全冷却后，用小刀把水晶鸡脯划成长方块取出平放在器皿中即成。

工艺关键

1. 煮制鸡脯肉时，不要用旺火长时间加热，否则肉质易老、发柴。
2. 摆放冬菇、香菜、火腿时，应力求每一片鸡脯肉上的口花形逼真，但点缀原料不宜过多，应以突出主料为宜。
3. 水晶汁应略浸过鸡脯肉，倒入水晶汁时不要将花形破坏冲散。水晶汁应完全定型冷却后再改刀，否则不易成形。

风味特点

鸡脯肉色白，水晶冻透明，成品色彩艳丽，咸鲜适中，鸡肉酥软，水晶冻入口即化。

名师指点

此菜是把冻汁当作胶凝剂，利用成冻后的感官特征而制成的系列“水晶”菜肴。其方法是：将主料煮至软熟后去骨，装碗淋入冻汁，冷透后翻碗而成。

举一反三

依此烹调方法、味型，利用变换原料的方法，还可烹制“水晶虾仁”“水晶鸽蛋”“水晶海参”“水晶鸭掌”“五彩羊糕”等菜肴。

任务4　凝冻——巧克力木瓜冻

原料组配

主料：木瓜1个。

调料：巧克力粉50g，牛奶50g，琼脂30g。

操作过程

1. 将木瓜去表皮，对开并去籽留用。
2. 将琼脂用水浸泡，巧克力粉加热水溶化待用。
3. 将浸泡后的琼脂蒸化，一半加入牛奶，一半加入巧克力，将过滤的巧克力琼脂先倒入木瓜的容量一半，等基本凝结后再倒入牛奶琼脂。
4. 全部冷却后，改刀装盘。

工艺关键

1. 琼脂的用水比例要掌握好，否则硬度不够。
2. 巧克力要用温水溶化，否则巧克力冻的切面有颗粒。
3. 巧克力琼脂溶液和牛奶琼脂溶液要过滤，否则容易有杂质。

风味特点

黄、白、黑相间，色泽诱人、营养丰富。

名师指点

含植物胶素的胶体溶液应与含各种维生素丰富的水果类、蔬菜类、果仁类原料冷凝在一起，来提高它的食用价值。水果蔬菜原料不宜与动物胶素溶液凝结在一起，因为水果蔬菜中的酶（尤其是蛋白酶）对动物胶素极敏感。蛋白酶是一种活性的、起催化和用的蛋白质，它能使动物胶素失去冷凝的能力，即使再好的皮冻对植物性原料也无可奈何。

举一反三

依此烹调方法，变换原料还可烹制“什锦水果冻”“水晶冰桃”“西瓜冻”等菜肴。

项目二　粘糖

任务1　蜜汁——蜜汁排骨

原料组配

主料：猪排骨（大排）500g

调料：料酒15g，酱油25g，精盐5g，白糖50g，红曲米汁40g，老卤汁250g，植物油100g，糖色5g，味精3g。

操作过程

❶ 排骨洗净，斩成小块，放盆内，加料酒、精盐、酱油拌匀，腌2h。

❷ 炒锅倒油烧热至冒烟，放入排骨炸至表面金黄，捞出沥油。

❸ 将油炸后的排骨倒入锅内，加老卤汁、白糖、红曲米汁、糖色、料酒、酱油，烧至排骨入味时，用大火收汁，用铁勺不时翻动，加入味精，捞出装盘，锅内撇清浮油，余卤浇在排骨上，冷却后即可食用。

工艺关键

❶ 排骨在烧制时，不可煮得太烂，否则外皮易被煮烂，成品不美观。

❷ 收汁时注意不要熬煳，汤汁以变浓能包裹排骨为宜。

风味特点

色泽金黄明亮，质感酥烂甜糯。

名师指点

❶ 蜜汁的命名，大体有两种说法：一种说法是指在调制的甜汁中，使用蜂蜜而得名；另一种说法是指在调制的甜汁，味甜如蜜，故称蜜汁。目前多用白糖，冰糖作甜汁的原料，一般不用或极少用蜂蜜。但冰糖比白糖质好味甜，用冰糖调制甜汁的，大都用于高级主料，也不叫蜜汁，直接冠以冰糖，如“冰糖银耳”等。

❷ 蜜汁冷菜的具体操作方法有三种：一是将原料经过熟处理，然后将糖和水或其他调料熬至发稠，再与原料混合一起，出锅晾凉即可。二是先将糖和水或其他调料熬好，直接浇在经过熟处理的原料上，晾凉而成。三是将经过熟处理的原料与糖、水或其他调料一起熬煮或蒸至糖汁收浓起泡，晾凉而成。

举一反三

蜜汁冷菜的用料，除水果、干果、蔬菜、肉类外，还有银耳、鱼唇、燕窝、哈什蟆等山珍海味。常见的菜品有“蜜汁南瓜”“蜜汁鲜桃”“蜜汁山药”“蜜汁腰果”“蜜汁红枣藕片”“蜜汁白果”“蜜汁土豆条”等。

任务2　挂霜——挂霜荸荠丸

原料组配

主料：荸荠800g。

辅料：小麦面粉30g。

调料：白砂糖60g，花生油750g（实用约50g）。

操作过程

❶ 荸荠去壳，洗净，用刀面拍碎，剁成粗末，挤去水，放入大碗，加面粉捏成22颗丸子。

❷ 炒锅置中火上，倒入油，至五成热时，下入荸荠丸子，炸熟捞起。

❸ 待油温回升至六成热时，再将全部丸子下锅复炸至皮脆捞出。

❹ 锅洗净置小火上，加适量水，放入白砂糖，熬煮。

5. 熬至水分将尽，糖汁起大泡时离火，放进炸好的丸子，轻轻翻拌均匀“挂霜”，晾凉即成。

工艺关键

1. 选用新鲜、洁净、个大、肉细味甜的荸荠，削净外皮。
2. 荸荠拍碎剁细后必须挤去水分再拌粉，否则水分过多不易成形，也不易炸熟炸脆。
3. 熬糖汁时加水适量（过多不易熬尽，过少糖汁不易熬透），用小火熬至水分将尽，糖汁初起小泡，后转大泡，此时即可投入原料挂匀糖汁，熬过头或不足均难以挂霜成形。
4. 丸子中也可酿入馅心，制成带馅丸子，形成新的口味。
5. 首先用具必须洁净，在炒糖汁之前要将锅及用具用碱水洗刷干净，再用清水洗净，不能带油腻和污垢。

风味特点

丸子洁白如霜，食之香甜爽脆。

名师指点

掌握糖汁老嫩程度有五种方法：① 观察糖泡法：锅内糖液产生的水泡，由少到多，由大变小，并逐渐变为小而均匀的气泡（习惯称为“鱼眼泡”）时，糖汁老嫩适度。② 观察糖汁的浓稠度：随着锅内温度的升高，水分的挥发，糖汁由稀变浓稠，并有黏稠感觉时即可。③ 挂牌法：用锅铲将糖汁舀起，向下倾倒糖汁呈似流非流的半流体，并在锅铲的边缘呈现大形薄片时即可。④ 观察水蒸气法：在熬糖汁的过程中，可以看到水蒸气的挥发由多到少，逐渐没有水蒸气逸出时即可。⑤ 观察温度计法：根据大量的实践证明，糖汁的温度在120～125℃时，糖汁可以返砂，效果最佳。以上五种方法最好结合起来运用，制作挂霜菜肴就比较容易了。

举一反三

挂霜菜肴一般适用于酥脆性原料，如花生、核桃仁、莲子、白果等，以及块根类蔬菜和动物性原料。刀工成形条、片、段、块、丸子和小型原料的自然形态。按上述方法可制作“挂霜桃仁”“挂霜荸荠”“雪花土豆”“挂霜莲子”“挂霜花生”“挂霜腰果”“挂霜山药球”“挂霜红薯条”“挂霜槟榔芋”“挂霜丸子”“挂霜排骨”等。

任务3　琉璃——琉璃莲藕

原料组配

主料：莲藕500g。

调料：白糖150g，植物油750g（实用约50g）。

操作过程

1. 将藕洗净后切去藕节，削去外皮，顶刀切成0.5cm的大片，放入盆内用凉水反复清洗至藕片雪白，盆中水清澈时即捞出控出控净水分。再取一大平盘，在盘底轻轻抹一层植物油备用。

❷ 锅中加植物油，烧至七成热时将藕片下入，待炸至藕片体积缩小变薄色泽金黄时捞出沥尽油。另用一炒勺，勺中倒入油，放入白糖，改用小火炒糖，并用手勺朝一个方向不停地搅拌，待炒至糖浆淡黄，有糖香，糖液起细泡时，将炸好的藕片倒入，迅速地颠翻炒勺，待藕片挂满糖浆时，赶快倒入预先准备好的大平盘内，并用筷子沾上凉水将粘在一块儿的藕片拨开，冷却即可装盘。

工艺关键

❶ 莲藕削去外皮后可用清水洗一下，切成的片不宜过薄（或过厚）。

❷ 藕片炸成淡黄色即可，同时捞出将油沥净。

❸ 炒糖时糖汁色不宜过重，金黄色即可，并均匀地包裹在莲菜片上。

❹ 原料挂浆后应立即倒入洁净瓷盘内，迅速用筷子拨开，不使互相粘连，然后放在通风处晾透，见原料表面均匀结成一层棕黄色泽、晶莹透亮的琉璃硬壳即可上桌。

风味特点

色泽金黄油亮，口感香甜硬脆。

名师指点

莲藕营养丰富，脆嫩爽口，很受欢迎。出鲜藕时应分段。顶端香甜脆嫩，可焯后凉拌鲜食。第二三节稍老，在煨制“焙热藕”的上好原料，还可用其做炸藕夹。第四节之后的各节，只适于做菜肴或制作藕粉。

莲藕中含大量藕粉，削去外皮、切丝以后，应尽快下锅烹调，这样可避免藕丝因氧气而变黑，若不能及时烹调，可放入加了醋的冰水中浸泡，这样就可以保持莲藕本身的洁白色泽。

举一反三

琉璃菜所用的原料，一般是水果、根茎类蔬菜或去骨的肉类和蛋类。这些原料都事先要加工成小块、小片或制成球、丸等，体积过小的原料如莲子、花生米等就用原来的形态。按上述方法，可制作“琉璃红枣”“琉璃苹果”“琉璃山药”“琉璃红薯”“琉璃白肉”等。

技能考核

考核样题

在规定时间内制作下列冷菜：挂霜花生、蜜汁土豆条、琉璃苹果、水晶虾仁。

考核要求

同模块十四的考核要求。

评分标准

同模块十四的评判标准。

模块十八

菜肴造型工艺

实训目标

通过实训，使学生了解菜肴造型的原理和形式，熟悉菜肴造型的艺术规律，掌握菜肴盛装点缀的基本原则和方法技巧。培养和提高对菜肴的审美能力、鉴赏能力和审美创造力。

实训方法

教师讲解→示范操作→学生练习（分组或个人）→教师指导→综合讲评→填写实训报告。

项目一　花色热菜造型

任务1　“珍珠玉米鱼”的造型

原料组配

主料：草鱼1条（约3kg）。

配料：油菜心10个，绿菜花50g，青红辣椒20g，鸡蛋2个。

调料：姜片10g、葱末15g、蒜米10g，料酒5g、白糖120g、白醋50g、番茄酱50g、精盐2g、芝麻油5g、淀粉100g、花生油1000g（耗约100g）。

操作过程

1. 草鱼初加工后取净鱼肉（带皮），将鱼肉皮朝下放砧板上，在肉上先顺长直剞几刀，每刀行距约1.2cm，再用横刀划同等距离，然后改刀10小块成10个玉米鱼生坯，然后用葱、姜、盐、料酒腌制约5min待用。

❷ 将剩余的鱼肉切成鱼米并用蛋清、淀粉上浆；青红辣椒切成米粒。油菜心整形成玉米叶状，将白糖、醋、番茄酱兑成汁待用。

❸ 将鱼米滑炒后堆在盘子中间；将绿菜花烧至入味后围在滑炒鱼米周边。

❹ 玉米鱼生坯拍上淀粉后放入六成热油中，炸至熟捞出，待油温升至七成，将鱼复炸成金黄色捞出。菜心滑油捞出，装上鱼坯成玉米形状，呈放射状摆入盘中（盘中由里向外依次是滑炒鱼米、烧绿菜花、玉米鱼）。

❺ 锅置火上加少许油，放葱、姜、蒜煸出香味后倒入糖醋汁，勾芡淋芝麻油搅匀，淋在玉米鱼上。

工艺关键

❶ 玉米鱼生坯用精盐、味精、葱、姜、酒充分腌制入味，防止成菜有腥味。

❷ 此菜是同种原料、不同味型、不同造型的菜肴组配，要注意装盘时间不可太长，以免影响质量。

造型特点

此菜采用熘法烹制而成。色泽金黄，造型大方，形象逼真，玲珑剔透，鱼米形似珍珠，软嫩爽口，粒粒洁白透亮，玉米鱼外酥里嫩，酸甜略咸，营养丰富。

任务2 “百花鱼肚”的造型

原料组配

主料：油发鱼肚100g。

配料：虾仁200g，猪生肥膘肉100g，熟瘦火腿片100g，水发冬菇片25g，鸡蛋清4只，香菜叶20g。

调料：精盐4g，味精1g，干淀粉40g，葱姜汁10g，熟猪油25g，湿淀粉10g，鸡清汤250g，料酒15g。

操作过程

❶ 将鱼肚用温水泡软，洗涤干净，修成直径约4cm长的圆片；炒锅上火，舀入鸡清汤，放入鱼肚、精盐1g，烧沸至入味，起锅沥干水分，拍上干淀粉20g。

❷ 将虾仁、肥膘洗净，分别斩成蓉，同放碗内；加姜葱汁、料酒、精盐1g、干淀粉，搅拌均匀成虾馅；将鸡蛋清打成发蛋，拌入虾馅。

❸ 将虾馅均匀抹在鱼肚上，再在虾馅上，用火腿片、冬菇片、香菜叶拼摆成各种花朵，放在抹有油的盘内，上笼蒸熟。

❹ 炒锅上火烧热，舀入鸡清汤，放精盐烧沸，用湿淀粉勾芡，淋上猪油，起锅浇在百花鱼肚上即成。

工艺关键

❶ 造型要美观大方。

❷ 控制蒸的时间，既要蒸熟，又要防止变老。

造型特点

色彩鲜艳，鱼肚软糯，虾仁鲜嫩，汤汁乳白。

任务3　“水恋花”的造型

原料组配

主料：净草鱼肉500g。

配料：白菜心50g，鸡蛋清75g。

调料：猪板油50g，葱姜水30g，胡椒粉1g，精盐6g，干细淀粉30g，味精3g，高级清汤1000g。

操作过程

1. 净草鱼肉捶制成蓉，去尽筋络、细刺；猪板油捶蓉后去筋络。
2. 将鱼肉、猪板油一起放入盆中，加葱姜水、精盐、胡椒粉、蛋清、干细淀粉搅成鱼糁。
3. 锅置火上，掺水烧沸后改用小火，保持水呈微沸状，再将鱼糁放入有裱花嘴的布袋中，裱成“玫瑰花”形，轻轻挤入锅中汆熟捞出，放入凉开水中浸泡待用。
4. 锅置火上，掺特制清汤烧沸，放入汆熟的“玫瑰花”和白菜心，加精盐、味精烧沸略煮后，装入汤碗中即成。

工艺关键

1. 鱼肉要求无血污，墩子和用具要干净。
2. “玫瑰花”制作要形态逼真。
3. 汆制“玫瑰花”时，一定要保持水处于沸而不腾的状态。

造型特点

水恋花一菜以高级清汤和鱼糁合烹而成，鱼糁制成的“玫瑰花”栩栩如生，浮于清汤之上，与之互为依恋，展现一幅纯洁、生动的画面。

任务4　“葫芦鸭”的造型

原料组配

主料：10个鸭的颈皮，熟糯米50g，香菇30g，熟火腿50g，熟青豆30g，熟冬笋50g，熟莲米30g，熟百合20g，熟苡仁30g。

调料：精盐6g，料酒15g，葱15g，姜10g，味精1g，芝麻油10g，花生油2000g，约耗30g。

操作过程

1. 用精盐、料酒、姜、葱将鸭颈码入味。冬笋先切出10根长5cm、粗1cm的细条（作为葫芦的蒂把），剩下的冬笋与香菇、火腿分别切成颗粒。
2. 炒锅置火上放少许花生油，放入香菇、火腿、冬笋、青豆炒香，加精盐、味精、糯米、莲米、百合、苡仁炒匀，出锅装碗内待用。

❸ 将每个鸭颈皮的一端用绳子扎紧，将炒拌好的辅料填装入颈皮内，冬笋细条插放在中间作为葫芦的蒂把，鸭颈皮围绕冬笋细条包裹紧，再用绳子扎紧，然后又绳子将造型的中间2/3处扎好，用牙签插孔放气，最后使整个造型成“葫芦”形状。

❹ 用沸水将造好形的“葫芦鸭”表面冲洗干净，放入笼内蒸熟（约0.5h），出笼后放入七成热的油锅中炸至外皮色金黄，捞出刷上芝麻油装盘成菜（装盘时可以做美化修饰）。

造型特点

此菜肴选用鸭颈部位利用原料的自然形态，经过加工技艺成形较小的“葫芦鸭”这使成形更加美观、也方便食用。

任务5 “龙舟献宝”的造型

原料组配

主料：草鱼1条（约重750g）。

配料：鲜贝50g，虾仁5g，莴笋1根，胡萝卜1根，黄瓜1根。

调料：精盐4g，料酒15g，蒜粒20g，姜末15g，葱花25g，泡辣椒60g，酱油10g，醋25g，味精1g，白糖20g，鲜汤200g，蛋清3个，干淀粉150g，水淀粉20g，花生油1000g（实用约100g），姜块10g，葱段10g。

操作过程

❶ 鱼去鳞、去鳃，从背脊开刀取出脊骨、内脏、鱼刺，洗涤干净，然后在鱼肉上剞交叉的十字花刀（剞刀刀距宽0.8cm、深度为原料厚度的4/5）即成“龙舟鱼”，再用精盐、料酒、姜块（拍破）、葱段码味。鲜贝、虾仁洗涤干净。黄瓜加工成长12cm的薄片。莴笋、胡萝卜加工成小球形，泡辣椒去子加工成蓉。

❷ 锅内烧油七成热，“龙舟鱼”用干淀粉拍粉，然后将鱼肉面翻向外，鱼头、鱼尾向上翘，即成“龙舟鱼”形，然后放入油锅里炸定形捞出，待油温重新回升到七成热时，再将“龙舟鱼”放入油锅中重炸至色金黄外酥时，捞出装入盘内。

❸ 鲜贝、虾仁分别用精盐、料酒、蛋清、淀粉拌匀，用四成油温滑油至熟，莴笋球、胡萝卜球入沸水中焯至断生，将烹制成熟的辅料装入“龙舟鱼”内，黄瓜片围摆在“龙舟鱼”的周围成波浪形。

❹ 炒锅置火上放入泡辣椒蓉、姜粒、蒜粒、葱花炒香出色，放入精盐、酱油、白糖、味精、醋、鲜汤烧沸出味，用水淀粉勾芡成鱼香味芡汁，将烹制好的鱼香味芡汁浇淋在鱼上即可。

造型特点

此菜肴采用整鱼出骨的方法，再用剞刀将鱼加工成“龙舟”形的初坯，然后通过高温的油炸成形。这道菜肴的烹制有一定的难度就是“龙舟”的制作。“龙舟”内装什么辅料可以任意选用，味型也可以变化。另外也可以选用两种不同的味型：辅料一种味型，“龙舟”一种味型。

任务6 “满载而归”的造型

原料组配

主料：净鱼肉125g。

配料：嫩玉米50g，黄瓜50g，胡萝卜50g，水发香菇40g。

调料：精盐2g，料酒5g，胡椒粉1g，味精1g，蛋清2个，干淀粉50g，澄粉100g，水淀粉8g，琼脂40g，绿色素（菠菜汁）少许，鲜汤35g，精炼油500g（约耗50g）。

操作过程

1. 将鱼肉去鱼皮洗净，切成0.5cm见方的粒；嫩玉米放入沸水锅中焯熟；黄瓜、胡萝卜、水发香菇切粒；澄粉与适量干淀粉拌匀后，用开水烫熟，揉成面团，下成若干剂子，捏成“天鹅盏”形，放入蒸笼蒸熟取出待用。
2. 净锅置火上，加入适量清水，放入琼脂熬溶化，加入少许绿色素搅匀，倒入盘中，使其凝固成“池塘底”。
3. 将鱼粒与精盐、料酒、蛋清、适量干淀粉拌匀；精盐、味精、胡椒粉、料酒、鲜汤、水淀粉调成咸鲜味芡汁。
4. 炒锅置火上，放油烧至三四成热，将鱼粒放入油锅中滑油断生，滗出多余的油，放入玉米、黄瓜、胡萝卜、水发香菇炒匀，倒入调味芡汁，待收汁亮油时，起锅装入“天鹅盏”中，放入用琼脂制成的“池塘底”，稍加点缀即成。

工艺关键

1. “天鹅”大小要均匀，形态逼真。
2. 用新鲜、肉质较好的鱼肉。玉米选用色黄的鲜嫩玉米或罐头制品的黄色玉米。
3. 鱼粒滑油时油温不能高，控制在三至四成热。

造型特点

将细嫩鲜美的“五彩鱼丁”装入用澄粉捏塑成的“天鹅盏”中，不仅使菜点有机地结合在一起，也把一道普通的菜肴变成了具有艺术性和观赏性的工艺菜了。

项目二　一般冷菜拼盘造型

任务1 盐水鸭拼盘

原料组配

盐水鸭脯肉500g，香菜30g。

操作过程

1. 用刀将盐水鸭脯肉修改整齐成6cm宽、12cm长的块状。将剩余的碎料垫在盘子的中间。
2. 将盐水鸭脯肉用直刀法切成1cm宽的长条，用叠砌手法盖在碎料面上，使中间高于两头，呈桥梁形状，两边用香菜点缀即成。

造型特点

形态整齐美观，鸭脯条大小形状一致，饱满厚实，碟面干净卫生。

举一反三

以此方法，可将珊瑚雪卷、水晶肘花、牡丹酥蜇、凤尾大虾、金钱香菇、美味翠瓜、玫瑰牛肉、油酥腰果、红油鸡块、糖醋排骨、野山椒泡凤爪等冷菜，可摆成“三叠水形”“一封书形”“风车形”“馒头形”“宝塔形”“桥梁形”“四方形”“菱形”“扇面形”“花朵形”等造型。

任务2 双味（双色）拼盘

原料组配

盐水鸭200g，五香酱牛肉200g，仔姜、香菜叶各少许。

操作过程

1. 取下盐水鸭脯肉待用，将腿肉切成长方形片，码在盘子中间的一侧；修出五香酱牛肉的刀面，边角料切成长方形薄片，堆码在盘子中间的另一侧，与盐水鸭腿肉共同组成馒头形初坯。
2. 盐水鸭脯肉切成长方形片、五香酱牛肉顶丝切成长方形薄片，分别按逆时针方向围叠两层成馒头体（各占一半）。
3. 仔姜切细丝堆于馒形体顶端，四周缀以香菜叶。

造型特点

此造型拼构简朴明快、形态饱满、色彩清晰、对称中而略带旋转，有一种敦厚、对称与平和的形式美感。

举一反三

鱼肉糕与羊肉糕、卤牛肉与白切猪肉、七彩肚与西式红肠、盐水虾与酱鹅肫、腊肉与香肠等，可摆成椭圆形、菱形、馒头形、螺蛳形、太极形等。

任务3 扇面三拼

原料组配

酱红鸭脯肉200g，叉烧肉200g，油爆河虾200g。

操作过程

1. 将酱红鸭脯肉切成0.8cm宽的条形，碎料按馒头形垫底，占碟子的1/3，将刀面整齐的鸭脯条盖面。
2. 将叉烧肉切成0.8cm宽的条形，碎料按馒头形垫底，占碟子的1/3，将刀面整齐的叉烧肉条盖面。
3. 将体形不整齐的油爆河虾堆在碟子剩余的1/3处，将体形整齐的油爆河虾头朝里，身体朝外，逐只排叠成馒头形，高度与酱鸭、叉烧肉一致。

造型特点

三料拼摆整齐、均匀，形态美观，排叠不乱，碟面干净卫生。

举一反三

原料的选择可以根据情况而定：水晶肴肉与酱牛肉、白切鸡，怪味鸡脯与麻汁豆角、火腿肠，酱肘子与盐水大虾、炝莲菜等，可摆成的形状除扇面外，还有圆形、菱形、螺蛳形、花朵形、三角形、桥梁形等。

任务4　五拼盘

原料组配

火腿100g，七彩卤猪肚100g，盐水猪舌100g，五香酱鸡脯肉100g，腌胡萝卜100g。

操作过程

1. 将火腿、七彩卤猪肚、盐水猪舌、腌胡萝卜分别改刀切成长5cm、宽2.5cm、厚0.3cm的花瓣片，碎料按馒头形垫底，各占碟子的1/5，将刀面整齐的肉片分别叠拼成4组馒头花瓣形。
2. 将五香酱鸡脯肉切成花瓣片，叠砌在碟子剩余的1/5处成馒头花瓣形。

造型特点

整体形态美观，各组花瓣占碟面均等，片状刀工规格一致，拼叠紧贴。

举一反三

原料可用酱牛肉、卤猪肚、鱼肉糕、姜汁黄瓜、酥海带结；紫菜肉卷、腊香肠、西式红肠、姜汁茭白、卤素鸡；水晶肴肉、香糟鸭子、盐水大虾、腌大白菜卷、拌海蜇丝等。形状可摆成螺蛳形、菱形、扇形、椭圆形、花环形等。

任务5　什锦拼盘

原料组配

银芽鸡丝100g，虾蓉蛋卷100g，红肠100g，酸辣莴苣100g，素蟹肉100g，火腿100g，虾子卤笋100g，桃仁鸭卷100g，卤香菇100g，酒醉银鱼100g，伊丽莎白瓜100g，蜜汁草莓100g。

操作过程

1. 用银芽鸡丝堆码成正六边形作围拼的初坯。
2. 虾蓉蛋卷、红肠、酸辣莴苣、素蟹肉、虾子卤笋、火腿分别切成长鸡心形片，按顺时针方向依次排叠成6个扇形面成围拼。
3. 卤香菇切片平排于围拼内侧成环形圆面；桃仁鸭卷切成椭圆形片，围拼成环形圆面的第二层。
4. 酒醉银鱼呈辐射状堆于围拼的正中（周边略压桃仁鸭卷）。

❺ 伊丽莎白瓜切橘瓣形片，两两相对拼于两扇形面交接处外侧，蜜汁草莓切半夹于橘瓣形的伊丽莎白瓜片之间。

造型特点

整体形态美观，层次分明，各种原料的片状均匀，拼叠整齐紧贴，色彩协调，碟面干净卫生。

举一反三

可以选用各种荤、素且不易串味的原料进行组配，通过色彩对比，质地、口味变化以及刀工变化形态进行拼摆。可摆成扇形、螺蛳形、放射菱形、扇面圆形等。

项目三　花色冷菜拼盘造型

任务1　植物造型——迎客松

原料组配

什锦土豆泥、葱油豌豆泥、烤鸭脯、三鲜鱼糕、油焖茭白、紫菜蛋卷、盐水鹅脯、盐水虾仁、酱口条、原味火腿、五香牛肉、蛋黄糕、酸辣黄瓜、糖醋心里美萝卜、蒜味西蓝花、蛋白糕、香菜。

操作过程

❶ 什锦土豆泥堆码成松树枝干、松树两侧近处大山以及松树下端山坡的初坯。

❷ 松树：烤鸭脯肉斜切成长方形片，从上往下排叠成松树的枝干（皮面朝上）；酸辣黄瓜切蓑衣刀纹摆作松叶。

❸ 左侧近处大山：酱口条、三鲜鱼糕、原味火腿、油焖茭白、五香牛肉、盐水鹅脯、糖醋心里美萝卜分别切扁椭圆形片，自上往下、由右向左排叠成两座大山。

❹ 右侧近处大山：原味火腿、蛋黄糕、五香牛肉、三鲜鱼糕、酱口条、油焖茭白、烤鸭脯分别切扁椭圆形片，自上往下、由右向左排叠成三座大山。

❺ 中间远处山：用葱油豌豆泥在盘子的中间底端堆码成远处的山景。

❻ 山坡及点缀：烤鸭脯肉切长方形片、紫菜蛋卷切椭圆形片、盐水大虾批半，分别依次排叠三层作山坡；蛋白糕刻作白云；蒜味西蓝花排叠于山坡底部作为绿树，香菜分缀于山坡底部和侧面饰作小草。

造型特点

形态逼真，色彩层次分明，刀工及拼叠精细，碟面干净卫生。

举一反三

可以选用各种荤、素且不易串味的原料进行组配，通过色彩对比，质地、口味变化以及刀工变化形态拼摆成“欣欣向荣（葵花）”“岁寒三友（松、竹、梅）”“双桃献寿”“田园小景（葫芦）”“荷塘情趣”“长白仙菇”“篱笆情思（马蹄莲）”“翠竹红梅”“荷塘情趣”“鸟语花香”等。

任务2　动物造型——金鸡报晓

原料组配

胡萝卜7根（约500g），厚海带150g，熟鸡脯肉150g，肴肉100g，卤鸭100g，蛋黄糕50g，肉松少许，相思豆1粒，熟米面团100g。

操作过程

1. 将海带（最好是色黑肉厚的海带）洗净，用斜口刀刻成鸡尾羽状。将胡萝卜稍煮，削成断面呈柳叶状的块，以备做鸡颈羽。肴肉削成断面呈宽竹叶状的块，做鸡翅羽。蛋黄糕用小圆口刀到成圆柱形，做鸡翅小羽。将熟米面团分成两半，一半加红色揉匀，一半加红与黄两种色素调成橙色做鸡的嘴和爪。将熟鸡脯肉去皮加咖喱油稍煎。
2. 垫底　选一白色长鱼盘，将卤鸭肉批成片放在盘中，垫出鸡的轮廓。
3. 摆鸡胸脯　将煎好的鸡脯肉按所拼鸡胸的形状削好，切成大小相等的斜刀块，摆出鸡胸和大腿。
4. 摆鸡尾羽　将刻好的海带一片片叠摆鸡尾黑羽。再将胡萝卜切成片均匀地插在海带上，做出鸡尾羽。
5. 摆翅羽　把削好的肴肉切成片，摆出鸡翅大羽，再将圆柱形蛋黄糕（或刻成小圆片的青椒），切成片摆在鸡翅大羽上。
6. 摆颈羽　将削好的胡萝卜切成片，逐层逐片地摆出颈羽。摆时注意鸡颈羽的生动和形象，不要太呆板。
7. 做鸡头、嘴、眼、冠、爪　用肉松堆出鸡头，用相思豆外裹面线做成鸡眼，用红色米面团做出鸡冠，用橙色米面团做出鸡嘴和鸡爪即成。

造型特点

结构布局合理，色彩层次分明，形态逼真，碟面干净卫生。

举一反三

可选用各种色彩艳丽的荤、素原料制作“鸳鸯戏水”“飞燕迎春”“喜上眉梢（喜鹊）”“锦鸡报春”“富贵寿带”“鹏程万里（雄鹰）”“凤戏牡丹”“孔雀开屏”“群蝶闹春”“和平飞鸽”“马到成功”“海底世界”“金鱼戏莲”等。

任务3　器物造型——锦绣花篮

原料组配

烧鸡脯、紫菜蛋卷、火腿、姜汁莴笋、糖醋红胡萝卜、盐水鸡脯、卤鸭脯、黄蛋糕、盐水虾、红肠、白蛋糕、红油鱼片、卤茭白、炝西蓝花、蒜蓉黄瓜、葱油口蘑、珊瑚卷等。

操作过程

1. 烧鸡脯肉切成细丝堆码成篮身初坯。

② 黄蛋糕、白蛋糕、红肠、卤茭白、糖醋红胡萝卜、姜汁莴笋切成椭圆形片分别从下往上、由左向右排叠六层作篮身；盐水虾排叠成篮身下端作篮缀。

③ 紫菜蛋卷切椭圆形，从左往右排叠成花篮内口，火腿、白蛋糕、姜汁莴笋、糖醋红胡萝卜、盐水鸭脯分别切宽柳叶形片，从右往左层层排叠作花篮外口（最后一片盐水鸭脯略压紫菜蛋卷的第一片）。

④ 葱油口蘑刻切成月牙形，正反交替错开排接作篮把。

⑤ 红油鱼片、卤鸭脯切片拼摆成牡丹花；火腿切梯形片摆成马蹄莲花；珊瑚卷斜切成菱形厚片，堆摆成大丽花；盐水鸭脯肉切丝，撮摆成菊花；卤茭白刻作玉兰花；蒜蓉黄瓜切成细条饰作小草；炝西蓝花缀于鲜花之间；糖醋红胡萝卜切长条片饰作红绸带。

造型特点

花篮立体感强，贴拼整齐不松脱，色彩层次分明。篮口各色鲜花，竞相盛开，争奇斗艳，美如锦绣，观之有满溢之感。

举一反三

可采用多种原料摆成“宫廷玉扇”“红烛颂”“沙滩情思（海螺）”“中华魂（华表）”“吉庆宫灯”、花瓶、宫灯、扇子冷拼、奖杯冷盘、船类等。

任务4 景观造型——山水盆景

原料组配

挂霜核桃仁125g，酱汁里脊肉150g，麻辣牛肉丝75g，油爆河虾75g，皮蛋蛋白糕50g，盐水青椒30g，水煮鹌鹑蛋2个，蛋松30g，青菜松30g，盐水西蓝花50g，琼脂适量，用炸芋头制成的亭1组。

操作过程

① 用琼脂熬汁装入碟内形成水面。

② 将核桃仁堆砌成小山，酱汁里脊肉切片拼摆成小山坡形，麻辣牛肉丝也堆放成小山坡形。

③ 用虾去头拼摆成湖堤，西蓝花点缀成山边绿草。

④ 蛋白糕切成厚片拼摆成小道，蛋松、青菜松铺成草坪地。

⑤ 在蛋白糕小道处摆上芋头小亭，用青椒刻成荷叶、鹌鹑蛋刻成荷花点缀在水面上即成。

造型特点

布局合理，造型美观，碟面干净卫生，食用价值高。

举一反三

可选用适合“山形”及雕塑“亭、台、楼、阁”原料进行组配，借鉴各种山水景点图案进行构思拼摆，如“海南风光”“荷塘月色”“太湖春色”“一帆风顺”“锦绣山河”“西湖十景”等。

任务5　多碟组合造型——百花彩蝶

原料组配

葱椒云丝，卤猪肝，紫菜蛋卷，黄蛋糕，绿色虾糕，咖啡色鱼糕，红樱桃，酸辣黄瓜，葱油香菇，烤鸭脯肉，盐水明虾仁，姜汁莴笋，蒜酱海蜇头，炝鸡肫片，水晶肴肉，糖醋扬花萝卜，原味火腿，虾子卤茭白，炝青椒，蛋白糕，香菜叶等。

操作过程

❶ 主盘彩蝶

（1）葱椒云丝（云丝是一种黄豆制品，多用于凉调或者小炒，黄豆做成，味道鲜美有营养，食用前需发泡至软后，即可加作料或者蔬菜食用）码成蝴蝶的初坯。

（2）大翅：卤猪肝切宽柳叶形片，从上往下分别排叠成蝴蝶大翅膀的第一层；黄蛋糕、咖啡色鱼糕、绿色虾糕切鸡心形片，从上往下、由外向内分别排叠成蝴蝶大翅膀的第二层、第三层及第四层。

（3）小翅及翅尾：绿色虾糕、紫菜蛋卷、原味火腿切鸡心形片，分别从上往下和从下往上、由外向内分别排叠成蝴蝶的左、右小翅膀；葱油香菇切长鸡心形片，上叠黄蛋糕圆形小片和半粒红樱桃作翅尾。

（4）蝶身、蝶眼和蝶须：烤鸭脯肉斜批成片，排叠作蝶身；红樱桃切半作蝶眼；酸辣黄瓜切细条，和红樱桃粒作蝶须。

❷ 百花围碟（从右上角起按顺时针方向排列）

（1）盐水明虾仁围叠作绣球花；黄蛋糕切细末作花蕊；炝青椒刻作花叶。

（2）姜汁莴笋刻成佛手状，围叠作佛手花；红樱桃切细末作花蕊；香菜叶摆作花叶。

（3）蒜酱海蜇头围叠作牡丹花；蛋白糕切细末作花蕊；炝青椒刻作花叶。

（4）炝鸡肫片围叠作月季花；黄蛋糕切细末作花蕊；香菜叶摆作花叶。

（5）水晶肴肉切菱形小块，圈叠作菊花；蛋白糕切细末作花蕊；炝青椒刻作花叶。

（6）糖醋扬花萝卜切蓑衣刀纹，捻开后圈叠作绣球花；黄蛋糕切细末作花蕊；香菜叶摆作花叶。

（7）原味火腿切三角形片，卷叠作马蹄莲花；黄蛋糕切细条作花心；炝青椒刻作花叶。

（8）虾子卤茭白刻切成小玉兰花，再圈叠作大玉兰花；红樱桃切细末作花蕊；香菜叶摆作花叶。

造型特点

此造型以彩蝶为主拼，以八种花卉作围碟，构成了主题明确的组合造型。蝶恋花，花拥蝶，主次形象彼此协调，互为补充，大自然的美好情景跃然于盘中，令人顿生美的遐想。

举一反三

以此方法，可制作“群鹤献寿”“盆景集萃”“桃李天下”“动物世界”“万紫千红”“百鸟朝凤”等多碟组合拼盘。

项目四　水果拼盘造型

任务1 “含苞欲放”水果拼盘

原料组配

绿皮香瓜1只，葡萄30粒，甜橙2个，法国香菜少许。

操作过程

❶ 将香瓜切成若干个龙船形大块，分别切平一端。先批开外皮，再批开里皮，将里皮折进去，置立于果盘中，组合成一朵含苞软放的花蕾形状，花芯用法国香菜点缀。

❷ 葡萄围在香瓜的四周，将甜橙切成半圆形片围在果盘的最外层。

任务2 “孔雀开屏”水果拼盘

原料组配

哈密瓜、荔枝、猕猴桃、甜橙、香蕉、小番茄各适量，法国香菜少许。

操作过程

❶ 哈密瓜先切成龙船形大块，再切去一端，切开外皮及里皮，将里皮折进去，瓜顶上嵌上1条番茄皮，形成孔雀头。

❷ 荔枝去皮，从中间剖开，放在孔雀头后。哈密瓜剞剜成球，垫在荔枝下面，猕猴桃、香蕉分别去皮切片，围在外层。

❸ 小番茄切成龙船形，将皮翻开与甜橙片间隔地排在果盘的最外层，最后用法国香菜围在孔雀头的四周即成。

任务3 “凤凰展翅”水果拼盘

原料组配

伊丽莎白瓜、苹果、哈密瓜、香蕉、李子、红樱桃、法国香菜等各适量。

操作过程

❶ 将哈密瓜刻成凤凰头的形状置于果盆的一端，伊丽莎白瓜和苹果分别切成龙船形，并在皮面切上花刀，从外向里摆成凤凰的尾羽状。

❷ 将香蕉斜切成椭圆形厚片；李子切成圆形厚片，分别摆成凤凰的身段。

❸ 最后用红樱桃和法国香菜点缀。

任务4 “寿桃果盘”水果拼盘

原料组配

红瓤西瓜1个（约1500g），水蜜桃1个，香蕉3根，哈密瓜250g，新奇士柑1个，鲜李子

1030g，小纸伞1把。

操作过程

❶ 将西瓜用刀取下瓜瓤，切成三角形，将瓜皮切成船形。

❷ 水蜜桃洗净；香蕉切成节，用刀在香蕉皮上刻成兰花形；哈密瓜洗净切成片。

❸ 新奇士柑削尽皮，切成瓣；李子洗净。

❹ 将西瓜船放在盘中，三角形西瓜块装入船中，在一端装入水蜜桃，旁边放入兰花形香蕉。

❺ 新奇士柑瓣放在盘内装成一朵花形，另一端装入李子。

❻ 在船的前面摆放哈密瓜，小纸伞点缀在西瓜船上即成。

任务5　“赛龙舟”水果拼盘

原料组配

哈密瓜400g，胡萝卜200g，新疆无核葡萄50g，黄瓜50g，水果番茄10g。

操作过程

❶ 胡萝卜雕刻成龙头、龙尾。

❷ 哈密瓜切成大三角块，从中部将其皮、瓜肉分离，将瓜肉切成相等的片，相对错位排列；用牙签穿上新疆无核葡萄插在瓜肉上，再安上龙头、龙尾。

❸ 黄瓜切片，卷成水波状，用水果番茄点缀即成。

技能考核

考核样题

1. 一般拼盘造型

（1）造型四单盘：将“酱香牛肉”“姜汁松花”“酒醉冬笋”“山杞玉翠”4种冷菜分别拼装在4个盘内。要求造型美观、颜色协调、点缀合理；刀工细腻，刀法纯熟，刀面整洁，刀口均匀；层次有序，注重营养卫生及食用性，拼摆造型自行设计。

考核时限30min；时间允差：每超过1min扣1分，不足1min按1min计算，超时10min不得分。

（2）造型三拼：将“盐水牛肉”“红油鸭条”“油焖冬菇”3种冷菜现场拼摆成造型三拼。要求造型自行设计，形状美观、颜色协调、点缀合理；刀工细腻、刀法纯熟、刀面整洁、刀口均匀；层次有序，注重营养卫生及食用性。

考核时限：30min；时间允差：每超过1min扣1分，不足1min按1min计算，超时10min不得分。

2. 什锦拼盘　自行设计制作1个呈几何图案的什锦拼盘。主料不少于四荤三素，净重不少于800g（装饰料除外），其中至少有五个层次，口味不能单一。要求造型美观、颜色协调、点缀合理；刀工细腻、刀法纯熟、刀面整洁、刀口均匀；层次有序、味型丰富，并注重营养卫生及食用性。考核时限60min；时间允差：每超过3min扣1分，不足3min按3min计算，超时10min不得分。重点考核操作规范程度、原料荤素搭配、色彩搭配、口味搭配、图案比例、刀工精细程度、卫生状况及点缀原料的使用。

3．花色拼盘　自行设计制作1个呈一定物象的花色拼盘。要求造型美观、颜色协调、点缀合理；刀工细腻、刀法纯熟、刀面整洁、刀口均匀；层次有序、味型丰富，并注重营养卫生及食用性。考核时限60min；时间允差：每超过3min扣1分，不足3min按3min计算，超时10min不得分。重点考核操作规范程度、原料荤素搭配、色彩搭配、口味搭配、图案比例、刀工精细程度、卫生状况及点缀原料的使用。

4．热菜造型　以鱼类为原料制作1道花色造型热菜。要求造型美观、颜色协调、点缀合理，并注重营养卫生及食用性。考核时限60min；时间允差：每超过3min扣1分，不足3min按3min计算，超时10min不得分。

5．水果拼盘的造型　现场准备多种水果，如西瓜、苹果、梨、桃、葡萄、香蕉、草莓、荔枝、番荔枝、火龙果、牛油果、芒果、红毛丹、山竹、木瓜等，自行设计拼摆造型，要求原料经过现场消毒处理、切制拼摆，成品造型美观、颜色协调、点缀合理；刀工细腻、刀法纯熟、刀面整洁、刀口均匀；层次有序。

考核时限30min；时间允差：每超过1min扣1分，不足1min按1min计算，超时10min不得分。

6．食品雕刻　用白萝卜雕刻1朵牡丹花。雕刻萝卜花（月季花型、令箭荷花型或浮水莲型任选）1朵，要求花形形象逼真，整体定型直径6cm、高度5cm。考核时限10min；时间允差：每超过1min扣1分，不足1min按1min计算，超时10min不得分。

考核要求

1．设备、考位应统一编号。

2．考生要穿戴整洁的工作服、工作帽。

3．按照考核要求，备好有关烹调工具、盛器和原料。

评分标准

试题总成绩实行百分制积分方法，60分以上为及格，其中每项按百分制评分，评分标准见表18-1、表18-2、表18-3和表18-4。

1．花色热菜的造型。

表18-1　　花色热菜造型评分标准

评价指标	考核标准	标准分	得分
造型	形态美观，自然逼真	20分	
色彩	自然，符合制品应有的色泽	10分	
调味	体现原料的本味及成品风味，口味纯正	10分	

续表

评价指标	考核标准	标准分	得分
刀工	刀工精细，产品均匀	40分	
技术性	工艺性强，有一定的技术难度	10分	
创新性	特色鲜明，作品没有出现	10分	
否定项	下列情况出现一项该实训成绩为“0”分 （1）使用不能食用的原料或色素 （2）菜肴生、凉、焦煳 （3）不属于艺术造型菜 （4）超时10min以上 （5）违反实训室安全规定 （6）违反职业卫生规范		
成绩			

2．冷菜拼盘的造型。

表18-2　冷菜拼盘造型评分标准

评价指标	考核标准	标准分	得分
卫生	合理用料，干净卫生	10分	
色泽	色泽谐调、赏心悦目	10分	
调味	味型准确，多滋多味	10分	
刀工	刀工精细，叠排整齐，层次分明	20分	
造型	造型美观，图案造型新颖美观、主题鲜明	20分	
食用性	食用性强，无不可食原料，净料600g以上；什锦、花色拼盘6种以上原料	20分	
创新性	特色鲜明，作品造型没有出现	10分	
否定项	下列情况出现一项该实训成绩为“0”分 （1）使用不能食用的原料或色素 （2）超时10min以上 （3）违反实训室安全规定 （4）违反职业卫生规范		
成绩			

3．水果拼盘的造型。

表18-3　水果拼盘造型评分标准

评价指标	考核标准	标准分	得分
造型	造型美观、大方，富有寓意	20分	
色泽	色泽搭配合理	20分	
层次	刀工精细，排叠整齐	20分	
点缀	点缀合理	20分	

续表

评价指标	考核标准	标准分	得分
节约、卫生	合理用料，物尽其用，干净卫生	20分	
否定项	下列情况出现一项该实训成绩为“0”分 （1）原料浪费严重 （2）违反职业卫生规范 （3）超时10min以上		
成绩		100分	

4．食品雕刻。

表18-4　　食品雕刻评分标准

评价指标	考核标准	标准分	得分
形态	成形正确，形态周正，直径不小于6cm	30分	
刀法	刀法流畅，不留余肉	20分	
层次	4～5层，层次分明	25分	
均匀度	花瓣薄厚适当、均匀	25分	
否定项	下列情况出现一项该实训成绩为“0”分 （1）品种不正确 （2）刀法粗糙，掉瓣率在1/5以上 （3）层次不分明，且只雕有3层以下 （4）超时10min以上		
成绩		100分	

模块十九

地方传统名菜工艺

实训目标

通过实训，使学生了解四川菜、山东菜、江苏菜、广东菜及其他地方菜的原料选配、制作方法、操作关键和质量标准，学习和制作一定数量的本地和其他菜系的代表性品种，并能举一反三。

实训方法

教师讲解→示范操作→学生练习（分组或个人）→教师指导→综合讲评→填写实训报告。

项目一　四川菜

任务1　灯影牛肉

原料组配

主料：牛后腿肉500g。

调料：精盐6g，白糖6g，辣椒粉3g，胡椒粉3g，料酒30g，姜片10g，味精2g，五香粉2g，芝麻油10g，精炼油适量。

操作过程

1. 将牛后腿肉洗净，批去表面的筋膜，再批成大薄片；姜片拍松放入料酒中，取其汁。
2. 在牛肉片上均匀地撒上烤干水分的精盐，裹成圆筒形，晾至牛肉呈鲜红色。
3. 将晾干的牛肉平铺在钢丝架上，放入120℃的烤箱内，约15min取出。然后上笼蒸约30min取出，趁热切成4cm长、3cm宽的小片，再放入笼内蒸约1h取出。

4. 炒锅置火上，倒入精炼油，烧至150℃，放入牛肉片慢慢炸透，倒入漏勺中沥去油，再倒入锅中，加入料酒，撒入辣椒粉、胡椒粉、白糖、味精、五香粉，颠翻均匀，淋入芝麻油，起锅装盘。

工艺关键

1. 将牛肉浮皮、污物剔净，并保持清洁、忌用水洗，否则晾置时间较长，牛肉易腐败变味。肉片要片成极薄的大片，并使肉片连在一起不碎。
2. 牛肉片要晾干、烘透。烘肉忌用明火，要保持无烟无尘，使肉逐渐受热，水分徐徐烘干。
3. 炸牛肉片时，要先将油烧热，移至小火降低温度后再放入肉片。

风味特点

“灯影牛肉”是四川传统冷碟名菜，据说由钟易风于1932年所创。因成品片薄而透明，在灯光下可透明视物，犹如“牛皮灯影戏”，故名。成菜片薄如纸，色泽红亮，质地柔韧，细嚼爽口化渣，麻辣而鲜香。

举一反三

用此法可制成“麻辣牛肉丝”“麻辣猪肉片”等。以牛肉为主料，可制成“牦牛肉”“陈皮牛肉”“火鞭牛肉”“玫瑰牛肉”等凉菜。

任务2 棒棒鸡丝

原料组配

主料：熟净仔鸡肉200g。

调料：葱白20g，酱油25g，白糖20g，花椒粉2g，辣椒油40g，芝麻油10g，醋20g，芝麻酱15g，熟芝麻4g，味精1g，精盐1g。

操作过程

1. 将葱白切成粗丝装入盘内垫底；熟鸡肉用木棒轻轻捶打至肉质松软，用手撕成约8cm长，宽、厚各0.4cm的丝装入盘内葱丝上整齐排匀。
2. 将芝麻酱、酱油、白糖、精盐、醋、辣椒油、花椒粉、芝麻油、味精等调料放入碗内调匀，淋在鸡丝上面，最后撒上熟芝麻即成。

工艺关键

1. 鸡肉不能煮过头，刚熟即捞起，可用细钎插入鸡肉，取出不见血水即好。刚熟的鸡肉显得嫩爽。
2. 用木棒捶打鸡肉时，用力不可过大。
3. 味汁的分量要适中，上桌食用前再淋上。

风味特点

“棒棒鸡丝”是四川乐山的名菜，原称乐山棒棒鸡，因乐山古称嘉定，故又称嘉定棒棒鸡。“棒棒鸡”的成名和妙处在于，鸡丝不是用刀切制，而是用棒棒打松后撕成的。成菜咸鲜麻辣中微带回甜，鸡肉质地软嫩。

举一反三

依此烹调方法、味型，变换原料或形状还可烹制出“棒棒鸡块”“棒棒鸭块”等菜肴。

任务3　怪味鸡

原料组配

主料：净嫩鸡1只（约750g）。

调料：芝麻酱50g，熟芝麻2g，酱油15g，料酒5g，米醋10g，白糖10g，精盐3g，味精2g，辣椒油20g，花椒面5g，芝麻油50g，葱白50g，姜20g。

操作过程

1. 将鸡腹开去除内脏，剁去鸡头和爪。葱白分两份，分别切成葱花和寸段，姜分两份，一部分拍松切成块，另一部分切成末。
2. 芝麻酱放碗内，加入芝麻油，慢慢搅散后，放入精盐、味精、酱油、米醋、辣椒油、花椒面、白糖、姜末顺向搅拌均匀，即为怪味汁。
3. 鸡置沸水锅中紧皮，捞出洗净。再将汤锅内注入清水，加入葱段、姜块待水烧沸后，将鸡放入，加入料酒，撇去浮沫转用小火煮制约40min，视其肉质完全酥软后，捞出置盆内加原汤浸泡。晾凉后拆去鸡骨骼，鸡肉撕成小条状，码放在器皿内。浇上怪味汁，撒上熟芝麻和葱花即可上席拌食。

工艺关键

1. 鸡腔内的血渍要反复冲洗干净。
2. 调制味汁时，要先将芝麻酱用香油充分搅散，然后再放其他调料。其口味应以咸甜麻辣酸鲜香各味平衡为宜。每种调料均应相互配合，互不压抑，各味相平，以体现出复合味。
3. 煮鸡时忌用旺火，以断生、肉质酥软为佳。
4. 鸡条成形不要过长或过粗，码放时应将鸡脯肉覆盖在上面，其他部位的肉用于垫底。

风味特点

色泽棕红油亮，口味咸甜麻辣酸鲜香兼备，葱、姜味浓郁，质感酥软。

举一反三

依此烹调方法、味型，利用变换原料和形状的方法，还可烹制出“怪味鸡块”“怪味腰片”“怪味肚丝”等菜肴。

任务4　蒜泥白肉

原料组配

主料：带皮猪后腿肉250g。

调料：蒜泥20g，酱油30g，味精2g，辣椒油25g，白糖8g。

操作过程

❶ 将肥瘦相连的猪后腿肉刮洗干净，放入汤锅内加水煮至五成熟时捞出晾凉，再放入原汤中浸泡20min待用。

❷ 捞出浸泡过的肉，沥干后放在砧板上，切成10cm长、4cm宽的薄片（片越薄越好），再横切一刀，整齐排放盘中。

❸ 将酱油、白糖、辣椒油、味精调成汁，淋在片好的肉片上，再撒上蒜泥即可。

工艺关键

❶ 应选用肥瘦相连的猪后腿肉，要求肥瘦均匀，带有肉皮。

❷ 煮至皮软内熟即可，不必煮得太烂，应现煮晾凉现片，不可煮熟后放置过久再片制。

❸ 片肉时手须稳，按紧肉，拉锯进刀，肉皮才不易穿破，从而达到薄而均匀的要求。

风味特点

“蒜泥白肉”是四川传统名菜，又称白片肉、云白肉、匀白肉。此菜选用肥瘦相连的猪腿肉，经过烫煮、片片、凉拌而成。成菜质地滑嫩，香辣鲜美，蒜味浓郁，肥而不腻，经济实惠，佐酒下饭均宜。

举一反三

依此方法和味型，利用变换原料和形状的方法，还可制作出“蒜泥肚丝”“蒜泥腰片”“蒜泥鸡片”等菜肴。

任务5　鱼香肉丝

原料组配

主料：猪肉200g。

配料：笋丝25g，水发木耳10g。

调料：葱花10g，蒜泥10g，姜米10g，泡红辣椒末30g，酱油10g，精盐2g，白糖10g，醋7g，湿淀粉25g，鲜汤40g，味精1g，精炼油适量。

操作过程

❶ 猪肉切成9cm长、0.3cm见方的丝，加精盐、湿淀粉拌匀；水发木耳切成相应的丝；泡红辣椒剁成末。

❷ 将白糖、味精、精盐、醋、酱油、湿淀粉、鲜汤调成芡汁。

❸ 炒锅置火上，倒入精炼油，烧至120℃，放入肉丝炒散，加泡红辣椒末、姜米、蒜泥炒出香味；再放入笋丝、木耳丝、葱花炒匀；然后倒入芡汁翻炒，待收汁亮油时起锅装入盘中即成。

工艺关键

❶ 猪肉以里脊肉为佳，也可选用三成肥、七成瘦的猪肉；笋选冬笋；葱应选油葱；泡红辣椒以成都一带新产的二金条辣椒和威远的七星椒为佳。

❷ 放入泡红辣椒末、葱姜蒜泥炒制时，火力不宜太小，否则会影响菜肴色泽和香气。

❸ 在调味过程中要注意掌握好糖、醋的比例。

风味特点

色泽红亮，肉质细嫩，香气浓郁，咸、甜、酸、鲜、香、辣兼备，葱、姜、蒜味突出。

举一反三

鱼香肉丝是川菜鱼香味型中的典型代表菜，源于四川民间独具特色的烹鱼调味方法。依此烹调方法与味型，改变原料可烹制“鱼香鸡丝”“鱼香肉片”“鱼香腰花”“鱼香烘蛋”“鱼香苏饼”“鱼香兔花”“鱼香大虾”“鱼香八块鸡”“鱼香豌豆”等。

任务6 宫保鸡丁

原料组配

主料：嫩公鸡脯肉250g。

配料：盐炒花生仁50g。

调料：干辣椒10g，葱粒15g，姜片5g，蒜片5g，酱油20g，醋2g，白糖5g，精盐1g，花椒12粒，味精1g，料酒10g，湿淀粉20g，鲜汤30g，精炼油适量。

操作过程

❶ 将鸡肉拍松，剞成0.3cm见方的十字花纹，深度约0.2cm，再切成2cm见方的丁，放入碗中，加精盐、酱油、湿淀粉拌匀；干辣椒去蒂、子后切成2cm长的段；花生仁去皮。

❷ 将白糖、醋、酱油、味精、鲜汤、湿淀粉调成芡汁。

❸ 炒锅置旺火上，倒入精炼油，烧至160℃，放入辣椒段、花椒炒至棕红色时捞出，放入鸡丁炒散，加入料酒炒一下后，再加入姜片、蒜片、葱粒炒出香味，倒入芡汁，淋油后加入花生仁，颠锅翻炒，装盘。

工艺关键

❶ 鸡肉拍松、剞刀目的是便于成熟及入味。

❷ 鸡丁上浆要厚薄适度，并要搅拌上劲。

❸ 干辣椒先下锅，花椒后下锅，火力不宜过大。干辣椒要炸呈棕红色，欠火只辣不香；过火只香不辣。花椒要炒至棕色，过火香而不麻；欠火麻而不香。花生仁在起锅时再放入锅中。

❹ 注意醋的用量应多于糖，成菜后酸味略重于甜味。

风味特点

据传宫保鸡丁是清光绪年间四川总督的贵州人丁宝桢喜食的一道菜肴。丁宝桢任山东巡抚时，曾官加“太子太保”（即“宫保”），人称丁宫保，故将此菜叫“宫保鸡丁”。成菜色泽红亮，鸡肉软嫩，花生仁酥香，咸鲜辣香，略带酸甜。

举一反三

依此烹调方法与味型，改变原料可烹制“宫保腰花”“宫保虾仁”“宫保肉丁”“宫保素肉丁”等菜。

任务7 麻婆豆腐

原料组配

主料：豆腐200g。

配料：牛肉75g，青蒜15g。

调料：豆豉5g，郫县豆瓣25g，精盐1g，辣椒粉3g，花椒粉1g，味精1g，酱油5g，湿淀粉15g，鲜汤150g，调和油适量。

操作过程

1. 牛肉斩成细粒，豆豉、豆瓣分别斩细。青蒜切成2cm的长斜形片，豆腐切成2cm见方的块。
2. 将切好的豆腐放入沸水中浸烫一下。
3. 炒锅置火上，倒入调和油，烧至150℃，放入牛肉末、精盐炒至酥香出锅。
4. 锅加油烧至六成热，放入豆瓣、豆豉、辣椒粉，炒至色红味香时倒入鲜汤，略烧后放入豆腐、牛肉末、酱油，烧2min后用湿淀粉勾芡，再放入青蒜、味精略烧，起锅盛于盘中，撒上花椒粉即成。

工艺关键

1. 牛肉末要煸炒至酥香，豆瓣、豆豉、辣椒粉煸炒至色红味香，煸炒时火力不宜大，油温宜低，方能达到预计的效果。
2. 豆腐在烹制过程中应少搅动，一般采用晃锅使原料在锅中转换位置。
3. 为使味汁紧裹在豆腐块表面，勾芡要均匀。

风味特点

相传清同治时，成都北门外万福桥有一家豆腐店，店铺主人陈兴盛之妻，脸面有浅麻子，她常用挑夫油篓中的余油，以民间特殊的方法烹制豆腐，后又辅以牛肉末，佐以辣椒、花椒、豆豉、青蒜等，使此豆腐菜具有麻、辣、鲜、香、酥、嫩、烫等特点，诸特点中，尤以“麻”为最，加之主人脸上有麻子，因此人们称之为“麻婆豆腐”。

举一反三

以甜酱（重用）、豆豉为主要调料烧制而成则称“酱烧豆腐”；将豆腐片煎成两面金黄，用豆瓣酱将猪肉片烧香，加豆腐、调料烧制而成则称“家常豆腐”。将熟鸡肉、火腿、冬笋、豆腐均切成长方片或块，加鲜汤同烧成咸鲜味则称“三鲜豆腐”。

任务8 豆瓣鲜鱼

原料组配

主料：活鲤鱼1条（约750g）。

调料：姜米15g，葱花30g，蒜泥5g，白糖10g，酱油10g，醋10g，料酒30g，湿淀粉

15g，精盐1g，郫县豆瓣50g，味精1g，鲜汤150g，精炼油适量。

操作过程

1. 将活鲤鱼宰杀、洗净后，在鱼身两面剞上柳叶（或其他形状）花刀，放入沸水中烫一下，冲洗去表面浮沫。郫县豆瓣用刀斩碎。
2. 将鱼放在鱼盘内，撒上精盐、料酒，上笼蒸15min，取出。
3. 炒锅置火上，倒入精炼油，放姜米、葱花、蒜泥、豆瓣酱，用手勺炒动，至油红、透出香气时加入鲜汤、醋、白糖、酱油、味精，烧沸后用湿淀粉勾芡，浇在鱼身上即成。

工艺关键

1. 蒸鱼时火力不宜过大，以防将鱼体蒸开裂，影响造型。
2. 豆瓣酱有一定咸味，调味时要注意用盐量。

风味特点

“豆瓣鲜鱼”是由鱼肉鲜香细嫩，甜酸微辣，豆瓣味浓郁而闻名。主料为鲜活鲤鱼，调料以色泽红亮、干稀适度、味咸鲜香辣微甜的正宗郫县豆瓣为主，辅以其他调料经烧制而成。豆瓣鱼又名“豆瓣鲜鱼”，是川菜起席中很受欢迎的一道热菜。其烹调方法多用“烧”，大火将豆瓣汤汁烧开，小火慢慢收到汤汁浓稠，肉质入味。烧制时注意动作的技巧，不得将鱼的整体破坏，汤汁要宽，最好将鱼体全部淹没。其成菜特点：色泽红亮，肉质细嫩，味咸鲜香辣，豆瓣味浓，略带酸甜。

举一反三

依此烹调方法、味型，利用变换原料和形状的方法，还可烹制出“豆瓣鱼条”“豆瓣甲鱼块”“豆瓣鲤鱼”等菜肴。

任务9 家常海参

原料组配

主料：水发海参500g。

配料：猪肥瘦肉100g，黄豆芽120g，青蒜25g。

调料：郫县豆瓣50g，料酒20g，精盐3g，味精2g，酱油15g，湿淀粉10g，鲜汤1kg，芝麻油15g，花生油适量。

操作过程

1. 将水发海参洗净，片成长形厚片。猪肉、豆瓣分别剁成小粒。黄豆芽掐去两端。青蒜切成粒。
2. 炒锅置火上，放入鲜汤、海参、料酒、精盐，将海参烧一下，捞起，换汤再如法放入海参烧一次，捞出沥干。
3. 炒锅复置火上，加入适量花生油，烧至150℃，放入肉粒、料酒、精盐，炒至香酥盛入碗内。锅再置火上，倒入精炼油，放入豆瓣炒出香味，待油呈红色时加入鲜汤烧沸，透出香味后，捞出豆瓣渣不用，放入海参、肉粒、酱油烧至入味，用湿淀粉勾芡，加入青蒜、芝麻油、味精翻拌均匀。

④ 炒锅再置火上，放少许花生油烧至150℃，倒入黄豆芽，加入精盐炒熟，盛入盘中垫底，然后将海参连汁盖在上面即成。

工艺关键

① “家常味型”系传统川菜中之常用味型之一。微辣、回味略甜，微带醋香。此味型是用四川特产的郫县豆瓣、新繁泡辣椒、自贡井盐、德阳酱油等调制而成，但也可因不同菜式色形味质，而酌加原红豆瓣、料酒、豆豉、甜酱等调料。

② 海参一定选上等级，并涨发透。用鲜汤等喂味，使海参鲜美无异味。海参烧制时用汤要适量，宜少不宜多。烧烩海参的时间不宜长。烧入味后用水淀粉勾芡，使原料入味、光亮，呈带汁亮油的效果。黄豆芽有嫩脆之口感，使用时应去掉根和豆芽瓣，烹时以断生为好。

③ 豆瓣应用低油温炒香至油呈红色，加汤烧沸出味，捞去豆瓣渣，使成菜达到美观而色味浓厚的要求。

风味特点

色泽金红，紧汁亮油，海参滑润爽口，味道咸鲜香微辣，醇浓味厚。

举一反三

依此烹调方法、味型，变换主料和形状还可烹制出“家常鱿鱼”“家常蹄筋”“家常豆腐”等菜肴。

任务10 小煎鸡条

原料组配

主料：鸡腿肉200g。

配料：莴笋100g，芹黄25g。

调料：葱段25g，泡椒25g，料酒10g，姜片10g，蒜片5g，酱油10g，味精1g，精盐3g，白糖7g，醋2g，湿淀粉25g，鲜汤50g，精炼油适量。

操作过程

① 鸡腿肉拍松，剞成约0.4cm深的十字浅花纹，切成5cm长、0.8cm见方的条；莴笋切成略小的条；芹黄切成3cm长的段；葱段切成3cm长的斜片；泡椒斩碎。

② 将鸡条加入精盐、湿淀粉拌匀上浆。取小碗放入酱油、醋、味精、白糖、鲜汤、淀粉调成芡汁。

③ 炒锅置旺火上，放入精炼油烧至170℃，放入鸡条煸炒至变色，加入泡椒、姜片、蒜片、料酒，继续翻炒，再加入莴笋、芹黄、葱片炒匀，倒入芡汁，翻炒后收稠卤汁，装入盘中即成。

工艺关键

① 鸡腿肉筋络较多，刀工处理时可用刀尖略排斩几下。鸡腿肉切条时应顺纹切条，切条后不宜水洗。泡椒宜剁细。

❷ 烹制时火候不宜过大，应略小于小炒类菜肴。

风味特点

色泽橘红，口味酸香，肉质细嫩，微辣回甜。

举一反三

依此烹调方法、原料和形状，利用变换味型的方法，还可烹制出“酱汁鸡条”“鱼香鸡条”等菜肴。

任务11　鸡豆花

原料组配

主料：鸡脯肉125g。

配料：熟火腿末5g，鲜菜心5棵，鸡蛋清4个。

调料：鲜汤1.5kg，湿淀粉40g，精盐3g，味精2g，胡椒粉1g。

操作过程

❶ 将鸡脯肉剔去筋，批成薄片，放入清水中泡去血水，捞出斩成细蓉，放入大碗内，加入鲜汤调稀，再加入湿淀粉、精盐、打匀的鸡蛋清搅成鸡浆；鲜菜心根部削尖，叶部修齐，放入沸水锅内烫一下，用清水浸凉，待用。

❷ 炒锅置火上，放入鲜汤，加入味精、精盐烧沸，再将鸡浆搅匀倒入锅内，轻轻地推动几下，烧至微沸时改用微火焖10min，待鸡浆凝成雪花状时在汤碗内放入菜心，再将鸡豆花舀在上面，锅内鲜汤加味精倒入碗内，最后撒上火腿末、胡椒粉即成。

工艺关键

❶ 掌握好调制鸡浆时各种原料之间的比例。

❷ 加热时宜用中火加热。

风味特点

此菜汤清见底，豆花悬浮于汤中，色泽洁白，质地细嫩，咸鲜味美，营养丰富。在佐餐时，配以特制的豆瓣、辣椒油、花生仁、芝麻、芝麻油、葱花、蒜泥调制成的味碟，拌而食之，味美可口。

举一反三

依此烹调方法、味型，利用变换原料的方法，还可烹制出“鱼豆花”“肉豆花”等菜肴。

任务12　开水白菜

原料组配

主料：大白菜心450g。

调料：精盐5g，胡椒粉1g，味精2g，料酒10g，鲜汤750g。

操作过程

1. 将大白菜心修齐，对半剖开，用清水冲洗干净，放入沸水锅中烫至八成熟，捞出后用清水漂洗，直至菜心浸凉，整齐排入蒸碗中，加入胡椒粉、料酒、精盐、味精、鲜汤，入笼用旺火蒸5min。
2. 将蒸笼中的蒸碗取出，滗去蒸碗中的汤不用，然后再用烧沸的鲜汤过两次，捞出放入汤碗中。
3. 炒锅置火上，倒入适量鲜汤，加胡椒粉、料酒、精盐烧开，倒入汤碗中即成。

工艺关键

1. 菜心焯水时必须沸水下锅，时间宜短，以刚断生、保持鲜绿色为好，并且用凉开水漂冷保色。
2. 菜心应修切整齐，装碗灌汤成菜时应保持成菜美观，突出汤鲜味美，清鲜淡雅的特色。

风味特点

汤汁清澈见底，形同开水白菜鲜嫩清香，味美可口。

举一反三

用烩制的方法，可以用金钩或干贝等鲜味料与白菜烩制成“金钩白菜”“干贝黄秧白”。以干辣椒、花做作主要调料可做出突出脆嫩咸鲜、麻辣鲜香的“炝炒黄秧白”。若以特制清汤作汤料，将鸡肉制成豆花状，可做出细嫩鲜美的特色川菜“鸡豆花”。若以菜心和鸡茸、清汤作基本料，可烹制出“鸡蒙菜心”等。

项目二　山东菜

任务1　芥末海蜇

原料组配

主料：海蜇皮500g。

配料：黄瓜100g。

调料：精盐2g，味精2g，米醋15g，芥末20g，芝麻油15g，姜10g。

操作过程

1. 海蜇皮洗净。黄瓜去头和尾，姜刮去表皮，均洗净。
2. 海蜇皮改刀成约7cm长、0.5cm宽的丝，黄瓜切丝，姜切末。
3. 芥末放碗内，加温开水澥开，晾凉后加精盐、味精、芝麻油、米醋调成味汁。
4. 海蜇丝放沸水锅中焯水，随即捞出过凉，挤干水分放碗内，加味汁拌匀放器皿中，黄瓜丝加精盐、味精、芝麻油拌匀放在海蜇丝周围，姜末撒在海蜇丝上即可上席。

工艺关键

1. 宜选用蜇皮整且新鲜的海蜇作主料，加工时应将其用清水反复漂洗，以去除杂质及咸味。

2. 经刀工处理后每种原料的刀口应均匀一致，避免连刀现象。海蜇丝切制不宜过细。
3. 海蜇丝焯水时间不宜过久，否则易失水分而收缩，影响成菜质感及出成率。黄瓜应现食现拌不宜久放。

风味特点

色泽黄绿相映，口味咸鲜酸辣香，质感脆嫩。

举一反三

依此烹调方法、味型，变换原料及形状还可烹制出“芥末肚丝”“芥末腰片”“芥末鸭掌”等菜肴。

任务2　水晶肘子

原料组配

主料：猪肘子1000g。

配料：猪肉皮500g。

调料：姜片20g，姜末10g，料酒25g，清水750g，蒜泥20g，精盐50g，芝麻油0.2g，味精0.2g，醋0.5g，葱段50g，虾油5g。

操作过程

1. 将肘子浸泡2h，用刀刮净皮上的残毛和污垢，剔去骨后放入汤锅，下清水、料酒煮至无血水时捞出，用净水冲净备用。
2. 将猪肉皮用刀刮去残毛，刮净肥油洗净，放入开水锅中，煮至六成熟捞出，然后把猪肉皮切成7cm长，3cm宽的长方块备用。
3. 把肘子放入盆内，加入清水、猪肉皮、精盐、葱段、姜片上屉蒸2h，把盆中的葱、姜、肉皮捡出，放入味精，并将肘子皮朝下放好，待冷却后捞出。
4. 将肘子顶刀切片，整齐的码入盘中即可，再取一小碗，碗中放入姜末、蒜泥、芝麻油、醋、虾油调匀，和肘子一起上桌蘸食。

工艺关键

1. 原料初步熟处理时，宜用小火，以去尽血污和肉腥味。煮制时间不要过长，以五六成熟为宜，否则不宜切制成形。
2. 去肘骨时，要保持其形状完好。肉皮改刀前要将其表面的肥肉刮尽，以免影响成菜质量。
3. 蒸制肘肉时，汤汁应没过肘肉，口味不宜过重，肘肉要充分蒸制酥软。

风味特点

“水晶肘子”是济南地方风味的传统菜肴，晶莹透明，肘肉透烂，肥而不腻，清爽适口。“锅烧肘子”“冰糖肘子”“水晶肘子”，合称“济南三肘”，味不雷同，形色各异。

举一反三

依此烹调方法、味型和肉皮，变换主料及形状还可烹制出“水晶鸭脯”“水晶鸡脯”等菜肴。

任务3 罗汉肚

原料组配

主料：猪肚1个（约350g）。

配料：猪肥瘦肉450g，猪肉皮200g，水发冬菇50g，冬笋75g，猪肘头300g。

调料：酱油20g，料酒100g，精盐10g，白糖20g，糖色2g，味精10g，花椒5g，桂皮10g，大料10g，五香粉10g，葱白75g，姜50g，鸡汤2000g。

猪肚需另用精盐50g，米醋100g搓洗干净。

操作过程

1. 猪肚刮去油脂，用精盐、米醋揉搓后去除猪肚上的黏液，再用清水冲去精盐和米醋，漂洗干净。然后把猪肘头和猪肉皮上的残毛及污物刮净，水发冬菇去蒂洗净备用。
2. 将水发冬菇、冬笋分别切成丁状，葱白剖开切寸段和末，姜分别切片和末。
3. 洗净的猪肚置容器内，加入精盐、料酒、葱段、姜片和花椒拌和均匀，腌制约30min。
4. 猪肘头和肉皮放入沸水锅稍煮，捞出洗净。汤锅置灶口上，倒入鸡汤，放入葱段、姜片、大料、桂皮、料酒、白糖、精盐、糖色和酱油，再加入猪肉、猪肘头和肉皮，汤汁烧沸撇出浮沫，转用小火煮制，视原料断生后，将猪肉、肉皮和猪肘头捞出晾凉，然后分别将猪肉、猪肘头切成丁状，肉皮改刀成粗丝。
5. 将冬菇丁、冬笋丁、猪肉丁、猪肘头丁、肉皮丝放器皿内，加入葱末、姜末、味精、五香粉拌匀。另将腌制猪肚的葱段、姜片、花椒拣出不用。然后把上述成形的原料填入猪肚内，用竹签将肚口封住，即成罗汉肚半成品。把罗汉肚放入原汤锅内，用小火将其煮至酥软，捞出沥汁，用重物将猪肚压实，待晾凉后去掉重物，抽出竹签，将罗汉肚改刀成薄片码入器皿内即成。

工艺关键

1. 加工猪肚应用盐、醋反复搓洗，以除去油脂和黏液。肉皮及肘头去尽残毛，水发冬菇去蒂后底面应反复冲洗干净。
2. 原料熟处理时宜用小火，使原料初步入味成熟即可。
3. 煮制罗汉肚时，忌用大火，中途要用竹签在罗汉肚表面扎些小孔放气，以防罗汉肚受热时膨胀破裂。
4. 熟后一定要用重物压实，以免各种原料在肚内松散，切片时不宜成形。

风味特点

罗汉肚意为多的意思，本菜选用此名指肚内原料多，口味多。本菜五香味浓，色泽美观，为佐酒下饭佳肴。

举一反三

依此烹调方法和味型，利用变换原料的方法，还可制作出“八宝肚卷”“五彩猪肚”“扎裹肚卷”等菜肴。

任务4 紫菜虾卷

原料组配

主料：鲜虾仁300g，紫菜5张。

配料：猪肥膘75g。

调料：料酒10g，精盐2g，味精2g，鸡蛋清75g，湿淀粉30g，胡椒粉1g，葱白10g，姜5g，芝麻油15g。

操作过程

1. 虾仁挑去虾线洗净，肥膘用清水漂洗干净。
2. 虾仁、肥膘分别剁成泥蓉状。葱白、姜拍松，放碗内加清水泡制成葱姜水。
3. 虾肉泥放碗内，加少量清水瀨开，掺入肥膘泥搅拌，再加葱姜水、料酒、精盐、味精、胡椒粉调拌，确定底口后，放入湿淀粉、鸡蛋清顺向搅拌至上劲。
4. 紫菜逐张平铺在砧板上，涂上少许水，将馅心均匀涂抹在紫菜上，从一端卷起，成宽约4cm的椭圆形长卷，再用洁净的湿纱布包卷好。
5. 卷制成形的虾卷上屉用中火蒸制约10min，熟后取出晾凉，揭开纱布，在虾卷外表涂抹少许芝麻油，改刀成厚约0.3cm的椭圆形片，有序地码放在器皿内即成。

工艺关键

1. 应选用新鲜的虾仁作主料，加工时要去净虾线。
2. 调制馅心时，应先确定好底口，然后再搅拌。馅心底口应以清淡咸鲜为宜，精盐量要适度。加胡椒粉只起去腥调味的作用，不应吃出辣味。调馅时要顺向搅动至上劲，添加葱姜水等液体调料要分次加，水量不宜过多，否则馅心过稀不易卷制成形。
3. 蒸制虾卷宜用中火，待上汽后再放入虾卷。蒸制过程中要揭一次盖放汽，然后继续蒸制。蒸制时若用大火长时间加热，则虾肉质老。

风味特点

色泽黑白交映，口味咸鲜适中，质感酥软。

举一反三

依此烹调方法、味型，变换主料还可烹制出“紫菜鱼卷”“紫菜鸡卷”“紫菜肉卷”等菜肴。

任务5 九转大肠

原料组配

主料：熟猪肥肠750g。

调料：精盐4g，酱油15g，味精8g，米醋50g，白糖80g，料酒50g，胡椒粉0.25g，肉桂面0.25g，砂仁面0.25g，葱末5g，姜末5g，蒜末5g，香菜末6g，芝麻油15g，鸡油15g，清汤250g，花生油750g（实用约50g）。

操作过程

❶ 将熟肥肠的细尾切去不用，切成2.5cm长的段，放入沸水中煮透捞出控干水分。

❷ 炒锅放入花生油烧至七成热时，下入大肠炸至金红色时捞出。

❸ 炒锅内倒入香油烧热，放入30g白糖用微火炒至深红色，把熟肥肠倒入锅中，颠转锅，使之上色，加料酒、葱姜蒜末炒出香味后，下入清汤、酱油、白糖、米醋、精盐、芝麻油、味精烧开后，再移至微火上煨。

❹ 待汤汁至1/4时，放入胡椒粉、肉桂面、砂仁面，继续煨至汤干汁浓时，颠转勺使汁均匀地裹在大肠上，淋上鸡油，拖入盘中，撒上香菜末即成。

工艺关键

❶ 大肠应选用粗头且粗细均匀的部分，而且要煮至熟烂，但不可过软。

❷ 烧肥肠时要用慢火使其入味均匀，汤汁应基本收尽。

❸ 香菜末应在装盘后撒上，要撒均匀。

风味特点

色泽红润，质地软烂，肥而不腻，兼有甜、酸、咸、辣、香。

举一反三

依此烹调方法、味型，变换原料还可烹制出“九转小肠”“九转豆腐”等菜肴。另外，“九转大肠”历史悠久，发展到现在，已有了多种不同的做法。有的厨师在调料中加入糖色，以便其色红艳；有的为避其苦味，少加或不加砂仁面和肉桂面；有的把猪大肠的细端插入粗端后再烹制。

任务6 锅烧肘子

原料组配

主料：猪前肘500g。

配料：鸡蛋1个，荷叶饼20张。

调料：葱段25g，姜片25g，鲜汤75g，酱油75g，精盐5g，味精2g，料酒50g，湿淀粉200g，甜面酱30g，葱白丝50g，花椒盐10g，精炼油适量。

操作过程

❶ 将去骨带皮的肘子漂洗干净，修成圆形，下锅煮熟，取出洗净，放入卤锅中，煮至五成熟时捞出，皮朝下放砧板上，切成1.5cm厚的大片，皮朝下码入碗中，加入酱油、料酒、精盐、味精、葱段、姜片、鲜汤，上笼蒸30min，取出滗去汤汁。

❷ 用湿淀粉和鸡蛋调成蛋糊，将一半倒入平盘摊平，把肘子皮朝下摆在盘中，再倒入另一半蛋糊抹匀。

❸ 炒锅置火上，放入精炼油，烧至170℃时，将盘子贴近油面，整形推入锅中，炸至成形时捞出稍晾，再入油复炸一次，待肘子成金黄色、外壳酥脆时，捞出沥净油，改刀成条块，原形装入大盘中，带甜面酱、花椒盐、葱白丝、荷叶饼，上桌供食。

工艺关键

1. 猪肘以皮薄肉嫩的前肘为好。
2. 改刀后裹糊要正反均匀，不可遗漏。
3. 过油时要把握成熟度、色泽和酥脆度。

风味特点

“锅烧肘子”是济宁名菜，其制法精细，工艺复杂，需经过水煮、笼蒸、挂糊、油炸等多道程序方可完成，尤其是在火候的掌握上，必须恰到好处，才能达到外香酥，内软嫩，色味俱佳的要求。此菜色泽金黄，外焦里嫩，干香无汁，肥而不腻，食用时可配带佐料，如甜面酱、椒盐、大葱、荷叶饼或荷叶卷，随其所好，任其选用，则另有一番风味。

举一反三

依此烹调方法、味型，利用变换原料的方法，还可烹制出“锅烧整鸡”“锅烧牛肉”“锅烧羊肉”等。

任务7　四喜丸子

原料组配

主料：肥瘦猪肉500g。

配料：冬菇10g，冬笋10g，鸡蛋100g。

调料：葱10g，姜10g，酱油15g，料酒20g，精盐15g，花椒5g，八角5g，味精15g，湿淀粉25g，花生油500g（实用约50g），葱油5g，清汤适量。

操作过程

1. 将猪肥肉切0.3cm的丁，瘦肉剁成细蓉，放入碗内，加入鸡蛋、葱姜末、湿淀粉、酱油、料酒拌匀，做成四个大小一致的丸子备用。冬菇、冬笋洗净均匀切成片。
2. 炒锅放入花生油，上中火烧六成热（约150℃）时放入肉丸，炸至金黄色捞出。
3. 放入碗内加入酱油、料酒、花椒、八角、清汤入笼用旺火蒸30min取出，摆入大盘内。
4. 原汤滗入锅内，加冬笋片、冬菇片，用旺火烧开，放入味精、葱油，用湿淀粉勾芡，浇在丸子上即可。

工艺关键

1. 肥瘦肉比例为6∶4，过肥，太腻，不易成形；过瘦，肉丸质柴，口感不佳。
2. 旺火汽足蒸30min即可，若蒸过烂，形质皆逊。

风味特点

“四喜丸子”即四个色、香、味俱佳的肉丸所构成，寓人生“福、禄、寿、喜”四件喜事。常用于喜寿宴席中的压桌菜，以取其吉祥之意。此菜经炸、蒸等技法制作而成，四丸成盘，色泽红润，鲜香糯嫩，入口即散。

举一反三

“四喜丸子”通常为蒸制法，有时也可做成“炖四喜丸子”“炸四喜丸子”“红烧四喜丸子”等。

任务8 醋椒鳜鱼

原料组配

主料：鳜鱼1条（约1kg）。

调料：鲜汤1.5kg，香菜段15g，葱白丝15g，料酒20g，精盐5g，味精4g，米醋40g，白胡椒粉2g，白胡椒粒2g，花椒粒2g，芝麻油10g，葱段50g，姜片10g，精炼油、清汤适量。

操作过程

1. 将鳜鱼去鳞去鳃，开膛去脏，用开水烫一下过凉，刮去鱼身表面的黑皮，一面剞上斜一字花刀，另一面剞上菱形花刀，用沸水焯一下。
2. 炒锅置火上，加入精炼油烧热，放入葱段、姜片、花椒粒、白胡椒粒炒香，放入鲜汤、料酒、精盐、味精，将鳜鱼菱形花刀的一面朝上放入汤锅，烧沸至熟，拣去葱姜，放入米醋，起锅装入汤碗，撒上葱白丝、香菜段、白胡椒粉，淋上芝麻油即成。

工艺关键

1. 用开水烫时要注意烫的时间不宜过长，时间短了鱼黑皮刮不下去，时间太长了就会造成了连肉带皮一起刮下来的现象。
2. 在鱼的正面剞十字花刀，反面剞一字花刀。
3. 醋要在出勺时加入，不能提前放。炖鱼时用微火，才能保持鱼的鲜嫩。

风味特点

汤味浓厚呈奶白色，鱼肉鲜美，味道酸辣鲜咸。

举一反三

依此烹调方法、味型，变换主料和可烹制出“醋椒鱼头”“醋椒鲤鱼”“醋椒鱼中段”“醋椒鱼划水”等菜肴。若把“醋椒鳜鱼”中的清汤换为奶汤，则为“醋椒奶汁鳜鱼”。鳜鱼较常用的烹调方法有烧、煎、熘、炖等。

任务9 清蒸加吉鱼

原料组配

主料：鲜活加吉鱼1条（约750g）。

配料：猪肥膘肉25g，熟火腿5g，冬笋25g，水发香菇25g。

调料：葱段10g，姜片10g，精盐3g，料酒5g，鲜花椒2g，鸡油5g，鲜汤50g。

操作过程

1. 将鱼去鳞、鳃、内脏（保持鱼身完整），洗净，在鱼身两面剞上柳叶花刀。手提鱼尾在沸水锅中稍烫，取出用洁布抹干水分，然后放入深鱼盘中，将精盐、花椒撒在鱼上，浇上鲜汤、料酒。

❷ 将肥膘、笋、香菇、火腿均切成长条片，和葱段、姜片一起拌匀撒在鱼身上；再在鱼身上淋上鸡油，上笼蒸熟取出，拣去肥膘即可。

工艺关键

❶ 鱼盘中先用两根筷子前后垫底，上面放鱼，蒸时便于蒸汽循环，鱼身两面受热均匀，可缩短成熟时间，鱼肉鲜美。

❷ 此菜采用“速蒸法”旺火气足，密封速蒸，一般10min以内即应出锅。

风味特点

自然形态，原汁原味，鲜美可口，肉质鲜嫩。

举一反三

加吉鱼适合于多种烹调方法，清蒸、白汁或作汤，也可整尾干烧、红烧、侉炖、酱渍、红烧等。家常多清炖。其肉也可以作成鱼丸、鱼馅等。因加吉鱼头部多含胶质而醇美，故在胶东，向有“一鱼两吃”之法，即鱼肉吃先后，把鱼头及骨刺入锅氽汤，为宴后醒酒佳品。

任务10　神仙鸭子

原料组配

主料：新鲜填鸭1只（约2500g）。

配料：口蘑50g，火腿50g，水发冬菇50g，冬笋75g，玻璃纸半张。

调料：味精5g，酱油50g，精盐15g，葱段25g，料酒50g，姜片15g，清汤1250g。

操作过程

❶ 将鲜填鸭洗净，去掉内脏，砸断小腿骨环，剔去鸭掌大骨，抽去舌及食管，剁去嘴尖割去肛门、鸭臊，在脊椎骨上划几刀翻过来在脯肉上拍几下，放入锅内加水用小火烧沸煮15min，捞出在冷水中洗净油污。

❷ 火腿、冬笋切成长5cm、宽2cm的片。冬菇、口蘑去根洗净切成两半。

❸ 将鸭脊骨剁断取下，放入砂锅底，鸭腹面朝上放在骨上，口蘑放在鸭腹上成一行，冬笋、火腿、冬菇分别摆在口蘑的两边，再将清汤、精盐、料酒、酱油倒入砂锅内，加上葱、姜，用玻璃纸将砂锅口盖严捆紧，放在蒸笼内蒸熟，取出砂锅揭去纸，捡去葱、姜，撒上味精，撇去浮油即成。

工艺关键

❶ 焯鸭子时，应冷水下锅，使其内部的血污和腥膻气味充分排出，还可以在锅中加一些花椒、葱、姜、料酒，以便去除腥臊味。

❷ 必须将砂锅的口封严，防止原料的香味走失。

❸ 蒸熟后必须用筷子捡去葱、姜，以便达到吃时有葱姜味，而不见葱姜的特点。

风味特点

神仙鸭子是山东名菜，相传在明代时已是孔府名肴。此菜做法复杂，要求严格，蒸制时间长，蒸后立即上桌，以保持鲜味，为了精确地掌握蒸制时间，老辈的厨师用“燃香计时”的方法，在鸭子入笼蒸制前开始点燃香，共燃三炷香，即可成熟，此法为孔氏一近支族人发现，他曾在渲洲任知府，到曲阜祭祖时，吃到此菜倍加赞赏，认为燃香制菜犹如供奉神灵，之后遂称此菜为“神仙鸭子”。此菜因采用了隔水而蒸的方法，所以菜品的鲜味极佳，且汤汁澄清，肉质酥烂，原汤原汁原味，山东风味特点突出。

举一反三

依此烹调方法，利用原料变换，还可烹制出“神仙鸡”、“神仙鱼”等菜肴。

任务11 诗礼银杏

原料组配

主料：银杏（白果）750g。

调料：猪油50g，白糖250g，桂花酱2.5g，蜂蜜50g。

操作过程

1. 将白果去壳，用碱水泡一下去皮，再放锅中沸和稍焯，以去苦味，再入锅煮酥取出。
2. 炒锅烧热下猪油35g，加入10g白糖，炒制成银红色时，加清水100g、余下的白糖、蜂蜜、桂花酱，倒入白果，烧至汁浓，淋上猪油15g，盛入汤盘中即成。

工艺关键

1. 银杏应选新收的鲜果仁，否则色不绿质不嫩。
2. 银杏要去净红皮和果心。
3. 炒糖时不可色浅，不可太焦。

风味特点

晶莹透明，清香甜美，软糯柔韧。

举一反三

主料不变，加工方法变化、可做出许多不同菜品，如银杏沸水焯过后，蘸上干淀粉，炸至微黄成熟，炒勺放白糖炒至金黄起泡，倒入银杏，颠翻均匀后出锅，用刀将糖液拉成片状，稍凉装盘，即是外硬脆香甜、内柔韧软嫩的“玛瑙银杏”，为枣庄地区的传统风味菜。

任务12 奶汤蒲菜

原料组配

主料：蒲菜250g。

配料：薹菜花50g，水发冬菇50g，熟火腿25g。

调料：精盐3g，葱椒料酒25g，味精2g，姜汁2g，奶汤750g，葱油50g。

操作过程

1. 将蒲菜剥去皮，削去后梢，薹菜花去皮去筋洗净，均切成长3cm、宽1cm、厚0.2cm的片。水发冬菇片成0.2cm厚的片，火腿切成长2.5cm、宽0.8cm、厚0.3cm的片。

❷ 锅内加入清水烧开，将蒲菜、薹菜花、冬菇分别放入焯一下，捞出沥干水分。

❸ 炒锅内放入葱油，中火烧至四成热时，倒入奶汤烧开，放入蒲菜、薹菜花、冬菇、精盐、姜汁，加入葱椒料酒、味精，沸后盛在汤碗内，撒上火腿片即成。

工艺关键

❶ 蒲菜在使用前应用清水浸泡3～4h，焯水时，水要沸、要宽，一下即捞出。

❷ 奶汤色要白，汤汁要浓。

❸ 此菜所使用的葱椒料酒，是山东独特的调味品，其制法是将净花椒拍碎，葱白切成细末，加少量料酒拌湿，剁成细泥，再将葱泥与花椒用纱布包起来，放在料酒中浸泡1~2h，除去布包，即成。葱椒料酒不宜加得过多，以免影响菜肴的汤色。

风味特点

奶汤蒲菜是济南传统风味汤菜之一。此菜色泽乳白清雅，菜质脆嫩，汤鲜香醇，是高档宴席之上乘汤菜。

举一反三

在鲁菜中用奶汤烧制的菜肴非常多，如主料变成茭白就称“奶汤茭白”，制法同“奶汤蒲菜”。如果用鸡脯肉、肥猪肉膘、鸡蛋清为主料，制成蓉泥，再制成鸡丸煎成扁圆形，放奶汤蒸熟，浇奶汤汁（同奶汤蒲菜），就成“奶汤鸡脯”；主料用猪肺，就成“奶汤猪肺”；主料用鲜核桃仁，就成“奶油核桃仁”等。

项目三　江苏菜

任务1　葱油鸭舌

原料组配

主料：鸭舌40条。

调料：精盐2g，味精1g，料酒16g，花椒粒1g，葱白50g，芝麻油35g。

操作过程

❶ 鸭舌去皮洗净，葱白切成葱花。

❷ 鸭舌放冷水锅中，待水烧沸后捞出漂洗，用小刀轻轻刮净舌上薄膜。

❸ 炒锅置火上，放入芝麻油加热后，加花椒粒炸出香味，捞出花椒不用。再放入葱花，略炸至出香味时，倒入碗中成葱油。

❹ 鸭舌放沸水锅中，加精盐、味精、料酒加热，待鸭舌熟后捞出过凉，并将鸭舌骨去净沥水，放器皿中，浇上葱油即成。

工艺关键

❶ 炸制葱油时，油温要适中，若油温低则葱香味不浓，油温高则葱花易煳无香味。

❷ 煮制鸭舌的时间不宜久，应以断生为度，否则影响成菜质感要求。

风味特点

色泽淡黄光润，口味咸鲜适中，葱香味浓，质感脆嫩。

举一反三

依此烹调方法、原料，利用变换味型的方法，还可烹制出“红油鸭舌”“芥末鸭舌”“怪味鸭舌”等菜肴。

任务2 水晶肴肉

原料组配

主料：猪前蹄膀1只（约1.5kg）。

调料：葱段、姜片各20g，硝10g，明矾3g，盐120g，料酒15g，花椒5g，八角5g，姜丝、香醋各适量。

操作过程

1. 硝加1000g水调成硝水。猪蹄刮洗干净，剖开去骨，用竹扦在肉面上戳一些小孔，然后用硝水、盐在肉上反复搓擦，将猪蹄放入缸中腌制，一般冬季要腌7天，夏季要腌2天，腌好后放入清水中浸泡，4～5h，然后再刮洗干净。
2. 猪蹄放入大锅中，加水，放葱段、姜片、料酒、花椒、八角、盐、明矾，用大火烧开，去掉浮沫，再用小火焖至酥烂，去掉葱、姜和香料，将肉放入方盘中修平，另将汤去掉浮油，用纱布过滤，浇在方盘中，上面压上干净的重物，凉透后放入冰箱中，食用时改刀装盘，佐以姜丝、香醋。

工艺关键

1. 腌制后一定要泡去咸味，这样可使肉质更酥香。
2. 卤汁一定要去掉浮油，否则凉透后肉面油脂凝结，影响风味。

质量要求

肉色鲜红，皮白透明，卤冻晶莹，味香酥烂。

风味特点

皮白肉红，光滑晶莹，卤冻透明，犹如水晶，口味香、酥、鲜、嫩。

举一反三

根据肴蹄不同部位、不同肉质和不同形状，上桌时可切出不同名目的肴肉，如“眼镜肴”“玉带钩肴”“添灯棒肴”“三角棱肴”等，按照类似方法可制“捆蹄”等菜肴。蹄膀除可做成冷菜外，还常整只做成大菜，如“红扒蹄膀”“红焖肘子”“冰糖肘子”等，烹后放刀上桌的还有“椒盐肘子”“芝麻肘子”“香酥肘子”等菜肴。

任务3 盐水鸭

原料组配

主料：净光鸭1只（约1250g）。

调料：花椒3g，大料1g，精盐100g，清卤750g，姜15g，葱白25g。

操作过程

1. 将鸭去翅尖及鸭掌，从右翅肋下开小口，从刀口处取出内脏，拉出气管和食管，用清水冲洗血污。
2. 炒锅置火上，放入花椒、精盐炒至出香味时，倒入器皿内晾凉。葱白拍松，姜切片。
3. 用花椒、精盐涂遍鸭体，然后放入器皿中腌制入味（天气热时腌渍约1h，天冷时腌渍约2h）。再将鸭子移置清卤中浸泡（天气热时浸泡约2h，天冷时浸泡约4h）。浸泡后捞出沥汁，把大料、姜片、葱放入鸭膛内，置通风处风干。
4. 汤锅置火上，添入清水烧沸，加入姜片、葱、大料和鸭子，转用小火加盖焖制约20min后，翻动鸭身再继续焖制，待鸭子断生时捞出沥水，晾凉后改刀成约4cm长、约2cm宽的长条块，码放在器皿内即成。

工艺关键

1. 腌渍鸭子时，应将花淑、精盐均匀地涂抹在鸭子各部位，肉厚实的（胸、腿）部位可多涂抹些，以使其入味。腌制时间应随季节、温度的变化而调整。风干时应把鸭子置通风无尘处。
2. 焖制时，切忌用旺火，宜用小火使汤汁小滚，焖制过程中应翻动鸭身使其受热均匀、成熟一致。鸭肉完全凉透后再改刀装入器皿，否则鸭肉易碎。

风味特点

色泽浅黄，口味咸鲜适口，质感酥软。

举一反三

依此烹调方法、味型，变换原料可烹制出“盐水鸡”“盐水鸽子”“盐水鹅”等菜肴。

任务4　炝虎尾

原料组配

主料：黄鳝1000g。

调料：鸡清汤60g，味精3g，芝麻油50g，胡椒粉3g，镇江香醋30g，精盐10g，酱油50g，葱段15g，蒜末30g，香菜50g，姜片10g。

操作过程

1. 锅置火上，放入水，烧开，加入葱、姜、精盐、香醋，随即将鳝鱼迅速倒入锅中，盖上盖，待鳝鱼烫死后倒出，用水洗净。
2. 将鳝鱼放至砧板上，用竹刀从鳃处插入顺腹部划开至肛门处，取出内脏，用刀从肛门处切下尾部。
3. 锅置火上，倒入清水烧开，下入鳝尾汆透，捞出控干水后装入盘中。
4. 将鸡清汤、味精、酱油、香醋、胡椒粉兑成汁浇在鳝鱼上，并将蒜末摊放在鳝鱼身上。
5. 锅置火上，倒入芝麻油，烧热浇在蒜末上，撒上香菜即可。

工艺关键

❶ 选用中等大小的鳝鱼，其肉肥嫩。开水焯熟时不要过烂，以保持其不碎不断。

❷ 加入调味汁前，必须先将鳝尾沥干水，否则会影响菜肴的口味。

风味特点

肉质细嫩，清香爽滑，口味鲜咸。装入盘中，好似一条条虎尾而得名。

举一反三

依此烹调方法、味型，利用变换原料的方法，还可烹制出“炝鱼片”“炝鸡丝”“炝芹菜”等菜肴。淮安人能做全鳝席，一桌子菜，全是鳝鱼。除了烤鳝背、炝虎尾等，主要的做法一是炒，二是烧。鳝鱼烫熟切丝再炒，叫“软兜”；生炒叫炒脆鳝。红烧鳝段叫“火烧马鞍桥”，更粗的鳝段叫“闷张飞”。制鳝鱼都要下大量姜蒜，上桌后撒胡椒粉。

任务5 虾仁锅巴

原料组配

主料：大虾仁200g。

配料：大米锅巴100g，熟鸡丝50g。

调料：番茄酱60g，精盐2g，料酒30g，白糖30g，白醋5g，鸡蛋清1个，干淀粉10g，湿淀粉15g，鲜汤300g，味精2g，精炼油适量。

操作过程

❶ 将大虾仁洗净漂尽血水，沥去水分，放入碗中，加精盐、鸡蛋清、干淀粉拌和上劲。

❷ 锅置火上，倒入鲜汤，放入虾仁、熟鸡丝、精盐、料酒、白糖、味精、番茄酱烧沸，用湿淀粉勾芡，再加白醋，制成锅巴卤汁。

❸ 制锅巴卤的同时，另取锅置火上，倒入精炼油，烧至200℃，放入锅巴，炸至质脆，倒入漏勺中沥去油，放入碗中，再将锅巴卤汁盛入另一碗中。两碗同时迅速上桌，将卤汁倒在锅巴碗中即成。

工艺关键

❶ 宜选用糯米或粳米饭的锅巴，且一定要薄而干。

❷ 炸锅巴时油温要高。

风味特点

此菜原名“鸡虾锅巴”，由无锡名厨刘俊英于民国初年首创。1937年元旦，陈果夫以此菜宴请宾客，称其为“天下第一菜”，后被报界广为宣扬，并流传至今。该菜色呈橘红，锅巴酥脆松香，鸡虾鲜嫩，酸甜宜口，是色、香、味、声俱佳的名菜。

举一反三

依此烹调方法、锅巴，利用变换原料和味型的方法，还可烹制出“海参锅巴”“肉片锅巴”“三鲜锅巴”“银鱼锅巴”“番茄锅巴”“口蘑锅巴”“鱿鱼锅巴”等菜肴。

任务6　松鼠鳜鱼

原料组配

主料：鲜活鳜鱼1条（约650g）。

配料：河虾仁30g，熟笋丁10g，青豌豆12粒，葡萄20颗。

调料：番茄酱120g，料酒25g，精盐5g，白糖200g，香醋50g，蒜末5g，葱段10g，湿淀粉10g，干淀粉60g，鲜汤100g，精炼油适量，芝麻油5g。

操作过程

1. 将鳜鱼宰杀洗净，齐胸鳍斜切下鱼头，在鱼头下巴处剖开，用刀面轻轻拍平，再用刀沿脊骨两侧平片至尾部，斩去脊骨，鱼皮朝下，批去胸刺，然后在鱼肉上先直剞，刀距约1cm，后斜剞，刀距约3cm，深至鱼皮，成菱形刀纹，拍上干淀粉，并用手提起鱼尾抖去余粉。
2. 将番茄酱放入碗内，加鲜汤、白糖、香醋、料酒、湿淀粉、精盐，搅拌成调味汁。葡萄撕去皮堆在盘中一侧。
3. 将锅置旺火上烧热，倒入精炼油，烧至200℃时将鱼肉翻卷，翘起鱼尾成松鼠形，然后一手提起鱼尾，一手用筷夹住另一端，放入油锅炸制使其成形，然后把鱼放入油锅中，同时用勺舀热油浇在鱼肉、鱼尾上，紧接着放入鱼头，炸至淡黄色捞起。待油温升至八成热时把鱼复炸至金黄色捞出，盛入长腰盘中，再装上鱼头，摆成松鼠鱼形。
4. 在复炸的同时，另用炒锅置旺火上烧热，倒入精炼油，放入虾仁滑熟后。倒入漏勺沥去油，原锅仍置旺火上，倒入精炼油，放入葱段炸至葱黄出香时加入蒜末、笋丁、青豌豆煸炒，加入鲜汤、调味汁搅匀，然后再加热精炼油、芝麻油搅匀，起锅浇在鳜鱼上面，再撒上熟虾仁即成。

工艺关键

1. 剞花刀时，不弄破鱼皮，花纹要均匀清晰。
2. 临下油锅前再拍粉，而且要求均匀，并抖去余粉。
3. 炸鱼时，油温要高，达到200℃左右，第一次炸熟，第二次复炸时炸脆。
4. 糖醋茄汁要烧透，用热油搅匀，制成卤汁，淋浇后，使卤汁渗透，发出“吱吱”响声。

风味特点

鱼头微昂，尾巴高翘，肉翻似松毛，形状似松鼠，色泽金黄，外脆内嫩，甜中带酸，鲜香可口。

举一反三

“松鼠鳜鱼”是一道炸熘结合的菜肴，菜品的变化可以有多个方面。如突破选料的局限性，可以做成“松鼠黄鱼”“松鼠鲤鱼”等；刀工处理上也有所变化，可以用鱼头作鼠头，也可用胸鳍肉倒置作松鼠头，称为“银鼠鱼”。花刀剞法可以变换，江苏风味中“松鼠戏葡萄”也很有特色：用一条鳜鱼的两片带皮带尾肉，分别剞刀后拍粉过油，入盘装眼睛，浇茄汁成两只小松鼠。另外，小鳜鱼可用8～10条做成一群小松鼠鱼，共戏葡萄，称“群鼠戏葡萄”。调味手段也可变化，可用传统的糖醋卤汁，也可用番茄酱，甚至果汁等代替，增味增色，使菜肴风味更臻完美。

任务7 拆烩鲢鱼头

原料组配

主料：鲢鱼头1只（约1.5kg）。

配料：蟹肉60g，熟笋片50g，青菜心10棵，熟鸡肫片25g，熟火腿片50g，水发香菇片25g，熟鸡肉片50g，虾子2g。

调料：姜片25g，葱段10g，白胡椒粉1g，鲜汤100g，料酒50g，精盐4g，湿淀粉10g，精炼油适量，味精2g。

操作过程

1. 将鱼头用刀劈成两片，去鳃洗净，放锅内加清水淹没鱼头，置火上烧沸后，用小火焖8min，捞起拆去骨头。
2. 将青菜心洗净，菜头削成橄榄形，放入锅中烫至色呈翠绿时捞出放入清水中浸凉后，沥去水待用。
3. 锅复置火上，倒入精炼油，放入葱段、姜片，炸香后捞去葱、姜，放入虾子、蟹肉略炒，加料酒、鲜汤、精盐，再放入笋片、香菇片、鸡肉片、鸡肫片、鱼头肉，盖上锅盖，烧7min左右，放入菜心、味精，烧沸后，用湿淀粉勾芡，淋入精炼油，翻炒均匀，起锅装盘，撒上白胡椒粉，摆上火腿片即成。

工艺关键

1. 选用鱼头以花鲢大者为好，鲜活者最佳。鱼头劈开后清理干净，漂净血污黏液。
2. 鱼头煮熟即可，不要太生、太老。正式烹调过程中，要保持鱼头肉不散碎，烧至肉嫩味透即可。
3. 鱼头冷凉后再拆，热拆则易碎失形。整鱼头装盘时，要使主配料形态自然饱满。

风味特点

朴素大方，头皮黏糯腻滑，鱼肉肥嫩，汤汁稠浓，口味鲜美，营养丰富。鱼头无骨，食时用匙不用箸。

举一反三

花鲢鱼头可制作多种名菜佳肴，各地制法各有千秋，风味也不相同，常可烧、扒、炖、蒸。“红烧鲢鱼头”是将鲢鱼头过油后加调配料同烧。“粉皮烧鲢鱼头”是将鱼头过油，用调料及鲜粉皮一同红烧。“砂锅鲢鱼头”是用砂锅加调料、配料，鱼头焯水后同烧的白汤菜肴。“鱼头炖豆腐”是用焯过水的鱼头和豆腐入砂锅，一起炖成白汤菜肴。也可将鲢鱼头腌制后加调料蒸熟食用。

任务8　贵妃鸡翅

原料组配

主料：肥仔鸡翅20只。

配料：水发香菇片15g。

调料：红葡萄酒200g，酱油7g，精盐5g，白糖5g，味精1g，葱段15g，姜片5g，鲜汤500g，精炼油适量。

操作过程

1. 用刀在鸡翅骨处切断，分成大、小翅，斩去翅尖，洗净，沥干。
2. 炒锅置火上，倒入精炼油，烧至180℃时，放入鸡翅炸至金黄色，倒入漏勺中沥去油。
3. 砂锅置火上，将小翅排放入锅内垫底，以大翅沿锅边围排整齐似菊花形，倒入鲜汤、葡萄酒、酱油、白糖、精盐、葱段和姜片，盖上砂锅盖，置微火焖约40min，放入水发香菇、味精，再焖2min离火即成。

工艺关键

1. 鸡翅过油呈金黄色即可，焖制一定要酥烂。
2. 汤汁要焖至稠浓，滋味才能醇厚味香。
3. 葡萄酒不可早放，否则酒的香气会过早消失。

风味特点

贵妃鸡翅是用葡萄酒焖鸡翅，使鸡翅呈玫瑰色，具有杨贵妃醉酒的色韵，另鸡翅善飞，飞与妃谐音而故名。此菜色呈金红，酥烂脱骨，肥美鲜嫩，汤醇味厚，香气四溢。

举一反三

用饮用酒类作辅料制菜，有“啤酒鸡”“啤酒鸭”等。单用鸡翅做菜有“茄汁鸡翅”“红烧鸡翅”“水晶鸡翅”“醉香鸡翅”“香糟鸡翅”“香菇蒸鸡翅”“拆骨鸡翅”等，将鸡中翅煮熟去骨，穿入山药条可有“玉骨鸡翅”，穿入笋条可有“象牙鸡翅”，穿入三丝可有“三丝鸡翅”等。

任务9　将军过桥

原料组配

主料：活黑鱼1条（约700g）。

配料：熟笋片50g，水发香菇片25g，青菜心6棵，虾子2g，热火腿片5g，鸡蛋清1个。

调料：醋2g，料酒20g，精盐7g，姜片10g，葱片8g，葱段10g，姜米5g，湿淀粉30g，鲜汤300g，芝麻油10g，精炼油适量。

操作过程

1. 将黑鱼刮鳞去鳃、鳍，用刀劈开头，用刀在背部沿脊骨两侧剖开，挖出内脏（鱼肠留用）洗净。把鱼横放在砧板上，片下两侧鱼肉，再斜片成大片，放入清水中泡去血水，捞出放入碗内，加精盐、鸡蛋清、湿淀粉拌匀。

② 将鱼肠放入清水中，用剪刀剪开，去净肠内污物，用精盐轻轻揉搓，洗净。再将黑鱼脊骨和剩下的鱼肉洗净，斩成块，鱼头劈成两片并与背脊相连。把菜心洗净，头部用刀修成圆形，菜叶削成三角形。

③ 锅置火上，倒入精炼油，烧至120℃时放入鱼片，用勺拨散，至色呈乳白时倒入漏勺沥去油。原锅仍置旺火上，舀入精炼油，烧至四成热时放入葱片、笋片、香菇片，煸炒几下后，加料酒、鲜汤、精盐，烧沸后用湿淀粉勾芡，随即倒入鱼片炒匀，淋入芝麻油，颠翻，起锅盛入有少量醋的盘中。

④ 将鱼头、鱼骨、鱼肠一起放入沸水锅中略烫，捞出洗净沥去水。放入炒锅内，加入清水、料酒、葱段、姜片、笋片、虾子，置旺火上烧沸后加入精炼油，烧至汤色乳白时放入青菜心、香菇片，待菜心熟后再加精盐烧沸，拣去葱段、姜片，起锅盛入大汤碗内，放上火腿片即成汤菜。上桌时另备姜米、香醋蘸食。

工艺关键

① 鱼肉批片时不能顺长批，要横向斜刀批，且片得不可太薄。

② 鱼片用清水稍漂以除去血水，挤干再上浆，以确保鱼片炒熟后色白。

③ 烧鱼汤时火力稍大，否则汤不浓，色不白，味不香。

风味特点

此菜又名“黑鱼两吃”，一菜一汤，一鱼两吃。炒玉兰片明油亮芡，细嫩而鲜美；鱼汤稠浓，入口滑利，色泽乳白，香气浓郁。

举一反三

黑鱼做菜，多用煮、炖、煨等汤食操作过程烹制，也可用炒、熘、爆等烹法制菜，具体可视黑鱼体重大小，出肉多少，肉质老嫩，分别制作相宜的菜品。大者肉多但肉质粗，可分割取肉，头、骨、皮炖汤，肉可炒可爆。如“熘鱼片”“炝鱼片”“脆皮鱼条”等。因黑鱼肉中细刺较少，常做成“菊花鱼”“松子鱼米”“青椒鱼米”“瓜姜鱼丝”“滑炒鱼丝”“茄汁鱼片”“炒玉兰片”等。中等体型者（750～1000g）因其肉质老嫩适宜，出肉率较高，分量适中，最宜烹制“将军过桥”等名菜。稍小者（400～600g）可只取其带皮鱼肉，烹制“烧荔枝黑鱼”之类的风味菜肴。

任务10 清炖蟹粉狮子头

原料组配

主料：净猪肋条肉（肥三瘦七）800g。

配料：蟹肉125g，蟹黄50g，青菜心1250g，青菜叶6张，虾子1g。

调料：猪肉汤300g，料酒50g，精盐15g，葱姜水300g，干淀粉25g，熟猪油50g。

操作过程

① 将猪肋条肉洗净沥水，剁成石榴粒状，盛装在大碗中，加入葱姜汁水、蟹肉、虾子、精盐、料酒和干淀粉，用筷子搅拌均匀。将长约7cm的青菜心洗净，用刀在菜头上斜切成十字刀纹，切去菜叶尖，待用。

❷ 将炒锅置于旺火加热，放入熟猪油烧至六成热时，倒入青菜翻炒至翠绿色，随即加入猪肉汤、虾子、精盐，待沸离火。

❸ 将炒锅置于中火加热，用熟猪油擦抹锅底，排入已炒好的菜心，再倒入炒锅内的汤水，待沸，随即将拌好的肉糜分成12份，逐一放在手掌中，用双手来回翻动数次，使其成为光滑的肉丸子，再排放在菜心上面，然后将蟹黄分别嵌放在每只肉丸上，盖上青菜叶，盖上锅盖，待沸改用文火焖烧约40min，揭开锅盖，拣去青菜叶后上餐桌。

工艺关键

❶ 猪肉应以切为主，最好是一刀也不斩，更不能用绞肉机绞成蓉。

❷ 炖制时的火力不宜大，时间不宜短。

风味特点

猪肉肥嫩，蟹粉鲜香，菜心翠绿，排骨酥烂，肉皮滑爽，汤汁醇厚，口感肥嫩爽口，味道鲜美。

举一反三

依此烹调方法、味型，变换配料还可烹制出“清炖虾仁狮子头”、“清炖干贝狮子头”等菜肴。

任务11　文思豆腐

原料组配

主料：内酯豆腐450g。

配料：水发香菇丝10g，熟笋丝10g，熟火腿10g，熟鸡脯肉20g，熟青菜叶丝10g。

调料：精盐4g，味精2g，鲜汤500g，湿淀粉30g。

操作过程

❶ 将豆腐批成片，再切成细丝，放入清水碗中浸泡。

❷ 锅置火上，倒入鲜汤、精盐、味精烧沸，放入香菇丝、笋丝、鸡丝、青菜叶丝、豆腐丝，烧沸后用湿淀粉勾琉璃芡，装入碗中，撒上火腿丝即成。

工艺关键

❶ 最好选用盒装的内酯豆腐切丝，所选豆腐要质地均匀无破损。

❷ 豆腐切丝刀工要细，无大小头，粗细均匀。配料丝要切得均匀，与主料和谐一致。

❸ 勾芡要恰当。

风味特点

此菜是扬州的传统名菜，系清代乾隆年间扬州僧人文思和尚所创制。此菜用白瓷品锅盛装，汤汁清醇，五彩细丝相间其中，五丝软嫩带脆，豆腐丝滑爽细嫩，入口即化，滋味鲜美。

举一反三

用豆腐为主料烩制的汤羹类菜品还有很多，如“三鲜豆腐羹”是用豆腐丁、慈菇丁、海米丁、熟肉丁烩制勾芡成菜；“蛋花豆腐羹”是将豆腐小条烧透后勾入粉芡，淋入蛋液，淋油撒蒜花而成；“青菜豆腐汤”有“青菜豆腐保平安”的美称。

任务12 炖菜核

原料组配

主料：青菜心400g。

配料：生鸡脯肉50g，熟火腿片30g，熟笋片30g，水发香菇片15g，鸡蛋清1个。

调料：料酒10g，精盐5g，味精1g，干淀粉5g，鲜汤250g，精炼油750g（实用约100g）。

操作过程

1. 将青菜心洗净，菜头削成宝剑形，剖成十字刀纹，菜叶削尖。
2. 将生鸡脯肉批成长7cm、宽1cm、厚0.1cm的柳叶片形，放碗中，加入精盐、鸡蛋清、干淀粉拌匀。
3. 炒锅置火上，倒入精炼油，烧至130℃时将菜心放入焐至菜叶鲜绿、菜梗微透明时捞起沥油，再将鸡片放入油锅中滑油呈玉白色时，倒入漏勺中沥去油。
4. 将菜心在砂锅内排齐，根向锅边，叶梢朝锅中心，将香菇片、笋片、火腿片、鸡脯片顺序排成圆形，排在菜叶上，周围露出菜头，再放入精盐、料酒、味精、鲜汤置旺火上烧开，转微火上炖约15min，淋入精炼油，离火上桌即成。

工艺关键

1. 菜心宜选用经霜的“矮脚黄”青菜，下锅焐油至半熟即可。
2. 菜心排入砂锅要排整齐，表面平整。鸡片、笋片、火腿片在中间部位拼排成圆形，最上面放冬菇。
3. 炖菜核时要大火烧开，小火焖炖，最后淋上熟鸡油增亮增香。

风味特点

此菜又名“砂锅菜核”“砂锅菜头”，外形完整，菜叶鲜嫩，菜心柔软，味美鲜香，汤醇味厚。

举一反三

青菜心作主料制菜，在江苏风味菜中品种很多，如南京“矮脚黄”菜心还可做成“知了白菜”。因调料配料的不同，还可有“奶油菜心”“蟹粉菜心”等。此外，扬州名菜“冬冬青”，是用冬菇、冬笋和梅岭菜心同烧而成，风味美同“矮脚黄”。还有江南苏锡等地区常见的“开洋菜心”“冬菇菜心”“鸡油菜心”等，都是秋冬季节餐馆和居家常做的风味菜肴。

项目四 广东菜

任务1 七彩酿猪肚

原料组配

主料：猪肚1个（约500g）。

配料：咸鸭蛋黄4个，去壳皮蛋3个，猪瘦肉750g，猪皮250g，熟瘦火腿15g。

调料：精盐8g，味精5g，芝麻油10g，汾酒25g，香菜75g，白卤水500g。

操作过程

1. 猪肚内壁翻出，洗净，再翻回原状。蛋黄、皮蛋均切成约1.5cm见方的粒，猪肉切成约0.6cm见方的丁，火腿切成细粒，香菜切成约1cm长的段。猪皮刮洗干净，放入沸水锅内煮至六成软烂取出，切成如黄豆大小的粒。
2. 将猪肉丁、精盐、味精放入盆中，搅至起胶，加入蛋黄、皮蛋、猪皮拌匀，再加入香菜、芝麻油搅成馅料，填入猪肚内，用线缝口。然后放入汤锅内，用中火煮约30min，捞出，放入用旺火烧沸的白卤水锅中，改用微火煮15min后，连白卤水一起倒入盆内，加汾酒，浸泡约10min，捞出。
3. 冷却后放入冰箱冷藏约2h取出，切成厚0.3cm的片。装盘时拼砌成扇形或圆形即成。

工艺关键

1. 猪肚要清洗干净。
2. 猪肉丁加精盐、味精后要搅拌至起黏。
3. 白卤水有多种配方，这里介绍其中一种：将八角5g、丁香8.5g、甘草6g、草果6g、干沙姜9g、花椒6g、桂皮5g用纱布裹好，放入瓦锅，加入沸水2500g，用小火熬约1h，再加入精盐100g即成。

风味特点

七彩相杂，色泽丰富。特别是冷藏后，冷可炙口，爽可应齿。

举一反三

依此烹调方法，利用变换配料的方法，还可烹制出“八宝酿猪肚”“五彩酿猪肚”“杜仲酿猪肚”“莲子枸杞酿猪肚”“百花酿猪肚”“荸荠酿猪肚”等菜肴。

任务2　白云猪手

原料组配

主料：猪前后蹄各1只（约1.2kg）。

调料：白米醋40g，白糖500g，精盐45g，五柳料60g。

操作过程

1. 将猪蹄镊净毛，刮洗干净，放入沸水锅中用小火煮30min，捞出用清水漂约30min，剖开斩成4cm长的块状，再用清水洗净，另换沸水煮约20min，取出，用清水漂1h，再换沸水煮约20min，捞出晾凉。
2. 将白米醋、白糖、精盐一同煮沸至白糖溶解，滤清后倒入盆中，晾凉后放入猪蹄块，浸泡6h，食时取出装盘，撒上五柳料即成。

工艺关键

1. 五柳料源于粤菜中的五柳熘鲩鱼，所用原料为酱瓜丝、荞豆丝、酸姜丝、酱姜丝、泡椒丝、葱丝、芫荽丝等，并采用番茄酱、山楂酱、红油米水进行调味。五柳料有多种配方。

2. 猪手要先煮后斩件，以保持形状完整。煮后一定要冲透，并洗净油腻。
3. 煮猪手的时间不要过长或过短，长了猪皮的胶原蛋白溶于水中过多，皮质不爽口，时间过短，其皮老韧。
4. 将猪手放入糖醋汁中腌渍时，最好放入冰箱中冷藏保存，这样可以使猪手的口感更加爽滑。

风味特点

此菜源于广州白云山，与“白切鸡”“白灼虾”并称为粤菜中的“三白”。成菜骨肉易离，皮爽肉滑，肥而不腻，酸甜可口。

举一反三

在广东菜中，猪肘的使用也很普遍，特别是在新春佳节，“发财就手”“生财就手”“好事就手”都是必备菜品。“就手”就是“扒猪肘”，“发财就手”就是“发菜扒猪手”，“生财就手”就是“生菜扒猪手”，“好事就手”就是“蚝豉扒猪手”。南乳猪手与红焖猪手都是把猪肘斩成碎件焖制，前者以南乳为主要调味品，后者以酱油焖制。在此基础上，现在已演变出多种味型的焖猪手。此外，还有卤水扎蹄、猪脚煲姜醋、皱沙圆蹄等。

任务3 盐水虾片

原料组配

主料：大虾1000g。

调料：精盐15g，味精4g，料酒20g，清汤250g，葱白25g，姜20g。

操作过程

1. 大虾去头（另作它用）、去壳，挑去沙线，从虾背处平刀片开成两片。葱白、姜拍松。
2. 虾片放沸水锅内氽熟，捞出沥水。
3. 另起汤锅置火上，倒入清汤，烧沸后加入葱、姜、料酒、精盐、味精，再次烧沸时撇去浮沫倒入盛虾片的碗内，浸泡虾片约1h，汤汁晾凉后，捞出虾片码放在器皿内，浇上少许汤汁即成。

工艺关键

1. 宜选用新鲜且大小均匀的大海虾为主料，加工时应去净沙线。
2. 氽虾片时间不宜过长，以氽熟为度，否则影响成菜质感。

风味特点

色泽白润，口味咸鲜适中，质感软嫩。

举一反三

依此烹调方法、原料，变换味型还可烹制出“蚝油虾片”“红油虾片”“茄汁虾片”等菜肴。

任务4　蜜汁叉烧

原料组配

主料：猪肥瘦肉2kg。

调料：精盐30g，白糖120g，豆酱30g，汾酒60g，老抽10g，生抽60g，麦芽糖100g。

操作过程

1. 将猪肉切成约25cm长、4cm宽、3cm厚的长条，加入精盐、白糖、豆酱（剁细）、汾酒、老抽、生抽拌匀，腌制45min。
2. 用叉烧环将肉逐条穿挂，放入烤炉，用中火烤约30min至熟（在烤的过程中注意转动，至瘦肉部分滴油即熟）取出，修去枯焦部分。
3. 将麦芽糖加沸水10g，在微火上煮至溶化，略凉后浇淋在叉烧肉表面，再回炉烤约2min至色泽鲜艳即成。食时改刀装入盘中。

工艺关键

1. 猪肉选用上脑肉、猪腿肉为佳，以瘦肉为主，略带肥肉。开条必须均匀，切忌厚薄不匀。
2. 腌制时口味要把握恰当。
3. 挂在叉烧环上时，猪肉的长短尽量要一致。烧烤时需待炉内木炭全部燃着不冒烟时才可烧烤。要掌握火候，注意受热均匀。

风味特点

色泽大红油亮，肉质软嫩，内咸外甜，略带蜜味，滋味芳香。

举一反三

按此方法可制作“瘦肉叉烧（枚叉）”“蜜汁烧排骨”等菜肴。“瘦肉叉烧（枚叉）”是选用瘦肉（广东称作枚肉）为主料；“蜜汁烧排骨”是以肉排为主料，在肉排的肉面上剞出大榄形花纹，下调味料腌制60min，用烤鸭铁环钩挂，放进炉内烧烤30min至熟，淋上糖浆再烤3min即成。蜜汁叉烧不但是冷菜中的佳品，还能再制出叉烧包、叉烧面、叉烧粥、叉烧饭、叉烧三明治等美馔。

任务5　大良炒牛奶

原料组配

主料：鲜牛奶400g。

配料：鸡蛋清250g，上浆虾仁50g，螃蟹肉50g，鸡肝50g，炸榄仁50g，熟瘦火腿肉100g。

调料：精盐4g，味精2g，干淀粉25g，花生油500g（实用约60g），芝麻油5g。

操作过程

1. 火腿肉切成约0.2cm见方的粒，鸡肝切成小片。取少量牛奶加干淀粉调匀，鸡蛋清加精盐、味精搅匀。

❷ 将鸡肝放入沸水中略焯，捞出沥去水分，与虾仁放入120℃油锅中滑油至变色，倒入漏勺中沥去油。

❸ 牛奶烧至微沸盛起，与蟹肉、鸡肝、火腿、虾仁及淀粉、鸡蛋清拌匀。

❹ 炒锅置火上，倒入少量花生油，放入已拌匀配料的牛奶，边炒边晃动，边淋油数次，炒至牛奶全部凝固，撒入炸榄仁，淋入芝麻油，炒匀装入盘中即成。

工艺关键

❶ 牛奶与鸡蛋清的比例要恰当。

❷ 炒制时火力要适合，用中火或中慢火。火力太猛或太弱都很难炒好。

❸ 炒制手法要灵活有序，不要太频繁无序地炒，并准确掌握熟度，及时出锅。

风味特点

色泽乳白、明亮，奶质鲜嫩爽滑，配料酥爽软韧皆备，营养丰富，老少皆宜。

举一反三

依此烹调方法、味型，变换配料还可烹制出“八宝炒鲜奶”等菜肴。炒牛奶除了通过改变配料进行变化外，炒法也可变化，本例是把牛奶放在锅内用火加热直接炒好，通常称直炒；也可用油炒法炒制。即先把较多的油（至少是牛奶的三倍）放在锅内烧至120℃左右，然后放进已调好的牛奶，轻轻地稍微搅动，使牛奶均匀受热至熟，牛奶凝结后便用漏勺沥净油分，放在碟上，撒上炸榄仁和火腿蓉，这种炒法难度稍小，但成形较差，含油较多，很少使用。

任务6 糖醋咕噜肉

原料组配

主料：猪肥瘦肉250g。

配料：笋肉100g，鸡蛋1个，青红椒20g。

调料：葱白5g，蒜泥2g，精盐2g，糖醋汁250g，汾酒5g，干淀粉75g，湿淀粉40g，芝麻油5g，花生油750g（实用约80g）。

操作过程

❶ 将猪肉批成0.8cm厚的片，用刀面稍拍后在两面剞斜刀，深度为肉厚的1/5，呈横、竖兰花纹样，然后切成1.8cm宽的长条，再斜切成菱形块；笋肉、青红椒也切成相应的菱形块。葱白斜切成2.5cm长的段。

❷ 将肉块用精盐、汾酒拌匀，腌制约15min，加入鸡蛋液和湿淀粉搅匀，再拍上干淀粉。

❸ 炒锅置火上，倒入花生油烧至180℃，将肉块抖去干淀粉，逐块放入油锅中，约炸3min后，离火浸炸2min捞出，将油温升至185℃，再放入肉块及笋块炸2min，待肉块炸至外脆内嫩、呈金黄色时，倒入漏勺中沥去油。

❹ 炒锅置火上，放少许花生油，放入蒜泥、葱段、青红椒，煸至有香味时加糖醋汁，烧至微沸，用湿淀粉勾芡，倒入肉块、笋块翻炒，淋芝麻油，装入盘中即成。

工艺关键

1. 肉块下锅时油温要高，下锅后要降温浸炸，然后复炸至外脆内嫩，色泽金黄。
2. 糖醋汁有多种配方，以下是其中一种：白米醋1kg、白糖400g加热溶解后，加入精盐38g、茄汁70g、喼汁70g调匀即成。

风味特点

“糖醋咕噜肉”又名“古老肉”。此菜色泽金黄，酸甜可口，香脆微辣。因不需吐骨，嚼后可咕噜地吞下去，所以，就形象地把它称作“咕噜肉”。

举一反三

依此烹调方法、味型，变换主料和形状可烹制出“糖醋虾段”“糖醋鱼卷”等菜肴。

任务7　铁板黑椒牛柳

原料组配

主料：牛里脊肉300g。

配料：干葱75g，红椒30g，鸡蛋半个。

调料：黑胡椒末10g，蒜泥8g，番茄酱10g，精盐5g，味精1g，白糖5g，干淀粉15g，洋葱1头，青椒2个，食碱3g，喼汁3g，生抽15g，料酒10g，鲜汤40g，芝麻油5g，黄油25g，花生油750g（实用约100g）。

操作过程

1. 将牛柳去筋后切成5cm长、4cm宽的薄片，放入碗内，加入食碱、生抽、味精、黄酒、干淀粉和适量清水，拌匀至牛肉有粘手感，再加入鸡蛋拌匀，淋入精炼油，放入冰箱冷藏约3h。
2. 将干葱切成细粒；洋葱切成细丝；青椒斜刀切成抹刀片；红椒切成细粒。
3. 炒锅置火上，加入黄油熬化后，放入干葱细粒、红椒细粒及蒜泥，煸香后放黑胡椒末稍煸，再加入番茄酱、料酒、生抽、白糖、精盐、喼汁、味精、鲜汤，煮约5min，倒入碗中成黑胡椒汁。另将铁板上火烧至微红色。
4. 炒锅置火上，倒入花生油，烧至120℃，放入牛里脊肉，迅速划开，至牛里脊肉全部变色，倒入漏勺中沥去油。
5. 炒锅再置火上，加入少许精炼油，放入一半洋葱丝、青椒片煸香，再放入牛里脊肉，烹黄酒及黑胡椒汁，用淀粉勾薄芡，翻炒均匀，盛入烧好的铁板上（铁板在盛牛柳前，撒入另一半洋葱丝，再将菜放在上面），盖好盖，即可跟黑胡椒汁一起上桌。
6. 铁板上桌，将盖打开，倒入黑胡椒汁，淋上芝麻油，再加盖，约10s左右即可食用。

工艺关键

1. 此菜原料必须新鲜，原料部位最好用牛柳，也可代以去筋牛腿肉，但牛肉在腌制时，根据质量可适当增减食碱和清水用量。牛肉老，应多加水，适量增加食碱，以能使其鲜嫩。牛肉腌制时间应充足，太短则食碱未起作用，肉质不嫩。
2. 黑胡椒汁调料比例要准确，口味咸、鲜、微甜，黑胡椒及干葱的香味突出。

❸ 原料下锅，要勤搅动，使其受热均匀。油温不要低于六成。如过低易出现原料脱水、脱浆，失去滑嫩效果。

❹ 铁板用中火烧至微红，温度不宜过低。大火易将铁板烧红，盛入菜肴会出现煳底现象。

风味特点

菜品上桌发出响声，香气四溢，牛肉细嫩爽滑。

举一反三

依此烹调方法、味型，变换主料和形状可烹制出“铁板牛肉”“铁板腰花”“铁板梭子蟹”“铁板猪肝”“铁板鹿肉”“铁板豆腐”等菜肴。

任务8 西柠软煎鸡

原料组配

主料：净鸡750g。

配料：鸡蛋2个。

调料：鲜柠檬汁50g，鲜柠檬1个，上汤100g，白醋10g，吉士粉50g，精盐5g，姜片10g，料酒8g，黄油5g，白糖7g，花生油300g。

操作过程

❶ 把鸡去骨，取鸡肉两大片（鸡肉为主），用刀背捶松，加料酒、姜片、吉士粉、精盐腌制30min，加蛋液拌匀，再拍上干淀粉。

❷ 将锅烧热加油，放入鸡肉，煎至成熟呈金黄色时，倒入漏勺，切成24块，分三行排在盘中。

❸ 炒锅上炉，加入料酒、上汤、柠檬汁、柠檬片、白醋、精盐、白糖、吉士粉、黄油等烧开，淋入少许油，再浇在鸡肉上面即成。

工艺关键

❶ 煎鸡时掌握火候，防止煎焦。

❷ 甜咸酸要适中。

风味特点

外酥里嫩，甜酸适口，柠檬香味扑鼻。

举一反三

依此烹调方法、味型，变换主料和形状还可烹制出“西柠软煎牛排”“西柠熘魔芋”“西柠鱼柳”“西柠胡萝卜排”等菜肴。

任务9 香滑鲈鱼球

原料组配

主料：鲜鲈鱼800g。

调料：精盐3.5g，味精3.5g，白糖1.5g，芝麻油0.5g，葱花5g，姜末2.5g，料酒10g，湿淀粉7.5g，上汤100g，花生油750g（实用约100g）。

操作过程

1. 将鲈鱼去鳞、去鳃、去内脏洗净，沿背骨两侧将鱼肉取下，再用刀去胸骨和皮。在肉的一面用刀剞上较浅的刀纹，然后将肉顺着直纹切成块，每块长6cm、宽3cm、厚0.6cm，用精盐1g、淀粉拌匀。
2. 炒锅用旺火烧热，下花生油滑锅后倒出，再下花生油烧至五成热，放入鲈鱼肉，过油约30s至八成熟，连油一起倒入笊篱沥干。炒锅放回火上，下姜、葱，加料酒、上汤、味精、白糖和精盐2.5g，再放入鲈鱼球，用湿淀粉调稀勾芡，最后淋芝麻油，炒匀即成。

工艺关键

1. 鱼球的规格要均匀，切后要洗净。
2. 鲈鱼球过油时间不宜太长，不要炸焦炸黄，断生即可。

风味特点

鱼球洁白，肉质细嫩，清淡爽口。

举一反三

鲈鱼肉质白嫩、清香，没有腥味，肉为蒜瓣形，最宜清蒸、红烧或炖汤，可以制作“清蒸鲈鱼”“碧绿三拼鲈”“菊花鲈鱼羹”“窝贴鲈鱼”“油浸鲈鱼腩”“蟹黄双拼鲈”“红焖鲈鱼腩”等菜肴。

任务10　豉汁蟠龙鳝

原料组配

主料：净白鳝1条（约750g）。

调料：精盐7.5g，味精6g，胡椒粉0.25g，蒜蓉2.5g，青椒米2.5g，湿淀粉5g，豆豉2.5g，深色酱油2.5g，白糖2.5g，芝麻油2.5g，花生油75g。

操作过程

1. 将白鳝用盐（或白醋）洗去黏液，在脊背的一面每隔4cm切一刀，但只切断脊骨，不断肚皮，成节状，从刀口上取出内脏，洗净。
2. 将豆豉洗净，用刀剁烂，在锅中炒干，加入花生油，上笼蒸透。然后加入蒜蓉、青椒米、酱油、白糖、精盐、味精、胡椒粉等，与白鳝拌匀，再放入湿淀粉，拌匀，然后置于盘中，盘成蟠龙形，淋上芝麻油和花生油。
3. 将蟠龙鳝放入蒸笼用旺火蒸约10min至熟，出锅装盘。

工艺关键

1. 在正式烹调前，一般先将豉汁调制好备用。通常比例为：豆豉500g、花生油75g、老抽3g、白糖20g、味精20g、精盐2.5g。
2. 控制好蒸制时间。时间短了，白鳝没有成熟；时间长了，白鳝会蒸变形。

风味特点

肉质爽滑，肉味鲜美，有浓郁的豉汁香味。

举一反三

依此烹调方法、味型，变换主料还可烹制出“豉汁梅子排骨”“豉汁梅子金钱鳝（厚片）”“豉汁黄鳝”“豉汁鱼段”“豉汁鱼云”“豉汁蒸带子”“豉汁雪贝”“豉汁蒸肥牛卷”“豉汁蒸排骨”“豉汁牛柳”等菜肴。

任务11 鲜菇扒菜胆

原料组配

主料：生菜胆400g。

配料：鲜菇200g。

调料：精盐4g，料酒5g，湿淀粉10g，姜片10g，葱段10g，味精1g，白糖5g，芝麻油5g，胡椒粉1g，花生油、鲜汤各适量。

操作过程

1. 将鲜菇用清水浸洗净，剪去蒂，沥干水分。
2. 生菜胆择去老叶，切去菜头留下菜心（菜胆），洗净。
3. 炒锅置火上，倒入少量油，放入菜胆，加入精盐、味精，炒至七成熟，倒入笊篱中沥去多余的水分。
4. 炒锅复置火上，再倒入花生油，放入菜胆，略炒，加湿淀粉勾芡，淋入芝麻油拌匀，盛起铺在平盘上。
5. 炒锅再置火上，加精炼油、精盐、白糖、料酒、胡椒粉、姜片、葱段、鲜汤、黄酒、鲜菇，略烧后，用湿淀粉勾芡包尾油，倒在菜胆上即可。

工艺关键

1. 选用新鲜的菇类原料，如鲜香菇、鲜蘑菇、鲜鸡腿菇、鲜金针菇、鲜平菇等来制作该菜。要洗去鲜菇背面的泥沙。
2. 菜胆炒制时不能炒焦，色泽鲜绿。
3. 勾芡时注意卤汁的浓度不要过稠。

风味特点

色泽美观，质地脆嫩，咸鲜味美。

举一反三

依此烹调方法、味型，变换配料还可烹制出“贝丝扒菜胆”、“双菇扒菜胆”、“上汤鱼肚扒菜胆”、“蚝油草菇扒菜胆”、“鲍鱼扒菜胆”、“干贝扒菜胆”、“鲍汁花菇扒菜胆”、“竹荪扒菜胆”、“鱼腐扒菜胆”等菜肴。

任务12　鸡蓉粟米羹

原料组配

主料：罐装粟米200g。

配料：鸡脯肉10g，熟瘦火腿肉100g，熟猪肉20g。

调料：精盐3g，味精3g，料酒10g，胡椒粉0.25g，鸡蛋清100g，鲜汤1000g，水淀粉50g，熟猪油20g。

操作过程

1. 将鸡脯肉除净筋膜，洗净备用。
2. 鸡脯肉用刀背捶砸成肉蓉，放器皿内，加少量清水澥开，再放入鸡蛋清20g调成稀糊状。火腿肉切粒。
3. 炒锅置中火上烧热，添入上汤600g，依次加入精盐、料酒、味精、胡椒粉，倒入粟米烧沸，淋入水淀粉勾芡，随即倒入剩余鸡蛋清，视其呈蛋絮状后，再徐徐倒入鸡蓉糊，待其浮起，淋入熟猪油即成。
4. 粟米羹盛入器皿内，撒上火腿粒即可上席。

工艺关键

1. 除净筋膜后用清水反复漂洗，以去尽血渍使肉质发白。
2. 鸡蓉捶砸得越细腻越好，用清水完全溜开后，再放入鸡蛋清搅拌。
3. 调味以成鲜为主，加入胡椒粉，以吃不出辣味为准。勾芡时，要保持汤面微沸。要控制好水淀粉的剂量，不宜稠浓。
4. 应将粟米羹搅匀，使蛋清与鸡蓉糊分布均匀，火腿粒要分散撒上，不宜过多，只起点缀作用。

风味特点

芡汁乳白，咸鲜适口，质感润软。

举一反三

依此烹调方法、味型，变换配料还可烹制出“虾仁粟米羹”“鱼仁粟米羹”等菜肴。

技能考核

考核样题

在60min内完成指定菜2个，抽签菜2个。

1．指定菜2个　西柠软煎鸡、松鼠鳜鱼。

2．抽签菜2个　鱼香肉丝、宫保鸡丁、麻婆豆腐、四喜丸子、醋椒鳜鱼、虾仁锅巴、清炖蟹粉狮子头、糖醋咕噜肉、香滑鲈鱼球等。

考核要求

1. 设备、考位应统一编号。
2. 学生要穿戴整洁的工作服、工作帽。
3. 按照考核要求，备好有关烹调工具、盛器和原料。

评分标准

试题总成绩实行百分制积分方法，60分以上为及格，其中每项按百分制评分，评分标准见表19-1。

表19-1　地方传统名菜工艺质量评价表

评价指标	技术要求	标准配分	评分原则	得分
外形	①符合本菜品规定的造型标准 ②造型美观 ③主料突出 ④主料、配料、装饰料搭配合理	5分	不符合①扣3~5分，不符合②~④各扣1~5分	
色泽	①符合本菜品规定的色泽标准 ②主、配料的颜色搭配合理 ③无因烹调造成原料失色	10分	不符合①扣8~10分，不符合②~③扣1~10分	
刀工	①符合本菜品规定的刀工标准 ②刀工精细，刀法纯熟，搭配合理 ③薄厚均匀 ④长短、粗细、大小一致或协调 ⑤硬刀面的工艺要求：刀面整洁，刀距有序 ⑥没有连刀（特殊形态除外）	15分	不符合①扣10~15分，不符合②~⑥各扣1~10分	
汁芡	①符合本菜品规定的汁、芡标准 ②汁或芡量合适 ③稠稀合适 ④符合明亮度 ⑤符合本菜品的油亮度 ⑥不拖芡、拖浆、拖糊	10分	不符合①扣8~10，不符合②~⑥各扣1~8分	
口味	①符合本菜品规定的口味标准 ②味型准确 ③口味纯正 ④咸淡适中 ⑤鲜香味浓 ⑥无异味	30分	不符合①扣8~10分，过咸、过淡、香味不浓、有异味各扣1~5分	
火候	符合本菜品的火候要求（指成品质感、口感）	20分	失饪扣10~20分	
装盘	①符合本菜品规定的装盘要求 ②突出主料 ③菜品盛装与器皿比例协调，分量适当 ④盛装菜品主体不出内沿线（特殊菜除外，如整鱼菜） ⑤不偏盘 ⑥装盘不散	5分	达不到要求每项扣1~5分	

续表

评价指标	技术要求	标准配分	评分原则	得分
卫生	① 符合制作菜品的卫生标准，无异味 ② 消毒符合卫生标准 ③ 盛器无指痕、无油污 ④ 盛器中无不可食用的材料	5分	达不到要求每项扣1～5分	
合计		100分		

模块二十

宴席烹调工艺

实训目标

通过实训，使学生了解宴席的特点和内容构成，熟悉宴席菜肴的组配方法，掌握家宴、婚宴、寿宴、谢师宴、年节宴、商务宴、迎宾宴等宴席的设计和制作工艺。设计的菜单结构完整，荤素搭配合理，主要营养成分比例恰当，符合客情需求；制作的菜肴色、香、味、形、质俱佳，并能按序及时出菜，盛装准确迅速，上菜速度适当。同时要培养学生厉行节约，讲究质量，注重信誉，顾全大局，团结协作，具有团队精神和集体主义观念。

实训方法

教师讲解、示范操作→学生分组练习→教师指导→综合讲评→填写实训报告。

任务1 家宴菜肴的设计与制作

宴席菜单

家宴菜单（10人标准）

冷菜：姜汁藕片　五香牛肉　香酥小黄鱼　菠菜粉丝

热菜：油焖大虾　清蒸日月贝　葱烧海参　香菇鸡块　冬瓜煨排骨　家常炖鱼　蜜汁八宝饭　海米西葫芦

主食：葱油家常饼　手擀汤面

水果拼盘：合家团圆

原料采购

❶ 蔬果类　鲜藕300g，菠菜200g，冬瓜250g，西葫芦500g，油菜心

200g，鲜香菇200g，西瓜300g，葡萄200g，荔枝200g，香蕉300g，火龙果250g。大葱600g，生姜200g，大蒜200g。

❷ 禽畜海鲜类　牛肉1000g，小黄鱼250g，鲜海虾600g，鲫鱼1000g，水发海参400g，净鸡600g，猪排骨600g，日月贝800g，海米50g。

❸ 调料　烹调油1000g，盐150g，白糖300g，味精50g，老抽100g，生抽50g，米醋50g，料酒100g，芝麻油20g，甜面酱30g，胡椒粉5g，花椒20g，八角20g，香叶5g，桂皮10g，枸杞10g，肉蔻10g，草果5g，淀粉100g，蜂蜜20g。

❹ 其他类　干粉丝50g，八宝米300g，果脯100g，面粉1000g，香炸粉200g。

准备工作

将制作宴席所需的主料、配料、调料备齐，检查、维修所用设备、器具。

制作思路

根据菜肴加热时间的长短进行分类，需要加热时间长的先进行刀工处理，然后进行加热。在加热制作的同时，再将加热时间短的菜肴进行切配、预热，最后按上菜顺序进行菜品成熟处理。

操作过程

❶ 初加工阶段　先将所有原料进行初步加工，包括蔬菜类择洗、鲜活类动物原料的宰杀加工等。

❷ 切配阶段

冷菜切配

（1）将五香牛肉的牛肉分割成两块，每块大约500g左右，加盐、白糖、味精、老抽、料酒等调料腌制1h。

（2）姜汁藕片的鲜藕去皮切成薄片，放入水中浸泡以防止氧化变色。

（3）菠菜粉丝的菠菜切成3.3cm长的段，粉丝用冷水浸泡回软。

（4）香酥小黄鱼中所用的小黄鱼加大葱、姜、料酒、盐、胡椒粉腌制，香炸粉加水调制成糊。

热菜切配

（5）海米西葫的西葫芦斜刀切成1cm厚的菱形块，海米浸泡回软。

（6）香菇鸡块的鲜香菇斜刀一批两开，净鸡剁成3cm见方的块。

（7）油焖大虾的海虾去除虾线，然后用刀从背部平片至虾身的一半，使大虾脊背部较厚的虾肉分开且不断。

（8）葱烧海参所用的大葱切成5cm长的段，海参斜刀片成长8cm、宽2cm、厚0.5cm的大片。

（9）家常炖鱼的鲫鱼在鱼体两侧改斜一字花刀，然后加葱、姜、料酒、盐腌制。

（10）冬瓜煨排骨的排骨剁成5cm长的段，冬瓜切成3cm见方的滚刀块。

（11）清蒸日月贝的日月贝用刀剥开，切断肉与贝壳相连之处，加盐、料酒、胡椒粉、味精等调料入味备用。

（12）葱姜蒜和炝锅的小料一同切配好备用。

（13）制作蜜汁八宝饭所用的八宝米需浸泡1h回软。

❸ 预熟阶段

冷菜部分

（1）将腌渍好的牛肉放入事先用老抽、花椒、八角、香叶、桂皮、肉蔻、草果等调好的酱汤中，用小火酱4h，然后在酱汤中晾凉待用。

（2）切好的藕片入沸水锅中氽熟，迅速用冷水漂凉，然后放入盛器内，加姜末、盐、味精、醋、炝花椒油，拌匀。

（3）菠菜、粉丝焯水，透凉，加入盐、味精、芝麻油拌匀。

（4）腌制好的小黄花鱼挂糊炸至浅黄色，达到外酥里嫩熟透。

热菜部分

（5）排骨焯水，洗净后与冬瓜一起放入盛器中，加清水和盐等调料用小火煨3h。

（6）鲫鱼入六成热的油锅中炸成浅黄色，放入用甜面酱炝好锅的汤汁中小火炖制1h。

（7）鸡块加盐、料酒，上浆过油；香菇焯水。另起锅炝锅放入鸡块和香菇，烹料酒，加盐，味精小火炖40min。

（8）制作八宝饭，取一大碗抹底油，放入果脯摆出图案，然后放八宝米填实封膜，上屉蒸2h待用。

（9）调制家常饼和手擀面的面团，然后进行醒发。

❹ 成品制作阶段

冷菜部分

（1）酱制好的牛肉捞出，顶刀切成薄片装盘即可。

（2）炸制好的香酥小黄鱼，炝拌好的姜汁藕片、菠菜粉丝分别装盘即可上桌。

热菜部分（按照上菜顺序烹制菜肴，下同）

（3）将大虾过油，另起锅炝锅，放入大虾，烹料酒，加盐、糖、味精和鲜汤烧沸，转中火焖制3min至汤汁浓稠淋明油装盘。

（4）腌制入味的日月贝上屉蒸5min取出，淋热油装盘即可。

（5）大葱段在锅内煸至金黄色，葱香味突出时放入氽过水的海参，烹料酒，加盐、生抽、糖和鲜汤烧3min至入味，勾芡收汁淋葱油装盘。

（6）前一阶段加热好的香菇鸡块重新上火，使用大火收干汁即可装盘。

（7）提前煨制好的冬瓜煨排骨按位装到汤盅内，调好口味，上屉蒸热即可上桌。

（8）大火将家常炖鱼的汁收好，点芝麻油即可装盘。

（9）取出蒸好的八宝饭扣到盛器中，淋蜜汁即可上桌。

（10）西葫芦焯水，放入海米炝锅的锅内加盐，味精和少许鲜汤，烧入味，淋明油装盘。

主食、汤、水果部分

（11）将调好的面团烙成家常饼，再根据饼张的大小切成小块，装盘上桌。

（12）将手擀面面团擀成大片切成细面条，炝锅加汤做成汤多面少的汤面。

（13）西瓜切成较突出的梯形，其他水果分布均匀围在四周，代表团圆。

注意事项

1. 按标准合理选择原材料是保证成品质量的关键之一。
2. 制作程序要安排清楚，先加工什么，后加工什么，必须思路清晰。
3. 菜肴制作过程中，要注意合理用料，减少浪费，保证质量。
4. 酱牛肉成熟后要用原汤浸泡入味，切制装盘时肉的纹理必须顶刀，否则嚼不烂。
5. 大虾在焖制过程中不要将虾头翻断，否则装盘不美观。
6. 在上菜过程中第一组为冷菜4道，然后间隔3～5min上一道热菜，最后上主食、汤和水果。

任务2 婚宴菜肴的设计与制作

宴席菜单

婚宴菜单（10人标准）

冷菜：如意鸡卷　老醋蜇头　水晶山楂　称心鱼条　香椿桃仁　金钱牛肚
　　　木瓜笋丝　芝麻菠菜

热菜：幸福美满（海参扒肘子）　年年有余（清蒸鳜鱼）　田园耕耘（杭椒牛柳）
　　　珠联璧合（翡翠虾球）　大鹏展翅（蒜蓉飘香翅）　圆圆满满（乳鸽菌菇汤）
　　　四季发财（四喜丸子）　比翼双飞（香菇鸿运鸡）　早生贵子（大枣花生栗子羹）
　　　百年好合（西芹百合）

小吃：豆沙包　四喜饺

主食：什锦炒饭　紫菜蛋花汤

水果拼盘：合家欢乐

原料采购

1. 蔬果类　黄瓜300g，香椿苗150g，莴笋250g，菠菜300g，胡萝卜200g，蒜薹100g，青椒150g，青豆100g，鲜核桃仁100g，芝麻50g，杭椒200g，西蓝花250g，杏鲍菇100g，鸡腿菇100g，鲜香菇300g，冬笋100g，荸荠300g，大葱600g，生姜200g，大蒜300g，大枣100g，花生100g，栗子100g，山楂250g，木瓜200g，西芹500g，百合100g，紫菜50g，葡萄250g，西瓜500g，橙子300g。
2. 禽畜海鲜类　鸡肉300g，海蜇头300g，净鱼肉300g，牛肚1000g，猪肘子1300g，水发海参200g，鳜鱼800g，牛外脊400g，大海虾600g，鸡翅中500g，乳鸽500g，猪肉馅1000g，净鸡800g，火腿100g。
3. 调料类　烹调油3000g，盐250g，糖200g，冰糖150g，味精100g，料酒200g，陈醋100g，生抽100g，老抽20g，红卤汤3000g，芝麻油50g，蒸鱼豉油30g，蚝油50g，鸡粉20g，胡椒粉20g，吉士粉30g，花椒30g，八角20g，淀粉500g。
4. 其他类　鸡蛋1000g，油豆皮2张，面粉1000g，大米700g，琼脂50g，豆沙馅200g，香炸粉200g。

准备工作

将制作宴席所需的主料、配料、调料备齐，检查、维修所用设备、器具。

制作思路

根据菜肴加热时间的长短进行分类，需要加热时间长的原料先进行刀工处理和加热。在加热制作的同时，再将加热时间短的菜肴进行切配、预热加工，然后按上菜顺序进行菜品成熟处理，最后整形装盘。

操作过程

❶ 初加工阶段　先将所有原料进行初步加工，包括蔬菜类原料择洗，鲜活类原料宰杀加工，海蜇头用净水浸泡去盐分等。

❷ 切配阶段

冷菜部分

（1）鸡肉剁成肉泥，鱼肉切成规格为4cm×0.5cm×0.5cm的条备用。

（2）海蜇头抹刀片成0.4cm厚的片，放入冷水中浸泡。

（3）莴笋去皮切细丝，木瓜去皮切细丝用水浸泡。

（4）芝麻菠菜的菠菜切成3.3cm长的段。

（5）香椿苗去根，鲜桃仁洗净，山楂用戳刀取出核备用，牛肚洗净。

热菜部分

（6）海参抹刀片成长方片，大葱切成5cm长的段，猪肘子用刀刮净外皮毛。

（7）清蒸鳜鱼的鳜鱼在鱼体两侧改波浪花刀，火腿、笋、香菇、葱、姜切薄片。

（8）牛外脊切成5cm长的条，杭椒去除两头留中段。

（9）大虾去除虾头，剥去外壳去除虾线取净肉，然后用刀从背部平片3刀至虾身的2/3处，使大虾脊背部较厚的虾肉分开且不断开。西蓝花切成大小一致的瓣。

（10）乳鸽从脊背劈开洗净，杏鲍菇、鸡腿菇切薄片。

（11）香菇鸿运鸡的鲜香菇斜刀一批两开，净鸡从脊背劈开。

（12）荸荠用刀拍碎，放入800g的肉馅里做四喜丸子用。另200g肉馅加大葱做四喜蒸饺用。

（13）西芹抹刀切成菱形段，百合掰成均匀的瓣，用水浸泡。

（14）将早生贵子所用的大枣花生栗子等组合到一起。

（15）用胡萝卜、蒜薹、青椒、香菇、青豆等分别切配出四喜蒸饺和什锦炒饭的配料。

（16）将每个菜所用的葱姜蒜和炝锅用的小料一同切配好用备。

❸ 预熟阶段

冷菜部分

（1）冷菜加工，将洗净的牛肚放入事先调好的红卤汤中小火加热3h，然后在卤汤中浸泡入味待用。

（2）取油豆皮浸一下水，鸡肉加盐、味精水、葱姜水、鸡蛋、胡椒粉、芝麻油搅拌均匀，纱布垫在豆皮的下面，在豆皮的两端分别抹上鸡肉泥，对着卷到中间成如意型，上笼屉蒸20min，蒸时在鸡肉卷的上面压一个平盘以保证成形。

（3）山楂放汤盆中加入琼脂，再加水、冰糖浸没过原料，上屉蒸1h取出后晾凉，放入冷藏柜中保存。

（4）鱼肉条加葱、姜、料酒、花椒、胡椒粉腌制入味，香炸粉调成糊，将鱼条挂糊炸至金黄色成熟即可。

（5）菠菜焯水，凉透后加入盐、味精、蒜蓉、花椒油、芝麻拌匀即可。

（6）鲜桃仁、海蜇头、莴笋分别焯水，透凉后待用。

热菜部分

（7）猪肘子放入汤锅中煮2h，捞出抹糖色，再入八成热的油锅中炸至肉皮起泡，晾凉后改刀装碗，浇上熬好的汤汁上屉蒸2h至软烂待用。

（8）四喜丸子馅打花椒水，加面粉、鸡蛋和盐、老抽搅拌上劲，攒成四个大丸子入七成热的油锅中炸至断生定型。另放盛器中加入熬好的汤汁，上屉蒸2h至软烂保温。

（9）香菇鸿运鸡将整鸡加盐、老抽、葱、姜、料酒腌渍一下，入七成热油中炸至上色捞出，香菇焯水。另起锅炝锅放入鸡和香菇，烹料酒，加盐，糖和鲜汤小火烧1h。

（10）乳鸽和菌菇分别焯水，然后放入汤煲中，加葱、姜、盐、料酒小火煲3～4h待用。

（11）大蒜剁成蓉，放入鸡翅中，加吉士粉、盐、料酒、生抽、糖、胡椒粉密封腌渍2～3h。

面点部分

（12）调制豆沙包的面团并进行发酵，调制四喜蒸饺的面团进行醒发。

（13）调制四喜蒸饺的馅料，同时将大米淘洗后蒸熟。

❹ 成品制作阶段

冷菜部分

（1）将制好的金钱肚捞出，斜刀片成薄片装盘即可。

（2）如意鸡卷剥开纱布顶刀切厚片，交错式摆在盘中。

（3）冷却的水晶山楂切成2cm见方的小块装盘。

（4）老醋蜇头用黄瓜丝垫底，海蜇头摆在上面，浇陈醋蒜蓉汁。

（5）香椿、桃仁调成鲜咸味，木瓜笋丝调成酸甜味，与炸制好的鱼条，炝拌好的芝麻菠菜分别装盘即可上桌。

热菜部分

（6）大葱段在锅内煸至金黄色，葱香味突出时放入焯过水的海参，烹料酒，加盐、生抽、糖、鲜汤和蒸好的肘子一起煸至入味，勾芡、收汁、淋葱油、翻勺、装盘。

（7）用火腿、笋、香菇、葱、姜和料酒、胡椒粉、盐将鳜鱼腌制入味，上屉蒸10min取出，淋热油装盘。

（8）牛肉条加嫩肉粉，鸡蛋上浆滑油，另起锅煸炒杭椒，放入牛柳，烹料酒，加蚝油、糖、味精、鲜汤，勾芡收汁淋明油装盘。

（9）西蓝花焯水后煸炒入味倒入配料盘中准备围边，大虾肉加底口上蛋清浆滑油，另起锅炝锅放入虾球烹兑好的白汁颠翻均匀淋明油，装在西蓝花围边的盘中即可。

（10）油锅烧至五成热，逐个放入腌好的鸡翅炸至断生捞起，复炸一次至金黄色起锅装盘。

（11）前一阶段煲好的乳鸽菌汤上火烧开上桌。

（12）将蒸好的四喜丸子取出装盘，用蒸丸子的原汤勾芡浇淋在丸子上上桌。

（13）烧制熟的香菇鸿运鸡上火收汁，淋明油装盘。

（14）大枣、花生、栗子等焯水，另起锅加水、糖及焯水的大枣、花生、栗子，煮熟至汤汁浓稠装盘上桌。

（15）西芹百合快速焯水，放入炝锅的锅内，加盐、糖和少许鲜汤烧入味，淋明油装盘。

主食、汤、水果部分

（16）将调好的发酵面团包上豆沙馅，上屉蒸12min。蒸饺包上肉馅成型，酿上四喜料头上屉蒸12min。

（17）蒸好的大米饭打散，油锅内放入什锦料头炒香，将米饭倒入炒拌均匀装盘。

（18）水锅烧开后放入紫菜加盐撒鸡蛋液浮起点芝麻油即可出锅。

（19）西瓜顶刀切成三角形，交替错开摆在中间，橙子切成瓣围在四周，葡萄均匀的围在两边，上桌。

注意事项

整桌菜肴的制作过程中应该注意的事项：

❶ 原材料的选择质量、数量要准确，才能保证成品的质量达到菜肴的要求。

❷ 制作程序要安排清楚，先加工什么，后加工什么，必须思路清晰。

❸ 菜肴制作过程中，注意合理用料，浪费多了或者加工破损多了直接影响菜肴的成品质量。

❹ 如意鸡卷在蒸制时上面所压的盘子不能太重，否则鸡卷造型就不好看了。

❺ 海参扒肘子的制作时间和程序要掌握准。

❻ 在上菜过程中第一组为冷菜8道，然后间隔3～5min上一道热菜，最后上主食、汤和水果。

任务3 寿宴菜肴的设计与制作

宴席菜单

寿宴菜单（10人标准）

冷菜：油焖香菇　开胃木耳　芥末鸭掌　凉拌猴头蘑　香拌荞麦条　香酥鲫鱼

热菜：蕨菜扒鹿肉　芙蓉虾球　茶树菇烧仔鸡　清蒸多宝鱼　锅塌豆腐　天麻煲乳鸽
香芋扣肉　雪里红烧海参　上汤青菜钵　贝丝娃娃菜

点心：红枣发糕　佛手香酥

主食：菜团子　翡翠上汤伊面

水果拼盘：子孙满堂

原料采购

❶ 蔬果类　鲜香菇400g，干木耳50g，鲜猴头蘑400g，蕨菜250g，茶树菇300g，芋头350g，雪里蕻250g，娃娃菜600g，芥蓝400g，菜心200g，小白菜300g，香菜100g，黄瓜200g，野山椒50g，小枣100g，蟠桃300g，葡萄200g，桂圆150g，李子200g，大葱500g，姜200g，蒜200g。

❷ 禽畜海鲜类　净仔鸡600g，鲫鱼500g，鹿肉1000g，净虾肉400g，乳鸽450g，五花肉800g，水发海参400g，干贝50g，多宝鱼700g，鲜鸭掌400g，火腿50g。

❸ 调料类　烹调油2000g，盐250g，糖300g，味精100g，料酒200g，米醋300g，陈醋100g，生抽100g，辣椒油25g，芥末油20g，芝麻油50g，蒸鱼豉油30g，蚝油50g，腐乳20g，鸡粉20g，胡椒粉20g，花椒30g，八角20g，天麻100g，豆蔻5g，茴香子5g，淀粉500g，发酵粉10g。

❹ 其他类　鸡蛋500g，鲜荞麦面条250g，面粉1500g，大米700g，豆沙馅200g，玉米面300g，粉条100g，豆腐300g。

准备工作

将制作宴席所需的主料、配料、调料备齐，检查、维修所用设备、器具。

制作思路

根据菜肴加热时间的长短进行分类，需要加热时间长的原料先进行刀工处理和加热。在加热制作的同时，再将加热时间短的菜肴进行切配、预热加工，然后按上菜顺序进行菜品成熟处理，最后整型装盘。

操作过程

❶ 初加工阶段　先将所有原料进行初加工，如蔬菜类进行择洗，鲜活类进行宰杀、洗涤，干木耳用水浸泡涨发，雪里蕻用冷水浸泡去盐分，干贝用温水泡发回软等。

❷ 切配阶段

冷菜部分

（1）鸭掌去脚尖，斩去掌后骨，从中间开刀一分为二。

（2）木耳撕成均匀的瓣，放冷水中浸泡待用。

（3）鲫鱼改斜一字花刀放入盐、料酒、醋入味，

（4）猴头蘑顶刀切薄片，香菇去蒂改十字花刀。

热菜部分

（5）蕨菜切成4cm的段，鹿肉分割成两大块，放入水中浸泡，去除血液。

（6）大虾肉去虾线，用刀从背部平片3刀至虾身的2/3处，使大虾脊背部较厚的虾肉分开且不断开。

（7）净仔鸡剁成3～4cm的块，茶树菇去蒂切成5cm的段。

（8）清蒸多宝鱼在鱼体两侧改柳叶花刀，火腿、香菇、葱、姜切薄片。

（9）豆腐切成规格为6cm×3cm×0.8cm的长方片，共12片。

（10）乳鸽从脊背劈开洗净。

（11）海参抹刀片成长方片，大葱切成5cm长的段，雪里蕻切成小丁，取50g五花肉切末。

（12）五花肉用刀刮净皮毛，芋头去皮，切成规格为10cm × 3cm × 0.5cm的长方片。

（13）芥蓝切成小丁，娃娃菜切条，干贝撕成细丝。

（14）小白菜剁成末，粉条剁碎，菜心切细丝。

（15）将每个菜所用的葱、姜、蒜和炝锅用的小料一同切配好用备。

❸ 预熟阶段

冷菜部分

（1）将腌制好的鲫鱼入七成热的油锅中炸至金黄色，然后放入事先调好的卤汁中浸泡3h，然后放凉后入冷藏柜保存。

（2）鸭掌在沸水锅中汆熟，捞出浸凉加盐、味精、醋、芥末油拌制入味。

（3）香菇焯水，另炝锅放香菇加盐、鸡粉、老抽、糖、鲜汤，用小火焖约30min出锅。

（4）荞麦面条上屉蒸20min至熟，放入香菜，加盐、辣椒油、味精、芝麻油拌匀即可。

（5）木耳焯水投凉，放入野山椒，加盐、陈醋、味精、辣椒油拌匀入味。

（6）猴头蘑用鲜汤加盐，鸡粉，葱姜，八角煮熟，捞出加醋，花椒油拌渍入味。

热菜部分

（7）鹿肉放入汤锅中加料酒、花椒、盐、葱、姜等煮2h，捞出晾凉后改成10cm × 6cm × 0.5cm的长方片12片，装入汤碗中，上面放蕨菜，浇入用花椒、八角、豆蔻、茴香、葱、姜熬好的汤汁，上屉蒸1h至熟透后保温。

（8）五花肉放入汤锅中煮2h，捞出抹糖色，再入八成热的油锅中炸至肉皮起泡，晾凉后改成与芋头相当的厚片装碗，浇上熬好的腐乳汤汁，上屉蒸1h至软烂待用。

（9）切好的仔鸡块上浆滑油，另炝锅入焯过水的茶树菇、鸡块，烹料酒，加生抽、盐、味精、糖和鲜汤小火烧40min。

（10）乳鸽焯水去腥后放入汤煲中，加天麻、葱姜、盐，小火煲 4h待用。

面点部分

（11）调制红枣发糕面团进行发酵，调制菜团子的面团进行醒发。

（12）调制佛手酥的皮面和馅料，调制长寿面面团。

❹ 成品制作阶段

冷菜部分

（1）油焖香菇用黄瓜片垫底围边，香菇摆成牡丹花型。

（2）将炝拌好的木耳摆成花型，野山椒剁碎撒在花心上。

（3）腌制好的鸭掌加芥末油拌匀，黄瓜片垫底将鸭掌装摆成花型。

（4）拌制好的猴头蘑按自然形状装摆成盘。

（5）将调制好的香拌荞麦和冷却的香酥鲫鱼直接装盘。

热菜部分

（6）取出蒸好的鹿肉，将肉汁倒出留用。另炝锅放入鹿肉，加少许肉汁扒至入味，勾芡淋明油翻勺装盘。

（7）大虾肉加底口上蛋清浆滑油，另起锅炒蛋清至熟，加入虾球加入兑好的白汁颠翻均匀淋明油装盘。

（8）将事先制熟的香菇烧仔鸡上大火收汁，淋明油装盘。

（9）用火腿、笋、香菇、葱、姜和盐、胡椒粉、料酒，将多宝鱼腌制入味，上屉蒸10min取出，淋热油装盘即可。

（10）锅烧热，将豆腐拍粉拖蛋整齐的摆入中，两面煎至金黄色，烹料酒，加盐、味精、糖和汤，烧至入味，勾薄芡淋明油翻勺装盘。

（11）前一阶段煲好的乳鸽菌汤上火烧开即可上桌。

（12）取出蒸好的扣肉，倒出肉汁后扣入盘中，另起锅放入肉汁收浓稠淋明油浇淋在扣肉上上桌。

（13）锅烧热煸葱段至金黄色，放入肉末煸炒出香味，加入雪里蕻，烹料酒，加生抽、盐、味精、糖，放入焯过水的海参，加汤烧 5 min入味勾芡淋葱油装盘。

（14）芥蓝焯水，另起锅加鲜汤放入芥蓝，调口味勾薄芡盛入汤钵中。

（15）娃娃菜焯水，另炝锅放入干贝丝、娃娃菜，烹料酒，加盐、味精，翻炒入味出锅。

主食、汤、水果部分

（16）调好的发酵面团擀成面皮镶上小枣，上屉蒸15min，成熟后分切成均匀的10块上桌。

（17）调好的水油皮面分成坯包上豆沙馅，用小刀切生佛手型，放入烤箱烤制12min成熟装盘。

（18）玉米面团与小白菜粉条包成菜团，上屉蒸18min成熟装盘。

（19）炝锅加汤烧开后，放入面条，煮制成熟撒入青菜丝调味即可上桌。

（20）蟠桃切成瓣按原型摆在盘子中间，李子、葡萄、桂圆按比例均匀地围在四周，上桌。

注意事项

整桌菜肴的制作过程中应该注意的事项：

❶ 原材料的选择质量、数量要准确，才能保证成品的质量达到菜肴的要求。

❷ 制作程序要安排清楚，先加工什么，后加工什么，必须思路清晰。

❸ 菜肴制作过程中，要注意合理用料，减少浪费，保证质量。

❹ 鹿肉在浸泡和焯水时要去净血水，煮制时料酒、花椒、葱姜要加好，否则有腥味。

❺ 香酥鲫鱼炸得要透，酥制时醋和白糖比例要合理，保存的温度要恰当。

❻ 在上菜过程中第一组为冷菜8道，然后间隔3～5min上一道热菜，最后上主食、汤和水果。

任务4 谢师宴菜肴的设计与制作

宴席菜单

谢师宴菜单（10人标准）

冷菜：卤水豆腐　五香鸡肫　凤眼猪肝　芥末百叶　巧拌苦菊　酸辣瓜条

热菜：师生情谊（春不老烧蹄筋）一鸣惊人（鱼香牛蛙）名传万里（荷叶粉蒸排骨）
辛勤耕耘（西芹虾仁）力争上游（清蒸武昌鱼）锦绣前程（五彩鸡丝）
步步高升（麻仁鸡蛋）大展宏图（酒香鸡翅）满载而归（八珍豆腐）
感谢师恩（蟹黄娃娃菜）

小吃：豆沙麻团　南瓜饼

主食：花卷　虾皮蔬菜汤

水果拼盘：桃李满天下

原料采购

❶ 蔬果类　苦菊菜300g，黄瓜600g，雪里蕻300g，青椒200g，红椒100g，黄彩椒100g，西芹300g，冬笋150g，鲜香菇200g，草菇50g，口蘑50g，娃娃菜500g，菜心200g，桃子300g，李子200g，葡萄200g，西瓜300g，金瓜500g，大葱400g，姜200g，蒜100g。

❷ 禽畜海鲜类　鸡肫400g，猪肝500g，百叶400g，水发蹄筋500g，牛蛙700g，猪排骨600g，虾仁400g，武昌鱼800g，鸡脯肉400g，鸡翅中600g，鱿鱼100g，鲜贝50g，蟹黄50g，蟹肉卷50g，虾皮50g，火腿50g，五花肉50g。

❸ 调料类　烹调油3000g，盐250g，糖300g，味精100g，料酒200g，葡萄酒100g，米醋300g，生抽100g，白卤水1000g，辣椒油25g，芥末油20g，芝麻油50g，蒸鱼豉油30g，蚝油50g，腐乳20g，豆瓣酱30g，甜面酱20g，鸡粉20g，胡椒粉20g，花椒30g，八角20g，香叶5g，桂皮10g，枸杞10g，肉蔻10g，草果5g，淀粉500g，发酵粉10g。

❹ 其他类　白豆腐400g，内酯豆腐500g，蛋黄100g，干木耳50g，荷叶1张，芝麻50g，米粉200g，豆沙150g，澄粉300g，面粉1000g，鸡蛋1000g。

准备工作

将制作宴席所需的主料、配料、调料备齐，检查、维修所用设备、器具。

制作思路

根据菜肴加热时间的长短进行分类，需要加热时间长的原料先进行刀工处理和加热。在加热制作的同时，再将加热时间短的菜肴进行切配、预热加工，然后按上菜顺序进行菜品成熟处理，最后整型装盘。

操作过程

❶ 初加工阶段　先将所有原料进行初加工，蔬菜类进行择洗，鲜活类进行宰杀洗涤，春不老用净水浸泡去盐分。

❷ 切配阶段

冷菜部分

（1）白豆腐切成规格为10cm×3cm×1cm的长方片。

（2）百叶顶刀切0.3cm粗的丝，用冷水浸泡。

（3）黄瓜切6cm×0.5cm×0.5cm的条，用盐水浸泡。

（4）猪肝加葱、姜、料酒、盐、八角、胡椒粉腌渍10min，然后从猪肝中间开刀塞入蛋黄，用纱布将猪肝扎紧待蒸。

热菜部分

（5）蹄筋切成6cm长的段，春不老切成2cm长的段，五花肉切成末。

（6）牛蛙斩去掌骨，剁成块。青椒切成三角片，木耳撕成片。

（7）荷叶浸水回软，排骨劈成条，剁成5cm的段，然后加入炒熟的米粉、腐乳、甜面酱、盐、味精、糖、肉蔻、香叶、桂皮、葱、姜等调料腌制入味。

（8）虾仁去除虾线，西芹切成菱形段。

（9）在鱼体两侧剞柳叶花刀，火腿、笋、香菇、葱、姜均切薄片。

（10）鸡脯肉切5cm的鸡丝，青椒、红椒、黄彩椒、冬笋、木耳均切成细丝。

（11）内酯豆腐切成1cm见方的丁，香菇、口蘑、草菇、冬笋、虾仁、鱿鱼、鲜贝、蟹肉卷均切成小丁。

（12）娃娃菜一劈两开切成细条，蟹黄斩成蓉。

（13）金瓜去皮切成条待蒸。

（14）菜心切成丝备用。

（15）将每个菜所用的葱、姜、蒜和炝锅用的小料一同好备。

❸ 预熟阶段

冷菜部分

（1）将洗净的鸡肫放入事先调好的红卤汤中小火卤2h，然后在卤汤中浸泡入味待用。

（2）油锅烧至六成热逐片下入豆腐炸至浅黄色捞出，晾凉后放入卤汤中卤制20min浸泡入味。

（3）卷好的猪肝放笼屉蒸40min，晾凉去除纱布备用。

（4）百叶焯水浸凉加盐，味精，醋拌制入味，上桌时加芥末油。

（5）黄瓜条去净水分加醋、糖、味精、辣椒油腌制入味。

冷菜部分

（6）取荷叶，将腌制好的排骨放于荷叶上扎紧，上笼屉蒸2h保温待用。

（7）鸡翅加生抽、盐、料酒腌渍入味，油锅烧至六成热放入鸡翅炸成金黄色捞出，另炝锅放入鸡翅烹葡萄酒，加盐、糖、味精、生抽和鲜汤，烧40min。

面点部分

（8）调制麻团的澄粉面团进行醒发，调制花卷面团进行发酵。

（9）切好的金瓜条放入笼屉蒸30min，取出与面粉调制成南瓜饼的面团。

❹ 成品制作阶段

冷菜部分

（1）卤制好的鸡肫捞出，顶刀切成均匀的薄片整齐地摆入盘中。

（2）豆腐从卤汤中捞出抹刀片厚片，保持原形装盘。

（3）凤眼猪肝顶刀切薄片，逐片拼摆入盘中成形。

（4）苦菊加盐、糖、味精、花椒油、蒜蓉拌制入味，装盘。

（5）百叶加芥末油拌匀装盘。

（6）腌制入味的酸辣瓜条整齐地摆入盘中。

热菜部分

（7）按炒锅内加底油炝锅，煸肉末起香放入雪里蕻、烹料酒、生抽，加盐、糖、味精和鲜汤，放入焯好水的蹄筋烧3min至入味，勾芡收汁淋葱油翻勺装盘。

（8）牛蛙上浆滑油，另起锅放入辣椒酱、葱、姜、蒜、炝香，放入配料煸炒，加入牛蛙，烹料酒、醋，加糖、味精和鲜汤烧入味，勾薄芡淋红油装盘。

（9）小笼蒸好的荷叶粉蒸排骨用刀将荷叶打开装盘即可上桌。

（10）虾仁上蛋清浆滑油，西芹焯水，另炝锅放入西芹、虾仁煸炒，加入兑好的白汁淋明油装盘。

（11）用火腿、笋、香菇、葱、姜和盐，胡椒粉，料酒将武昌鱼腌制入味上屉蒸10min取出，浇蒸鱼豉油淋热油装盘即可。

（12）鸡丝上蛋清浆滑油捞出，配料焯水，另炝锅放入配料、鸡丝煸炒均匀加入兑好的白汁炒熟淋明油出锅。

（13）取鸡蛋5个打散，上锅摊成一张厚蛋皮改刀成3cm×1cm的条，下六成热的油锅中炸至膨起，另起锅熬糖至拔丝时下火放入鸡蛋条撒芝麻翻均匀出盘。

（14）烧制熟的酒香鸡翅移到大火上收汁，淋明油装盘。

（15）切好块的内酯豆腐放在汤盘中上屉蒸熟，八珍料焯水，另炝锅加蚝油放入八珍料，加盐，味精，鲜汤烧沸勾芡淋明油浇淋在豆腐上。

（16）娃娃菜焯水，另炝锅煸蟹黄，烹料酒，加盐，味精，鲜汤放入娃娃菜扒至入味勾芡淋明油装盘。

主食、汤、水果部分

（17）将调好的澄粉面团分成12个面坯包上豆沙馅，均匀地裹上芝麻入温油锅中炸至成熟呈金黄色时捞出装盘。

（18）调制好的南瓜饼面团分成12个面坯包上豆沙馅，放入模具中制成饼，入温油锅中炸至成熟。

（19）调制好的发酵面团揉均，揉制成20个花卷面坯，上屉蒸10min即可。

（20）水锅烧开后放入虾皮和菜心加鸡粉，盐调味烧沸即可出锅。

（21）西瓜顶刀切成三角形，连成排放在盘子的一侧，桃一劈两半按原形切瓣放在盘子的另一侧，葡萄、李子均匀地摆在中间即可。

注意事项

整桌菜肴的制作过程中应该注意的事项：

1. 原材料的选择质量、数量要准确，才能保证成品的质量达到菜肴的要求。
2. 制作程序要安排清楚，先加工什么，后加工什么，必须思路清晰。
3. 菜肴制作过程中，注意合理用料，减少浪费，保证质量。
4. 春不老菜要浸泡透，充分去除水分，改刀不宜太长，否则质老不宜食用。
5. 麻仁鸡蛋制作速度要快，芝麻粘裹要均匀使其不易粘连。
6. 在上菜过程中第一组为冷菜6道，然后间隔3~5min上一道热菜，最后上主食、汤和水果。

任务5　春节宴菜肴的设计与制作

宴席菜单

年节宴菜单（10人标准）

冷菜：豉油带鱼　五香肘花　红油耳丝　酸辣蕨根粉　海米西芹　南瓜百合

热菜：竹报平安（炸烹竹节虾）　鸿运当头（红烧狮子头）　节节登高（蒜仔烧鳝段）
　　五谷丰登（香菇玉米炖排骨）　红红火火（水煮牛肉）　平地春雷（锅巴鱿鱼）
　　大吉大利（板栗鸡块）　金玉满堂（椒盐玉米）　富贵有余（松鼠鳜鱼）
　　恭喜发财（蒜蓉粉丝娃娃菜）

小吃：糯米枣糕　汤圆

主食：四喜水饺　全家福汤

水果拼盘：欢聚一堂

原料采购

1. 蔬果类　西芹350g，金瓜400g，百合50g，玉米棒200g，大白菜300g，鲜香菇400g，荸荠100g，冬笋200g，青椒300g，口蘑200g，娃娃菜500g，青豆100g，葱头100g，菜心500g，大葱400g，姜200g，大蒜200g，红辣椒20g，板栗200g，金丝小枣100g，红椒150g，胡萝卜200g，哈密瓜200g，葡萄100g，香蕉100g，西瓜200g，苹果150g，樱桃50g。
2. 禽畜海鲜类　猪肘1000g，猪耳朵400g，猪肉馅1200g，猪排骨400g，牛外脊400g，净鸡700g，带鱼500g，黄鳝500g，鲜鱿鱼500g，鳜鱼800g，虾仁200g，竹节虾400g，海米50g。
3. 调料类　烹调油3000g，盐250g，糖500g，味精100g，料酒200g，米醋300g，生抽100g，辣椒油25g，芥末油20g，芝麻油50g，蚝油50g，豆豉100g，豆瓣酱30g，番茄酱100g，鸡粉20g，胡椒粉20g，麻椒10g，花椒30g，八角20g，香叶5g，桂皮10g，枸杞10g，肉蔻10g，草果5g，淀粉500g，发酵粉10g。
4. 其他类　鲜蕨根粉300g，锅巴150g，玉米粒2桶，干粉丝50g，糯米300g，澄粉

200g，豆沙馅100g，鸡蛋700g，面粉1000g。

准备工作

将制作宴席所需的主料、配料、调料备齐，检查、维修所用设备、器具。

制作思路

根据菜肴加热时间的长短进行分类，需要加热时间长的原料先进行刀工处理和加热。在加热制作的同时，再将加热时间短的菜肴进行切配、预热加工，然后按上菜顺序进行菜品成熟处理，最后整型装盘。

操作过程

❶ 初加工阶段　蔬菜类进行择洗，鲜活类进行宰杀洗涤，海米、粉丝先浸泡回软，糯米用冷水浸泡。

❷ 切配阶段

冷菜部分

（1）带鱼切成10cm长的段，在鱼体两侧剞一字花刀，用葱、姜、料酒、盐、花椒腌制待用。

（2）猪肘子、猪耳朵用刀刮净皮毛，放入冷水中浸泡。

（3）西芹去外层粗筋，改成5cm × 0.5cm × 0.5cm的条。

（4）金瓜去皮切成1.5cm见方的丁，百合撕成瓣浸于凉水中。

热菜部分

（5）大虾去除沙包挑出虾线，用刀从脊背处平片至一半即可。

（6）荸荠用刀拍碎放入到500g的猪肉馅中，打水加鸡蛋、面粉调制成狮子头的馅。

（7）大蒜去蒂修齐，鳝鱼切成4cm长的段用水洗净黏液。

（8）玉米棒一劈两开切成长3cm的段，排骨劈成条切成4cm长的段。

（9）大白菜掰成3cm × 4cm的块，鲜香菇切成抹刀片，牛肉切成薄片。

（10）鱿鱼剞十字花刀改成5cm × 2cm的块，青红椒切三角片。

（11）整鸡去头爪，剁成3cm见方的块，板栗用水浸泡去除涩味。

（12）玉米粒用水洗净去除碎粒，青红椒、葱头切成料头。

（13）鳜鱼先切下头，接着整鱼去骨尾部相连取净肉，然后在两扇净肉上剞松鼠鱼花刀，冬笋、青红椒、青豆切成料头。

（14）娃娃菜去根一劈两开切成细长条，粉丝切成6cm长的条。

（15）虾仁、鱿鱼、香菇、菜心切碎放入肉馅中制饺子馅用。

（16）虾仁、鱿鱼、海米、口蘑、香菇、菜心切配成全家福的汤料。

（17）将每个菜所用的葱姜蒜和炝锅用的小料一同切配好备用。

❸ 预熟阶段

冷菜部分

（1）将洗净的猪肘子焯水放入调制好的酱汤中酱制3h，趁热捞出放到纱布上扎紧用重物压至冷却定型待用。

（2）猪耳朵焯水放入调制好的酱汤中酱制2h，冷却后捞出。

（3）腌渍好的带鱼入六成热的油锅中炸至金黄色捞出，另起锅炒豆豉起香放入带鱼，烹料酒，加盐、醋、味精、糖酥制40min。

（4）蕨根粉焯水后用冷水浸凉，捞出加盐、味精、醋、蒜蓉，用红辣椒炸辣椒油浇在蕨根粉上拌匀即可。

（5）西芹焯水后用冷水浸凉，捞出加海米、盐、味精、醋，炝花椒油拌匀即可。

（6）南瓜上笼屉蒸20min，百合焯水后浸凉，调制蜜汁加百合浇在南瓜上即可。

热菜部分

（7）狮子头馅搅拌上劲，攒成四个大丸子入七成热的油锅中炸至断生定型。另起锅调制好红烧狮子头的汤汁放入狮子头烧开后转小火烧2h至软烂入味保温。

（8）排骨和玉米分别焯水，然后放入汤锅中加葱、姜、八角、盐、料酒、味精，小火炖3h待用。

（9）鸡块加料酒，盐腌制一下上浆入七热油中炸至断生，板栗焯水，另炝锅放入鸡和板栗烹料酒，加盐、糖、味精和鲜汤小火烧40min。

（10）松鼠鳜鱼加盐，料酒腌渍10min，拍粉拖蛋粘面包渣放入五成热的油锅中炸至定型。

面点部分

（11）泡好的糯米加枣放入模具内上屉蒸3h保温。

（12）豆沙制成汤圆馅料分均匀，在盛器内粘裹成形。

（13）猪肉馅内放入虾仁、鱿鱼、香菇、鸡蛋调制成饺子馅，面粉调制成饺子面团醒发。

❹ 成品制作阶段

冷菜部分

（1）酥制好的带鱼捞出，每段带鱼直刀斜切3刀，按原形装盘。

（2）五香肘花剥去纱布顶刀切薄片，整齐地摆在盘中。

（3）酱好的猪耳朵切成细丝，加葱丝、红油、糖、味精、醋拌匀装盘。

（4）拌制入味好的西芹整齐地抹入盘中，海米均匀地点缀于西芹上。

（5）调制好的酸辣蕨根粉直接装盘。

（6）调制好的金瓜百合直接上桌。

热菜部分

（7）按照上菜顺序烹制菜肴，竹节虾腌制3min，入热油锅中炸至断生，另炝锅放入大虾烹料酒加盐，味精，花椒水翻炒均匀点明油出锅。

（8）将事先烧制入味的狮子头移到大火上，将汤汁收浓稠出锅。

（9）洗净黏液的鳝段加料酒、盐、葱、姜腌渍3min，入热油锅中炸至断生，另起锅煸炒蒜仔至金黄色蒜香味突出，放入鳝段，烹料酒、生抽、蚝油、醋，加盐、味精、糖、胡椒粉、鲜汤，烧3分钟入味勾芡淋明油出锅。

（10）将玉米炖排骨用大火烧开，然后盛入汤盆中上桌。

（11）白菜、香菇加盐、辣椒油直接煸炒，然后倒入盛器内垫底。另起锅放入麻油炒辣酱、葱、姜，加生抽、味精、糖、鲜汤，烧沸后放入上好浆的牛肉煮熟，盛入白菜垫底的器皿内，肉片上撒葱蒜蓉，浇热麻辣油。

（12）鱿鱼焯水，另炝锅煸辅料，加盐、味精、鲜汤，放入鱿鱼，勾米汤芡淋芝麻油，盛到汤碗中待用。锅巴入五成热油温炸至膨松装入盘内，迅速上桌，将鱿鱼入锅巴上。

（13）烧至入味的板栗鸡块移到大火上，勾薄芡，淋明油装盘。

（14）玉米粒蘸干淀粉入六成热的油锅中炸至酥松，另起锅炒料头放入玉米粒撒椒盐出锅。

（15）松鼠鳜鱼入七成热的油锅中复炸一次，另起锅炒番茄酱加料头加盐，糖，醋勾芡打明油浇在炸好的鳜鱼上。

（16）娃娃菜焯水，另起锅炝蒜蓉，放入粉丝、娃娃菜，烹料酒，加盐、鸡粉、鲜汤烧入味，点明油出锅。

主食、汤、水果部分

（17）将蒸好的糯米枣糕去除模具装盘上桌，带砂糖。

（18）水锅微沸放入汤圆煮透、煮熟，分碗上桌。

（19）饺子面团醒透揉均下剂制皮包入四喜馅煮熟上桌。

（20）水锅烧开放入全家福原料，调味勾米汤芡装盆。

（21）将哈密瓜、苹果切成造型摆于盘中，西瓜、香蕉切成片放于盘中，点缀上葡萄、红樱桃，上桌。

注意事项

❶ 原材料的选择质量、数量要准确，才能保证成品的质量达到菜肴的要求。

❷ 制作程序要安排清楚，先加工什么，后加工什么，必须思路清晰。

❸ 菜肴制作过程中，要注意合理用料，减少浪费。

❹ 红烧狮子头上浆投料要准确，成型要饱满，成菜要软烂而形不散。

❺ 锅巴鱿鱼制作时速度要快，锅巴炸的要恰到好处，快速上桌才能听到菜肴爆响声。

❻ 在上菜过程中第一组为冷菜8道，然后间隔3～5min上一道热菜，最后上主食、汤和水果。

任务6 商务宴菜肴的设计与制作

宴席菜单

商务宴菜单（10人标准）

冷菜：爽口凉瓜　桂花藕片　蒜蓉茄泥　香辣河虾　酱香猪手　泡椒凤爪

热菜：蟹黄扒鱼肚　黑椒牛柳　油爆腰花　软炸银鱼　干烧鲤鱼　酒香干锅鸡
香焗杏鲍菇　糖醋排骨　鱼头炖豆腐　蜜汁金瓜

小吃：水晶虾饺　玉兰酥

主食：扬州炒饭　三鲜豆腐汤

水果拼盘：锦绣前程

原料采购

❶ 蔬果类　凉瓜400g，藕300g，茄子300g，青椒300g，红椒100g，葱头300g，冬笋200g，香菇100g，蒜薹100g，西芹100g，金瓜500g，杏鲍菇500g，胡萝卜100g，大白菜200g，莴笋100g，香葱100g，青豆50g，大葱500g，姜200g，大蒜200g，野山椒50g，苹果300g，樱桃100g，黄金瓜300g，葡萄200g。

❷ 禽畜海鲜类　猪蹄700g，鸡爪400g，牛柳400g，猪腰400g，仔鸡500g，排骨600g，五花肉50g，火腿50g，水发鱼肚400g，河虾300g，蟹黄50g，银鱼250g，鲤鱼800g，鲢鱼头400g，虾仁300g，鱿鱼50g，海参50g。

❸ 调料类　烹调油3000g，鲜汤500g，盐250g，糖300g，味精50g，料酒200g，米醋200g，白醋50g，生抽100g，红卤水1000g，辣椒油25g，芝麻油50g，蚝油50g，豆瓣酱30g，泡椒10g，野山椒10g，干辣椒50g，桂花酱20g，鸡粉20g，胡椒粉20g，黑胡椒20g，花椒30g，八角20g，淀粉500g。

❹ 其他类　白豆腐300g，鸡蛋500g，澄粉200g，面粉200g，糯米200g。

准备工作

将制作宴席所需的主料、配料、调料备齐，检查、维修所用设备、器具。

制作思路

根据菜肴加热时间的长短进行分类，需要加热时间长的原料先进行刀工处理和加热。在加热制作的同时，再将加热时间短的菜肴进行切配、预热加工，然后按上菜顺序进行菜品成熟处理，最后整形装盘。

操作过程

❶ 初加工阶段　蔬菜类进行择洗，鲜活类进行宰杀洗涤，糯米用净水浸泡回软。

❷ 切配阶段

冷菜部分

（1）凉瓜一劈两开去子，抹刀片成0.3cm的薄片。

（2）藕去皮顶刀切开一侧，将泡好的糯米塞入藕的孔中，用纱布包裹紧。

（3）茄子去除根蒂切成长条。

（4）猪蹄用刀刮净皮毛，放入冷水中浸泡。

（5）鸡爪洗净斩去爪尖、去除掌骨，一劈两开分成两段，用水浸泡。

热菜部分

（6）鱼肚片成4cm见方的菱形块，冬笋切菱形片，蟹黄斩碎。

（7）牛柳顶刀切成大薄片，青红椒切成三角片，葱头切成三角片。

（8）猪腰一劈两开去除腰筋，改麦穗花刀，青红椒、葱头切成三角片。

（9）在鲤鱼两侧剞多十字花刀，五花肉、莴笋、胡萝卜、青椒、干辣椒切成丁。

（10）仔鸡剁成3cm见方的块，干辣椒、葱头、西芹、莴笋、香菇切成片。

（11）杏鲍菇切成5cm × 2cm × 0.5cm的片，香葱切成段。

（12）排骨劈成条，再切成4cm长的段。

（13）鱼头剁成2块，豆腐切成1.5cm见方的丁。

（14）金瓜切成5cm×0.5cm×0.5cm的条。

（15）水晶虾饺的馅料用虾仁剁成蓉，蒜薹切成末。

（16）用虾仁、蒜薹、火腿、青豆切配成扬州炒饭的配料。

（17）虾仁、鱿鱼、海参、豆腐、香葱切配成汤料。

（18）最后将每个菜所用的葱姜蒜和炝锅用的小料一同切配好备用。

❸ 预熟阶段

冷菜部分

（1）将洗净的猪蹄焯水，放入调制好的卤汤中，用小火酱制2h。

（2）凤爪焯水，另起锅加葱、姜，放入凤爪煮30min捞出，再放入用野山椒、泡椒、白醋、鸡粉等调制好的料汁中泡制。

（3）小河虾加胡椒粉、盐腌制入味后拍干粉，入六成热的油锅中炸至酥脆。

（4）凉瓜入沸水中焯熟，浸凉，加蒜蓉、盐、醋、味精、花椒油拌匀即可。

（5）将切好的茄子放入笼屉中蒸制20min至软烂，取出晾凉。

（6）将酿入糯米的藕放入笼屉中蒸制90min，取出冷藏。

热菜部分

（7）鲤鱼加酱油腌制5min，入七成热的油锅中炸至定型成浅红色，另起锅爆料头，烹料酒、醋，加盐、糖、味精、鲜汤烧沸后，放入炸好的鱼烧10min。

（8）剁好的仔鸡块上浆过油，另炝锅炒辣酱，放入鸡块，烹料酒，加盐、糖、味精烧至20min。

（9）排骨先焯水，再放入清水锅中加葱、姜、盐煮制八九成熟。

（10）锅中加底油将鱼头放入略煎一下，烹料酒，再加清水，放入豆腐炖90min。

面点部分

（11）调制玉兰酥的水、油面团进行醒发。

（12）调制水晶虾饺的馅料，同时将大米淘洗后蒸熟。

❹ 成品制作阶段

冷菜部分

（1）酱制好的猪蹄从前爪中间处横劈开，去除大骨斩成小块按原形装盘。

（2）泡制好的凤爪整齐地摆入盘中，上面点缀野山椒和泡椒。

（3）炸制好的小河虾装入盘内，撒上椒盐。

（4）油烧热，倒入蒜蓉、剁椒调制的料汁拌匀，蒸好的茄泥装盘，蒜茸剁椒汁浇淋在茄泥上。

（5）糯米藕剥去纱布顶刀切薄片装盘，桂花酱搅拌均匀浇在藕片上。

（6）拌制好的凉瓜逐片摆入盘中成花型，点缀一下花心。

热菜部分

（7）水发鱼肚、笋片焯水，另起锅放料油煸炒蟹黄，烹料酒，加盐、糖鸡粉和鲜汤，放入鱼肚扒制入味，勾薄芡淋明油出锅。

（8）牛柳加生抽、蛋黄、盐、油等上浆入温油锅中滑散，另炝锅炒黑椒粒加蚝油放配料煸炒，倒入牛柳烹料汁淋明油装盘。

（9）腰花加盐、料酒上水粉浆，入热油锅中炸至断生，另炝锅煸炒配料，放入腰花，加入兑好的料汁颠翻均匀淋明油出锅。

（10）银鱼腌制入味，挂蛋泡调糊，入温油锅中炸至定型，复炸一次至浅黄色出锅装盘，上桌带椒盐。

（11）烧透入味的干烧鲤鱼重新移到火上，旺火收干汁淋芝麻油翻勺出锅。

（12）锅烧热加油炝锅炒干锅鸡的辅料，烹葡萄酒，再加入事先烧好的鸡块翻炒。盛入加底油烧热的干锅中，上桌点火。

（13）炖制的鱼头豆腐汤加白菜调味炖透，盛入到汤盆中上桌。

（14）煮熟的排骨拍干粉，放入七成热的油锅中炸至金黄色，另起锅熬制糖醋汁，待汁浓稠时加热油爆汁，倒入排骨挂匀汁装盘。

（15）杏鲍菇焯水后用纱布包起拧干水分，拍干粉入热油锅中炸至浅黄色，另炝锅放入香葱杏鲍菇加料汁加入味淋葱油装盘。

（16）金瓜条上笼屉蒸10min控去水分，另起锅熬糖、加果脯，待浓稠时浇淋在金瓜上。

主食、汤、水果部分

（17）用澄粉调制开水面团制饺子皮，虾仁、蒜薹放入盆内，加葱姜水、盐、味精、芝麻油调成饺子馅，快速地包好上屉蒸10min上桌。

（18）用水面团包油面团制成玉兰酥的坯料，坯料擀成形分成块，改花刀成形，入低油温锅中炸熟。

（19）蒸好的米饭搅拌松散，另炝锅炒虾仁料头，放入米饭加盐、味精、芝麻油炒均装盘。

（20）水锅烧开，放入三鲜料和豆腐煮透，加盐、鸡粉、胡椒粉和香葱出锅。

（21）苹果切好后码在盘中，黄金瓜切成片做出造型摆在苹果旁边，樱桃和葡萄分别码在苹果和黄金瓜的造型周围。

注意事项

❶ 原材料的选择质量、数量要准确，才能保证成品的质量达到菜肴的要求。

❷ 制作程序要安排清楚，先加工什么，后加工什么，必须思路清晰。

❸ 菜肴制作过程中，注意合理用料，减少浪费。

❹ 桂花藕片的糯米在填装时不宜太满，否则糯米蒸熟时体积增大会影响造型，甚至崩裂。

❺ 油爆腰花改刀要准确，油温要掌握好，才能体现出刀工与火候的技艺。

❻ 软炸银鱼在挂糊时要薄厚均匀，下锅炸时要逐条放入，保证出锅条条挺直。

❼ 在上菜过程中第一组为冷菜8道，然后间隔3～5min上一道热菜，最后上主食、汤和水果。

任务7 迎宾宴菜肴的设计与制作

宴席菜单

迎宾宴菜单（10人标准）

冷菜：糖酥杏仁　青椒皮蛋　姜汁豇豆　香醋海蜇头　盐水鸭　麻酱鸡丝

热菜：孔雀迎宾虾　清炒鳝丝　鲜香扇贝　糖醋鲤鱼　香辣仔鸡　蛤蜊炖羊肉

锅煽菜卷　铁板牛柳　鲍汁百灵菇　香菇扒芥蓝

小吃：萝卜酥盒　豌豆黄

主食：京东肉饼　红薯玉米粥

水果拼盘：花开果硕齐欢庆

原料采购

❶ 蔬果类　豇豆300g，黄瓜400g，白菜叶150g，葱头200g，豌豆400g，西蓝花100g，香菜50g，百灵菇400g，番茄100g，甜玉米50g，芥蓝400g，鲜香菇100g，白萝卜250g，青椒100g，红椒100g，红薯150g，长南瓜1200g，大葱150g，大蒜150g，姜200g，干杏仁200g，西瓜300g，苹果150g，猕猴桃150g，樱桃100g，火龙果200g。

❷ 禽畜海鲜类　净鸭400g，鸡脯300g，仔鸡400g，羊肉300g，牛柳400g，肉馅700g，大海虾400g，海蜇头300g，黄鳝500g，扇贝500g，鲤鱼750g，蛤蜊200g。

❸ 调料类　烹调油3000g，盐200g，糖600g，味精50g，料酒200g，米醋300g，香醋50g，生抽100g，辣椒油25g，芝麻油50g，蚝油50g，鲍汁10g，芝麻酱50g，干辣椒50g，鸡粉20g，胡椒粉20g，花椒30g，八角20g，香叶2g，小茴香3g，淀粉500g，猪油100g。

❹ 其他类　鸡蛋500g，皮蛋250g，琼脂40g，面粉900g，面包渣200g，芝麻100g，玉米面150g。

准备工作

将制作宴席所需的主料、配料、调料备齐，检查、维修所用设备、器具。

制作思路

根据菜肴加热时间的长短进行分类，需要加热时间长的原料先进行刀工处理和加热。在加热制作的同时，再将加热时间短的菜肴进行切配、预热加工，然后按上菜顺序进行菜品成熟处理，最后整形装盘。

操作过程

❶ 初加工阶段　蔬菜类进行择洗，鲜活类进行宰杀洗涤，海蜇头用净水浸泡去盐分，蛤蜊用盐水浸泡吐沙，豌豆用碱水浸泡去皮，琼脂用100g热水浸泡。

❷ 切配阶段

冷菜部分

（1）净鸭斩去小翅和鸭爪，用精盐、花椒、五香粉腌制2h。

（2）豇豆切成10cm长的段。

（3）海蜇头抹刀片成0.4cm厚的片，放入冷水中浸泡。

（4）青椒皮蛋的青椒切成0.5cm见方的丁，

（5）香醋蜇头的黄瓜切成厚片。

（6）麻酱鸡丝的黄瓜切成火柴梗细的丝。

热菜部分

（7）大海虾去虾头，剥去虾壳留虾尾，将虾肉从背部进刀平片至腹部相连摊开成凤尾片，用刀将虾片拍松散，用葱、姜丝，料酒，盐腌制10min。

（8）宰杀好的黄鳝洗净黏液切成10cm长的细丝。

（9）仔鸡剁成2cm见方的块，用葱、姜、料酒、生抽、盐、胡椒粉腌制入味。

（10）葱头、番茄、青椒切成小粒做扇贝的料头。

（11）鲤鱼的鱼体两侧剞牡丹花刀。

（12）羊肉切成大薄片，上蛋清浆，白萝卜切成细丝。

（13）牛柳去筋络切成大片，青红椒切成三角片，洋葱切成细丝。

（14）锅内加鲜汤放入百灵菇加盐用小火煨至入味，晾凉后切成薄片；西蓝花切成大小均匀的块。

（15）香菇抹刀切成片，芥蓝用刀修齐。

（16）萝卜酥盒的白萝卜切成细丝。

（17）红薯切成小滚刀块。

（18）将每个菜所用的葱姜蒜和炝锅用的小料一同切配好备用。

3 预熟阶段

冷菜部分

（1）杏仁用热水烫2min，趁热捞出控干水分放入盛器内加白糖沾裹均匀，另起锅将杏仁凉油下锅不停地搅动，待油温升至杏仁发出爆响声时捞出，迅速撒上芝麻粘裹均匀，摊开晾凉。

（2）锅内加清水，放入鸭子和香醋、葱、姜、八角、盐，旺火烧开，加盖小火焖烧20min至鸭肉酥烂时取出，冷藏保存。

（3）皮蛋上笼屉蒸10min，晾凉后剥去蛋皮，青椒末加姜末、醋、生抽、味精、盐，浇少许热花椒油炝香。

（4）豇豆焯水，浸凉后加姜末、盐、味精、芝麻油，拌制入味。

（5）锅内加水，放入鸡脯肉，加葱、姜、花椒、盐、料酒，用小火煮30min，冷却后切成细丝。

（6）海蜇焯水浸凉，加香醋汁拌至入味即可。

热菜部分

（7）鲤鱼腌制入味，挂全蛋糊，入热油锅中炸全定型。

（8）取150g肉馅调制入味，白菜叶焯水浸凉，将菜叶改刀成10cm×6cm的大片，然后加上肉馅卷制成12个菜卷。

面点部分

（9）分别调制萝卜酥盒的油酥面团和水面团，进行醒发。萝卜丝加盐、味精、料油拌至入味。

（10）调制肉饼的热水面团进行醒发，猪肉馅加葱姜水，盐，味精，生抽，芝麻油和猪油制成肉饼的馅。

（11）豌豆加水煮透，磨成渣，放入锅中加入白糖拌匀，上火不停地铲动。炒至水分蒸发时，将琼脂倒入锅中，炒制成泥。将其倒入长方形盘内冷却（上面盖一张油纸以免表面结皮裂口），凉透后放入冰箱冷藏。

（12）锅内加水烧开，放入红薯，加入用冷水调匀的玉米面，熬成粥。

❹ 成品制作阶段

冷菜部分

（1）卤好的盐水鸭改刀成块按原形装盘。

（2）黄瓜丝垫底，将切好的鸡丝盖面，将调好的麻酱汁浇在鸡丝上。

（3）皮蛋切成均匀的瓣，浇淋调制好的青椒汁。

（4）黄瓜片垫底，将蜇头拼摆在上面成花形。

（5）拌制好的豇豆整齐地放入盘内，加姜末点缀。

（6）将晾好的杏仁装入盘中。

热菜部分

（7）大虾片拍粉拖蛋蘸面包渣，放入温油中炸至成金黄色。用南瓜雕刻好的孔雀摆在盘中间，炸好的虾片围在四周即可。

（8）鳝鱼丝上浆滑油，另起锅葱、姜、蒜炝香放入鳝鱼丝，烹料酒加盐、胡椒粉、味精，翻炒均匀，淋芝麻油装盘。

（9）锅内烧热油，放入鸡块炸至断生，复炸至金黄色。另起锅放麻油煸辣椒起香、放入鸡块，烹料酒炒香，淋芝麻油装盘。

（10）用番茄、葱头、青椒加蒜蓉、盐、鸡粉、水调成料汁，浇在扇贝上，上屉蒸5min取出，淋生抽浇热油上桌。

（11）油锅烧热复炸鲤鱼至金黄色摆入盘内，另起锅熬糖醋汁烹热油起香，均匀的浇在鱼上。

（12）水锅烧开，分别汆蛤蜊、萝卜丝，另起锅加鲜汤烧开，放入萝卜丝、蛤蜊和浆好的羊肉炖1min，调味出锅撒香菜。

（13）菜卷拍粉拖蛋液，另起锅加底油放入菜卷煎至两面金黄色，炝锅烹料酒，加盐、味精、鲜汤烧至入味，勾薄芡淋明油翻勺出锅。

（14）牛柳加嫩肉粉、盐、鸡蛋上浆，入油锅中滑至断生，另起锅煸配料，加汤汁，放入牛柳，盛入汤碗中。同时铁板烧热加底油放入葱头丝，一起上桌。将炒好的牛柳倒入铁板上。

（15）西蓝花焯水，另起锅炝香放入盘内围边。锅内加底油加入鲍汁及盐、味精，放入白灵菇烧制入味，装在西蓝花围好的盘内。

（16）香菇、芥蓝分别焯水，另起锅放料油煸香菇加蚝油，味精，盐，放入芥蓝加鲜汤扒制入味，勾芡淋明油翻炒装盘。

主食、粥、水果部分

（17）将酥盒面团分成面坯包入萝卜丝，制成酥盒，放入温油锅中炸至浅黄色成熟捞出，控净油装盘。

（18）取出制好的豌豆黄改刀成小块装盘上桌。

（19）醒好的肉饼面团包入肉馅，均匀地擀制成薄饼，放入饼铛内烙至两面上色，待成熟后改刀装盘。

（20）熬制浓稠的红薯玉米粥烧沸后盛入盆中上桌。

（21）用西瓜切出造型摆于盘的中间，苹果分成4瓣切出造型摆入盘中，火龙果、猕猴桃切片，分别摆在苹果两侧，樱桃点缀其间。

注意事项

1. 原材料的选择质量、数量要准确，才能保证成品的质量达到菜肴的要求。
2. 制作程序要安排清楚，先加工什么，后加工什么，必须思路清晰。
3. 菜肴制作过程中，注意合理用料，减少浪费。
4. 铁板牛柳制作时要掌握好火候，牛肉最好加工成八成熟上桌，铁板的余热还有在加热的过程。
5. 豌豆黄制作好后要采用合理的方法和适当的温度保存，否则容易干裂或变形。
6. 在上菜过程中第一组为冷菜6道，然后间隔3～5min上一道热菜，最后上主食、粥和水果。

任务8 自助餐宴会菜肴的设计与制作

宴席菜单

自助餐宴会菜单

凉菜：葱油拌双笋　泡椒凤爪　凉拌贡菜　卤水鹅头　口水鸡　迷你八爪鱼
海白菜拌口蘑　香酥鲫鱼

热菜：蜜汁排骨　干烧明虾　蜜豆鱼片　米兰炸鸡排　泡椒猪肠　肉沫蒸豆腐
辣炒猪肉丝　黑椒牛柳

汤：紫菜蛋花汤　豆腐竹笋酸辣汤

主食：什锦炒面　扬州炒饭

点心：香菇肉包　珍珠麻球　蛋黄酥　南瓜饼

时令水果盘：圣女果　西瓜　火龙果　柳橙

原料采购

1. 蔬果类　莴笋350g，春笋300g，贡菜300g，海白菜200g，口蘑400g，胡萝卜200g，蜜豆150g，水发木耳200g，红辣椒150g，青辣椒200g，泡椒200g，青柿椒350g，西芹150g，洋葱300g，香菜50g，鲜香菇250g，柳橙300g，南瓜250g，圣女果200g，西瓜400g，火龙果300g。

❷ 禽畜海鲜类　鹅头800g，凤爪500g，土仔公鸡800g，八爪鱼500g，火腿100g，净鲫鱼1000g，猪排1000g，明虾600g，鲩鱼肉500g，鸡脯肉500g，牛里脊肉800g，猪大肠750g，猪精肉1000g，鲜虾仁100g。

❸ 其他类　鸡蛋1000g，豆腐1000g，面包屑150g，大米600g，糯米粉300g，澄粉100g，豆沙馅150g，芝麻50g，面粉1000g，紫菜30g。

❹ 调料类　烹调油3000g，盐200g，糖300g，味精50g，料酒200g，米醋300g，白醋50g，生抽100g，白卤水1000g，辣椒油25g，芝麻油50g，蚝油50g，野山椒10g，干辣椒50g，鸡粉20g，胡椒粉20g，黑胡椒20g，花椒30g，八角20g，淀粉500g，米酒20ml，猪油100g，酵母5g，糖粉200g，奶粉40g，泡打粉 50g。

准备工作

将制作宴席所需的主料、配料、调料备齐，检查、维修所用设备、器具。

制作思路

根据菜肴加热时间的长短进行分类，需要加热时间长的原料先进行刀工处理和加热。在加热制作的同时，再将加热时间短的菜肴进行切配、预热加工，然后按上菜顺序进行菜品成熟处理，最后整形装盘。

操作过程

❶ 初加工阶段　蔬果类进行择洗，鲜活类进行宰杀洗涤，贡菜洗净泡发。

❷ 切配阶段

冷菜部分

（1）莴笋去皮切成滚刀块；春笋切成同样的滚刀块。

（2）精选个大的凤爪，洗净斩去爪尖，从中间剁开。蒜剁碎，野山椒剁碎备用。

（3）凉拌贡菜用的红辣椒去蒂、洗净、切细丝，大蒜去皮切末，放入碗中待用。

（4）将鹅头洗净备用。

（5）将活鸡宰杀洗净，去脚和翅尖。

（6）将墨鱼清洗干净，摘取墨囊，把其爪合拢伸直，用刀切5cm长的段，身子切4块。

（7）海白菜切成长2cm的段；口蘑、火腿切薄片。

热菜部分

（8）猪排骨剁成长5cm的段，用盐、酱油腌制0.5h，焯水备用。

（9）将明虾剪去足须，剪开头部额剑末端和脊背，挑除沙包和黑肠，用清水洗净，切成3 段；

（10）蜜豆切去老筋，胡萝卜、生姜切片，鲩鱼肉去皮，片成薄片。

（11）鸡脯肉切片，拍松，加入盐、料酒、花椒面，腌制入味；

（12）猪肠头用盐、醋揉洗干净，焯水除异味，再漂洗干净。泡椒去子切节，青椒切三角块，姜切丝，香菜择洗净切段。

（13）将豆腐用清水泡后切成小方块，100g精肉剁成末；洋葱、青椒切成小粒备用。

（14）将600g猪肉剔净筋膜，切成长7cm、宽0.5cm、厚0.5cm的丝，放入清水中浸泡，捞出控干。青、红辣椒和干辣椒切长丝。

（15）牛肉切成大片，加入料酒、蛋清、淀粉腌制，洋葱、青椒切成片。

（16）将每个菜所用的葱姜蒜和炝锅用的小料一同切配好备用。

汤、小吃、主食和水果部分

（17）100g精肉切成细丝，加入盐、料酒抓匀，腌制20min；将木耳、竹笋和胡萝卜分别切成丝；豆腐切成小丁，将醋、白糖、盐和辣椒油、胡椒粉调匀成酸辣汁备用。

（18）紫菜用温水浸泡回软去杂质，鸡蛋打散，香菜切碎末。

（19）炒饭的火腿切小粒，虾仁、香菇切丁，洋葱、青椒切末。

（20）炒面的洋葱、青椒、西芹、红椒均切细丝。

（21）200g猪肉剁成肉馅，香菇过水后切成小粒。

（22）300g面粉加3g酵母调制包子的面团进行醒发。

（23）热水倒入澄粉中，混合均匀，揉成软面团。将糯米粉中加入糖混合均匀，再加入澄粉团，加水适量揉成稍软的面团。揉成长条，分成若干小剂子，将小剂子按扁，包入豆沙馅揉圆，把芝麻揉进麻团待用。

（24）咸蛋黄撒盐放在烤盘上进炉烘烤（约5min），取出后加入少许米酒去腥备用。将中筋面粉、糖粉、奶油完全拌匀，静置15min。

（25）将南瓜去皮洗净切片，上笼蒸酥，趁热加糯米粉、奶粉、白砂糖、猪油拌匀，揉和成南瓜饼皮坯。豆沙搓成圆的馅心。取南瓜饼坯搓包上馅，压成圆饼。

③ 预熟阶段

冷菜部分

（1）春笋、莴笋过水后煮熟透凉后待用。

（2）贡菜焯水沥干待用。

（3）凤爪入沸水锅中煮10～5min后捞出冷却。另取宽口容器，倒入剁碎的蒜和野山椒，加入老坛泡菜水和冷开水，泡菜水中加入花椒、胡椒粉，野山椒水及味精、鸡精，冷却后放入凤爪浸泡。

（4）将初加工好的鹅头放进卤水桶里，慢火煮1h至熟。

（5）宰杀好的鸡入沸水中焯去血水，然后捞起用清水冲洗干净；锅中加水烧到70℃时放入鸡，下入葱、姜片、花椒、料酒、精盐，煮到刚断生时起锅，放入冷汤中浸泡，待冷后捞起备用。

（6）水烧开加入八爪鱼和青辣椒焯水（不可烫老）。

（7）洗净的海白菜用热水烫后马上放入冷水中，口蘑用开水焯后沥干。

（8）锅内放油，烧至七成热时，将鲫鱼逐条炸至酥透取出待用。锅留少许油，将葱炸黄透香时，加料酒、酱油、糖、醋、味精和姜，用小火熬1h至酥透。

热菜部分

（9）热锅加入少许油，放入糖，用中小火加热，同时不停地搅拌至糖全部熔化后开始冒小泡时，放入焯过水的排骨，迅速翻炒，加入盐、酱油、蚝油，待糖色完全裹好后，加入开水淹没排骨，中小火焖60min。

（10）炒锅内放熟猪油，待五六成热时放入明虾，炸到虾壳变红、渗出红油时倒入碗内待用。

（11）鲩鱼片内加少许盐、味精、生粉、蛋清上浆，放入热锅凉油中滑散。

（12）猪肠入高压锅煮熟，晾冷后切成圆圈形待用。

（13）豆腐焯水放到盛器中，另起锅炒洋葱起香放入肉末煸炒熟，加青椒末、料酒、生抽、盐、味精、鸡粉等制成肉卤汁，分散倒在豆腐上，然后放入蒸锅中，蒸约六七分钟即可。

（14）猪肉丝用盐和胡椒面拌匀待用。

汤、小吃、主食和水果

（15）大米蒸熟搅散待用。

（16）肉馅加花椒水、盐、味精、生抽搅打上劲，再放入香菇调制成包子馅。

（17）700g面粉加3g盐用温水调制成水调面团，醒发30min后，擀成细面条，上屉蒸熟做炒面用。

❹ 成品制作阶段

冷菜部分

（1）春笋、莴笋放盆中，加盐、糖、味精拌匀，另起锅加油烧热，投入葱姜丝，爆出香味，浇在双笋上拌匀装盘。

（2）将浸泡好的凤爪从泡菜水中捞出，摆放整齐上桌。

（3）贡菜沥干水分，加入辣椒、蒜末，糖、盐和醋调匀，淋香油装盘上桌。

（4）鹅头劈开、斩成小块按原形摆入盘中。烧热卤水汁，淋在菜肴上，将卤水汁倒出，上桌。

（5）将鸡斩切成条形装入凹形盛器中，用红酱油、姜蒜汁、芝麻酱、辣椒油、花椒油、白糖、醋、味精、红油、芝麻油等兑成汁淋在鸡条上，撒上芝麻、花生末、葱花上桌。

（6）炒锅加入底油烧热，下葱姜蒜末爆香，加入料酒，加入盐、味精和焯好水的八爪鱼、青辣椒炒匀，点芝麻油出锅装盘。

（7）在大碗内放入香油，酱油及其他材料，拌匀。将海白菜、口蘑和火腿盛入盘内，在上面撒些芝麻即可装盘。

（8）将酥制好的鲫鱼摆放整齐装盘上桌。

热菜部分

（9）排骨焖60min左右，收干汁淋油撒上芝麻出锅装盘。

（10）锅里加少量底油，下入葱花、姜末煸出香味，下明虾，再加料酒、白糖、精盐、胡椒粉和清水旺火烧开，改用小火烧至汤汁转浓时，再改用旺火，放入味精，颠翻几下，淋入醋、芝麻油出锅。

（11）锅烧热放入油，下姜片、胡萝卜、蜜豆、盐，炒至断生，再加入鱼片、味精、白糖同炒，用湿淀粉勾芡，淋芝麻油出锅。

（12）鸡肉片依次裹上淀粉、蛋液、面包屑，入五成热的油锅炸至金黄色，复炸一次捞出，将肉排改刀切成条装盘。

（13）锅内放油烧热，下泡椒、姜炒香味，掺入鲜汤烧沸，加入肠头、盐、味精、白糖、料酒、花椒，用中火收汁，起锅时撒上香菜、葱花出锅装盘。

（14）热锅凉油烧四成热时，放入辣椒丝，待炸至变色时放入猪肉丝，煸到肉丝呈深黄色时，加入干辣椒丝、生姜丝、大蒜丝稍煸，加酱油，放葱丝，淋上芝麻油，放味精，炒匀，装盘。

（15）热锅凉油烧三成热时，放入牛肉片炒至断生，加入蚝油炒出香味，放洋葱、青椒略炒，加糖、味精、生抽，勾芡淋油颠翻均匀装盘。

汤、小吃、主食和水果部分

（16）锅烧开水，放入紫菜，加盐、味精烧开，倒入鸡蛋液烧沸，淋芝麻油，撒香菜末出锅。

（17）烧开锅内的水，放入木耳、竹笋和胡萝卜丝焯1min，捞起过冷水，再沥干水。另起锅烧热油炒香蒜末，倒入瘦肉丝炒至色变白，加入高汤煮沸，然后放入木耳、竹笋和胡萝卜丝搅匀，加盖大火煮沸，改小火焖煮5min，浇入酸辣汁调味，倒入豆腐块轻轻搅匀煮沸，勾芡，撒上白胡椒粉、香油和葱花，即可出锅。

（18）锅烧热用葱炝锅后放入洋葱、青椒、西芹、红椒丝煸炒断生，加盐、味精、生抽、胡椒粉和少许汤。将蒸熟的面条放入锅中，淋明油迅速翻锅，使面条与蔬菜炒均入味即可出锅装盘。

（19）炒锅烧热，用葱炝锅后，先放入虾仁、香菇炒，熟后再放入洋葱、青椒末、火腿丁，加盐、味精，放入搅拌散的米饭炒均匀，淋芝麻油装盘。

（20）香菇肉包的面团揉均分成15个剂，擀成薄皮包入肉馅，放入小笼屉中蒸15min装盘上桌。

（21）锅中加油，烧至七成热，放入麻球生坯，小火炸至表面金黄即可装盘。

（22）蛋黄酥的油皮卷成长条状进行分割成约50份。奶油和低筋面粉混合拌匀，卷成长条状再分割成约50份，将油酥包入油皮内。红豆沙分成50等份，将咸蛋黄包入红豆沙内即成馅料。然后包入馅料，放置在烤盘上，刷2次蛋黄，撒上芝麻点缀，之后送入180℃烤炉内烘烤即成。

（23）锅内加入油，待油温升至120℃时，把南瓜饼放在漏勺内入油中用小火浸炸，至南瓜饼膨胀，捞出待油温再升至160℃时，下饼炸至发脆时出锅装盘。

（24）圣女果洗净装盘，西瓜切成三角块，火龙果切成片，柳橙切瓣，装盘上桌。

在自助餐的上菜过程中第一组为冷菜8道，第二组热菜8道，第三组为主食、汤、小吃和水果。这三组菜可以同时上桌。制作本桌宴席总用时应在300～360min的时间。

注意事项

1. 原材料的选择质量、数量要准确，才能保证成品的质量达到菜肴的要求。
2. 制作程序要安排清楚，先加工什么，后加工什么，必须思路清晰。
3. 菜肴制作过程中，注意合理用料，减少浪费。
4. 蜜汁排骨在烧制时，不可煮得太烂，否则外皮易被煮烂，成品不美观。
5. 蛋黄酥制作中包馅料的时候注意底部包紧，否则烤完后会爆开。

技能考核

考核样题

试题1：设计制作一桌售价800元、内扣毛利率45%、10人标准的春季婚宴。

试题2：设计制作一桌售价1500元、内扣毛利率40%、10人标准的春季寿宴（有老寿星、小孩、中年三代人）

试题3：设计制作一桌售价400元、内扣毛利率40%、10人标准的具有地方特色，经济实惠，操作便捷的家宴。

试题4：设计制作一桌售价800元、内扣毛利率45%、10人标准的商务宴。

试题5：设计制作一桌售价800元、内扣毛利率45%、10人标准的中秋佳节宴。

试题6：设计制作一桌售价800元、内扣毛利率45%、10人标准的生日宴（10人标准）。

考核要求

1．每个小组根据抽签结果选择上述试题中的一个试题完成。

2．考核时间为300分钟，从原料加工开始计时。

3．每个小组所有队员共同合作，完成整桌筵席的制作。

4．小组根据试卷上提供的客情信息和要求，编写菜单、填写采购单、购买原材料，并在规定时间内完成原材料加工、切配及成品制作。

5．菜单设计包括菜品内容（菜品名称、主配料定量、成本核算及营养分析）、菜单设计说明、原材料采购清单。菜单设计时应充分考虑预订单要求，要有针对性、准确性、可行性，并体现地域原材料的技法特色。各小组开出的筵席菜单应符合菜单设计基本原则，品种为6道凉菜、10道热菜、2道面点（主食）；原料及技法选择应充分体现参赛队的区域特色和特长。菜单需要有简单的文字说明、成本核算及营养分析。菜单可以打印，也可以手工制作。

6．整个筵席菜品除装饰品外，均需在考场完成，装饰品不计入采购成本；如使用的调、辅料不在提供的范围内，需自备的，应提前申报，获得批准后方可带进场内，但不能使用已调配的自制复合调料。严禁在考前对任何原料进行改刀、入味等处理。

评分标准

此项考核满分为300分，其中菜单设计、现场操作、成品质量各100分。

内容	菜单设计	现场操作	成品质量	满分
分值	100分	100分	100分	300分

（1）菜单设计：主要从菜单编写制作、成本核算及营养成分分析三项进行评定。

内容	编写制作	成本核算	营养分析	满分
分值	60分	20分	20分	100分

菜单编写制作：菜单结构完整；符合客情需求；有简要文字说明；制作精美。

营养成分分析：菜单产品荤素搭配合理；主要营养成分比例恰当；符合客情需求。

成本核算：根据预订单价格要求，确定原料和数量，并计算成本率。

（2）现场操作：按原料采购、原料加工、烹调操作、卫生安全四项进行评定。

内容	原料采购	原料加工	烹调操作	卫生安全	满分
分值	20分	20分	40分	20分	100分

原料采购：原料采购正确；数量合理。

原料加工：初加工规范；刀工娴熟；刀法准确；原料利用率高。

烹调操作：操作规范；流程合理；投料准确；能实际应用于日常制作。

卫生安全：操作区域整洁、干净；注重个人卫生，废弃物处理得当；原料及成品保存合理。

（3）成品质量：按凉菜、热菜、面点和整体效果四部分计分，其中，凉菜、热菜、面点从口味与质感，工艺与火候，形态与色泽三方面进行评价，整体效果从创意与实用性方面进行评价。

内容	凉菜	热菜	面点	整体效果	满分
分值	15分	40分	15分	30分	100分

口味与质感：调味得当，主味突出，质感丰富。

工艺与火候：烹法恰当，火候适宜，技法多样，特点鲜明。

形态与色泽：刀工均匀，色彩自然，形态美观。

创意与实用：设计合理；技艺新颖；创意突出；适合推广。

模块二十一

烹调工艺创新

实训目标

通过本模块实训，使学生了解烹调工艺创新的基本规律，掌握烹调工艺创新的途径和方法，学会利用创造性思维创新菜肴，并在实践中训练和提高创新能力，为今后的学习和工作打下良好的基础。

实训方法

教师讲解、示范操作→学生分组讨论→撰写改革创新方案→制作新菜品→教师讲评。

项目一　烹调工艺创新思维实训

任务1　扩散思维训练

任务解读

扩散思维是指面对问题沿着多方向思考，产生出多种设想或答案的思维方式，又称为发散思维、辐射思维、求异思维、多向思维等。其模式是“从一到多”，例如，一种原料可以制作出多种菜肴。扩散思维的方法有智力激励法、默写式智力激励法、卡片式智力激励法、三菱式智力激励法等。这些方法对烹调工艺的创新是十分有益的。

实训目的

了解创造性思维的概念、特征，理解扩散思维的作用、形式与方法。通过智力激励法的训练，内化理论，掌握智力激励法在烹调工艺改革创新中的应用。

创新方法

智力激励法

智力激励法是通过特殊的专题会议形式，使与会成员之间的智力互激和思维共振，从而达到产生大量新设想的目的，它又叫头脑风暴法、脑轰法、畅谈会法、群论法等。它是1939年由美国创造学奠基人A·F奥斯本创立的。从思维的角度看，它是典型的扩散思维。

1. 实施原则

（1）自由畅想原则：它强调的是自由，要求与会者尽可能地解放思想，无拘无束，不用顾虑自己的想法是否“离经叛道”和“荒唐可笑”，特别鼓励求新、求奇，与众不同。

（2）延迟评价原则：它强调的是发言时，不要评价，以保证畅想原则贯彻。

（3）以量求质原则：它强调的是设想的数量。因为有数量才能比较、才能选择。实验表明：一批设想的后半部分的价值要比前半部分高78％，因此，讨论时要让各种设想尽可能多地表达出来，从而保证高质量设想的存在。

（4）综合改善原则：它强调的是完善设想，这里的完善，一是指与会者可以在别人设想的基础上修正补充，形成新设想；二是指会后对全部设想要做综合完善工作。

（5）限时限人原则：通常会议限定时间为30～60min，人数为10人左右，强调会议的时间和人数，是因为时间长了人的精神容易疲劳、松弛。人数多了注意力易分散，有些人不能充分发言，反应不充分，难以获得大量设想；人少了，知识面窄，难以设想互补，影响高质量设想的形成。

2. 组织形式

（1）主持人：主持人对头脑风暴法的成功有很大作用。对主持人的要求是：

① 以平等态度参加会议，友好地对待每一个与会者，促使会议形成融洽气氛。

② 及时制止违反会议原则的现象，创造一种自由畅想的局面，充分诱导与会者积极思考，提出大胆的、独特的设想。

③ 维持目标统一、讨论围绕中心、发言集中、不私下谈话的秩序。

④ 对与会者提出的每一个设想，主持人都让记录员记下，并放到醒目位置。鼓励与会者互相激励，由别人的启发而产生新思想——免费搭车，引起“链式反应”。

⑤ 对问题必须有比较明确深刻的理解，以便在会议中能作启示诱导。对此，主持人在会议前应与问题的提出者一起作详细的分析研究。

（2）参加人

① 人数：会议人数以5～15人为宜。

② 结构：人员的专业结构要合理，应保证大多数与会者都是对议题熟悉的行家，但并非局限于同一专业，而是应注意全面多样的知识结构。另外，也要有少数外行，以便突破专业思考的约束。

③ 水准：同一次激励会，具体参加者应尽可能注意到等级的同一性，即知识水准、职务、资历、级别等大致相近。

④ 核心：选择一些对问题有实践经验的人，这对提高会议的效果有益。选拔几名在提出设想方面出众的人才，以他们为激励会的核心，再视情况配备其他人员，效果更好。

（3）记录员与会址

① 配备1～2名记录员，通常记录员不是正式的会议参加人。

② 对会议中提出的所有方案、设想，不管是奇特还是平庸，均一视同仁，认真记录。

③ 当有几个人同时提出多种新设想时，可请主持人做必要的归纳后记下。

④ 会议地点应选在能避免干扰之处，必要时关掉通信工具。

3. 实施步骤

（1）准备阶段：准备阶段包括产生问题、组建小组、通知与会者会议的内容、时间、地点。在会议举行之前两三天，会议主持人在发出邀请通知的时候，宜同时附上一张备忘录，上面注明会议的主题和涉及的具体内容，并列出几个希望与会者进行畅想的例子。

（2）热身活动：目的是让与会者尽快进入“角色”，尽量减少会议中僵局冷场的时间。热身活动的内容有多种多样，如互相介绍、讲幽默故事，或出一道简单的练习题目，如“请说出茶杯的其他用途”、“机器人如果具有了人类的智能，世界将会怎样”等。热身活动也可以是体力的，只要能使与会者很快地忘掉自己的工作和私事，形成热烈、轻松的气氛即可。

（3）明确问题：通过与会者对问题的分析陈述，使与会者全面了解问题，开阔解题思路。

① 介绍问题：由主持人向与会者简明扼要地介绍所要解决的问题，之后可让与会者简单讨论一下，以取得对问题的一致正确的理解。介绍问题时，主持人必须掌握简明扼要的原则，只提供与问题有关的必要信息，切忌将背景材料介绍得过多，尤其不能把自己的初步设想全盘托出。因为这样不仅无助于启发他人的思维，反易形成框框，束缚其他人的思路。对于外行来说，所需要的只是对问题实质的深入浅出的通俗解释。

② 重新叙述问题：这是指用不同的方式来表述问题，目的是加深对问题实质的理解，使问题的重要方面不致被遗漏。同时，启发多种解题思路，为提出设想做准备。在此要鼓励与会者从多方面、多角度去审视问题，然后对每一方面都用“怎样……”语句来表述。所有这些新的提问方式，都要由记录员记下，顺序编号，置于醒目的地方，让与会者随时从中启发思维，全面考虑。执行此步骤时应注意两点：一是不要急于提出具体的设想；二是鼓励与会者尽可能多地对问题提出重叙形式。

③ 选择最富启发性的重新叙述形式：重新叙述问题之后，通常就可以围绕其进行畅谈。但有时为了使会议效果更好，能优先考虑问题的最重要方面，需对重新叙述的问题作分析选择。选择可以由主持人或问题提出者选之，也可由与会者全体择定。

（4）自由畅谈：按照会议原则，针对上述确定的问题进行畅谈。

（5）加工整理：会上提出的设想大都是未经仔细斟酌和认真评论的，有待加工完善之后才有实用价值。

① 设想的增加：在畅谈会的第二天，由主持人或秘书以电话或面谈方式收集与会人在会后产生的新设想。这是不可忽视的一步，因为通过会后的休息，思路往往会有新的转换或发展，又能提出一些有价值的设想。奥斯本曾引证有一会议提出了百余条设想，第二天又增补了20余条，其中4条设想比头一天会议上的所有设想都更有实用价值。

② 评价和发展：评价设想和发展设想是相互联系的两个方面，既要做筛选判断，又要做综合改善。为了便于评价，最好先拟定一些评价指针，如这一设想是否可行？结构是否简单、工艺能否实施、做法是否合理、费用能否节省等。具体拟定哪些方针，要视问题性质及对解决问题方案的要求而定。

参与评选发展设想的人员可以是设想的提出者，最好是对问题本身负有责任的人。人数应该是奇数，经验证明以5人为好。在美国，这一工作多委托专家或问题提出人处理。在日本，多是召开第二次会议，由设想提出人自己来做集体评议。其好处是可省去对设想作说明的麻烦，这种做法常称为“二次会议法”。

实训任务

1. 写出或说出马铃薯（或其他某种烹饪原料）的各种烹调方法。
2. 马铃薯（或其他某种烹饪原料）可以加工成哪些形状？
3. 请你写出你能想到的所有可以“炒”的烹饪原料，写得越多越好（5分钟完成）。
4. 五人一组，用智力激励法对某一菜肴进行创新。

任务2　联想思维实训

任务解读

联想思维是由此想到彼，并同时发现了它们共同的或类似的规律的思维方式。联想思维的形式有：相似联想、接近联想、对比联想、连锁联想、飞跃联想、强行联想、置换联想、因果联想等；联想思维的方法主要是类比法和移植法。联想思考法也是烹调工艺创新过程中常使用的一种方法。大凡创新之前，都必须先要思考，创造性的思考难能可贵，而由此及彼地进行联想，是烹调工艺创新的一条方便之路。

实训目的

了解联想思维的特征与作用、形式与方法，增强联想思维能力，掌握联想思维方法。

创新案例

春蚕吐丝

1. 原料组配

主料：河虾仁500g。

配料：腰果仁150g，板油50g，糯米纸10张，蛋清1个。

调料：精盐3g，味精1.5g，葱花5g，湿淀粉10g，料酒10g，调和油750g（实用约50g）。

2. 操作过程

（1）将虾仁绞成糜状，加入精盐、味精、蛋清、淀粉搅拌上劲。糯米纸用刀切细丝放于盆中。葱切成葱花。

（2）将腰果炸熟，碾碎；板油撕去膜，切成0.3cm见方的米粒，然后把腰果粒、板油粒加入葱花、精盐、味精拌匀做成馅心。

（3）用虾茸包住腰果等制成的馅心成蚕茧状，滚上糯米纸丝，用手搓紧成生坯。

（4）炒锅上火，放入调和油，待油温升至四成热时（约125℃），将虾丸放入炸熟，捞起沥油、装盘即成。

3. 创新说明

“春蚕吐丝”一菜就是运用联想法而创制的一款佳肴。人们想到春天的蚕吐丝作茧，由蚕茧、蚕丝的物体想到了食物的代替品，厨师们通过精心构思，创制出用虾丸作蚕茧，用糯米纸切成丝代表蚕丝，将虾蓉包入炸熟的腰果成蚕茧状，滚上糯米纸丝，入温油锅炸熟，其造型优美，白色而细巧的蚕丝，十分逼真，给人色、味、形俱佳的艺术效果。还有人取熬糖拔丝，用工具甩成细糖丝作蚕丝，都是较成功的范例。

实训任务

❶ 以下列信息为联想的出发点，写出联想链（不少于5步）：

（1）炒虾球→炒明虾片→

（2）虾仁→虾蓉→

（3）鱼香肉丝→鱼香牛肉丝→

（4）菊花鱼→菊花肉→

（5）炒豆苗→炒香椿芽→

❷ 运用联想思维改进某一菜品。

任务3 逆向思维实训

任务解读

逆向思维是用对立、颠倒、逆转、反面等方式去认识问题或寻求解决问题的思维或方案。其与正向思维或常规思维是相反的，即“倒过来想”。烹调工艺是按一定的规章、程序而进行的，但打破常规，将某些程序、规章按新的观点和思路进行新的剪辑，使其颠倒过来，运用重新排列、组配的办法，就可创新不计其数的菜品。

实训目的

掌握逆向思维的特点、作用、形式与方法，提高逆向思维的能力。

创新案例

沙律海鲜卷

1. 原料组配

主料：鲜虾仁50g，鲜带子50g，石斑鱼肉50g。

配料：冬笋50g，荸荠肉50g，鸡蛋2个、威化纸12张，面包粉150g。

调料：新鲜沙律酱100g，精盐3g，味精1.5g，白糖5g，料酒5g，干淀粉2g，调和油750g（实用约75g）。

2. 操作过程

（1）将鲜虾仁、鲜带子、石斑鱼肉、冬笋、荸荠肉分别切成小粒。将荤料过油至熟，捞起沥油；将素料放入沸水锅中焯水至熟，捞起沥干水。

（2）将上述荤素粒料倒在一个盆内，加入精盐、味精、白糖、料酒，倒入新鲜沙律酱拌匀成馅料。用威化纸逐个包卷成长条形，鸡蛋去壳打入碗内，加干淀粉调成糊状，将包好的海鲜卷蘸上鸡蛋浆，然后粘上面包粉。

（3）锅上火放油，待烧至四成热（约125℃）时，放入粘上面包粉的卷炸至金黄色，倒入漏勺沥去油后摆放在盘里，稍作点缀即成。

3. 创新说明

沙律酱，又称色拉酱、马乃司少司、卡夫奇妙酱，是西餐常用的冷菜调料。将沙律酱与海鲜调配，可制成西式冷菜头盘海鲜色拉。而上述菜肴一反西餐用色拉做冷菜的常态，颠倒结构，出奇制胜地用威化纸包海鲜色拉，挂糊拍面包粉炸至酥脆而成。食之外酥脆、内松软，口感别致。

实训任务

1. 牛奶能不能做菜，如何烹调？
2. 冰淇淋能做热菜吗？如何烹调？
3. 运用逆向思维改进某一菜品。

任务4　组合思维实训

任务解读

组合思维是指把多项貌似不相关的事物通过想象加以连接，从而使之变成彼此不可分割的新的整体的一种思考方式。在烹调工艺创新中常常用到组合思维这种思考方法。它可以把不同的菜肴、不同的风味，甚至风马牛不相及的菜、点、料、法组合在一起，并使组合品在风格或特色上发生变革，这种技法的运用，体现了“综合就是创造”的基本原理。

实训目的

掌握组合思维的特点、作用、形式与方法，在实践中能够自觉地运用组合思维的创新方法，提高组合思维的能力。

创新案例

菠饺鱼肚

1. 原料组配

主料：干薄鱼肚100g。

配料：面粉50g，熟火腿瘦肉100g，猪肉馅50g，熟鸡肉100g，菠菜叶50g，鲜菜心100g。

调料：姜片5g，葱段10g，精盐5g，味精2g，胡椒粉2g，鲜汤300g，水淀粉20g，精炼油200g（实用约50g）。

2. 操作过程

（1）鱼肚用食用油涨发后，放热水中浸泡；菠菜叶洗涤后取用菜汁，同面粉揉匀成绿色面团，再加工成直径约4cm的饺皮，包上肉馅即成菠饺（饺子一般包成半圆形，包制12～20个即够一份菜肴围镶的量）；熟火腿、熟鸡肉加工成长5cm、厚0.2cm的片；鲜菜心择洗干净。

（2）锅置火上放油烧至四成热，放入姜、葱炒香，加鲜汤、精盐、胡椒粉烧沸后捞出姜葱不用，放入火腿片、鸡片、鱼肚、味精烩至入味，起锅装入盘中。

（3）菜心、菠饺另加热至熟，围镶于鱼肚边沿，烩鱼肚的汤汁锅内加水淀粉收汁成米汤芡，起锅浇淋在菜肴上即成。

3. 创新说明

菠饺鱼肚是一款典型的利用组合法创制的菜肴。菠饺是用菠菜汁与面粉揉成的面团做饺子皮，包上肉馅制成的，色绿、皮薄、馅饱，呈月牙形，将鱼肚与菠饺一同烩制成菜，具有色泽美观、细嫩柔软、汤浓味鲜的特点。

实训任务

❶ 请列举5道同类原料组合的菜品。

❷ 请列举5道异类原料组合的菜品。

❸ 从表21-1的五栏中任选一样进行组合，可以制成哪些菜品？

❹ 运用组合思维，通过菜点结合、中外结合、菜系结合或古今结合创制一二道新菜肴。

表21-1 组合思维选项表

第一栏	第二栏	第三栏	第四栏	第五栏
原料2	刀工成形	烹调方法	味型	盛器
猪肉 胡萝卜 苹果 马铃薯 白条鸡 豆腐 鲤鱼 大虾 海参 鱿鱼	整形 花刀 丁 条 丝 片 块 段 粒 丸（球）	炒 熘 炸 烹 爆 煎 烧 焖 扒 烤	咸鲜 糖醋 麻辣 酸辣 鱼香 宫保 家常 荔枝 酱香 糟香	陶器 瓷器 金器 银器 玻璃 不锈钢 木器 橙、橘 青椒 南瓜

任务5 质疑思维实训

任务解读

质疑思维是指创新主体在原有事物的条件下，通过“为什么”（可否或假设）的提问，综合应用多种思维改变原有条件而产生的新事物（新观念、新方案）的思维。质疑是人们的天性，是孕育探索未知世界的摇篮，而独创性往往源于思维中的怀疑因子：对“司空见惯”的质疑，对“完美无缺”的质疑。怀疑常常是创新的开始，虽然怀疑并不是每次都对问题有创新性的见解，或将疑问进行创造性的解决，但它仍不失为最有可能打开创造性之门的钥匙。因此，在烹调工艺的创新上要不“唯书”，不“唯上”，敢于怀疑已成定论的东西。

实训目的

了解“和田12动词法”的内容与方法。通过实际训练，内化理论，掌握由质疑思维产生的“和田12动词法”在烹调工艺创新中的应用，形成积极主动的质疑思维能力。

创新案例

和田12动词法

和田12动词法又称“和田检核表法”“儿童发明法”“和田技法”“聪明十二法”，是奥斯本检核表法（奥斯本检核表法又称“检核表法”“检查单法”“对照表法”“分项检查法”等，是指以该技法的发明者奥斯本命名、引导主体在创造过程中对照9个方面的问题进行思考，以便启迪思路、开拓思维想象的空间、促进人们产生新设想、新方案的方法）在中国化过程中发展出来的新方法，它以该技法的最早试点单位——上海和田路小学命名，引导主体在创新活动中对照12个动词提示的问题进行思考，以便启迪思路，促使人们产生新设想，新方案。

和田12动词法是依据创新始于问题的原理，或者说问题引导、启发创新的原理。它通过简短、易学、易会、易用，富有儿童语言特色的12个动词提示，促使少年儿童在进行发明设想时，可以按顺序对照思考，并能深深扎根于少年儿童的心中。其实，对成年人也完全适用。

该法的实施过程，由于与奥斯本检核表法一样，其内容、操作要求和程序可集中反映在表21-2中。

表21-2　和田12动词及其系列问题

序号	12个动词	系列问题提示	在烹调工艺改革创新中的应用
1	加一加	可以在这件东西上添加些什么吗；需要加上更多时间或次数吗；把它加高一些，加厚一些行不行；把这件东西跟其他东西组合在一起会有什么结果	如菜肴原料数量的加大，几种原料可加在一起
2	减一减	可在这件东西上减去些什么吗；可以减少些时间或次数吗；把它降低一些、减轻一些行不行；可省略、取消什么吗	如减去原料某一部分
3	扩一扩	使这件东西放大、扩展，会怎么样呢	如菜肴的形状大一些
4	缩一缩	使这件东西压缩、缩小，会怎么样呢	如菜肴汤汁的浓缩
5	变一变	改变一下形状、颜色、音响、味道、气味，会怎样；改变一下秩序会怎么样	如烹调方法的变化
6	改一改	这件东西还存在什么缺点；还有什么不足之处，需要加以改进吗；它在使用时是不是给人们带来麻烦；有解决这些问题的办法吗	如传统制法的改变
7	联一联	某个事物（某件东西或事情）的结果，跟它的起因有什么共性关系，能从中找到解决问题的办法吗；把某些东西或事情联系起来，能帮助我们达到什么目的吗	如把调料科学地组合调制出复合味的菜肴
8	学一学（或仿一仿）	有什么事物可以让自己模仿、学习一下吗；模仿它的形状、结构有什么结果；学习它的原理、技术，又会有什么结果	如学习其他菜系，洋为中用
9	代一代	有什么东西能代替另一样东西吗；如果用别的材料、零件、方法等，行不行	如原料的替代

续表

序号	12个动词	系列问题提示	在烹调工艺改革创新中的应用
10	搬一搬	把这件东西搬到别的地方，还能有别的用处吗；这个想法、技术，搬到别的地方，也能用得上吗	如中式西餐
11	反一反	如果把一件东西、一个事物的正反、上下、左右、前后、横竖、里外颠倒一下，会有什么结果	如作松鼠鱼时，将剔去脊骨的鱼肉翻过来
12	定一定	为了解决某一个问题或改进某一件东西，为了提高学习、工作效率和防止可能发生的事故或疏漏，需要规定些什么吗	如执行标准菜谱，配菜时原料的定量，烹调时调料的定量

实训任务

1. 为什么说吃什么已经不单单是个人健康的大事，而是关系到国家兴衰的大问题？
2. 为什么说吃火锅易患痛风？
3. 看菜谱做菜，为什么往往做不好？
4. 为什么有的厨师一辈子也没有一道创新菜？
5. 运用和田12动词法探讨某道菜肴烹调工艺改革创新的途径和方法。

项目二　烹调工艺工序创新

任务1　利用新原料创新

任务解读

选料是烹调工艺流程中的第一道工序。利用烹饪原料变化，比如把某道菜品原来使用的原料变为另外一种或几种原料，特别是某种外域原料、新培育的原料、人工合成的新原料；或利用下脚废料，化平庸为珍物，就能创制出新菜品。但新原料必须是未被列入国家动植物保护名录的原料，而且是对人体无毒无害的安全性原料。

实训目的

了解和掌握利用烹饪原料创新烹调工艺的方法，通过实践训练，能从原料变化方面创新菜肴。

创新案例

海星鳜鱼丝

1. 原料组配

主料：鳜鱼600g。

配料：海星草50g，蛋清1个。

调料：精盐8g，味精5g，料酒5g，葱、姜各10g，红椒20g，干淀粉15g，鲜汤30g，调和油500g（实用约60g）。

2. 操作过程

（1）海星草洗净，切成丝。鳜鱼取净肉切成丝，用清水浸泡后加精盐、味精、蛋清、淀粉上浆。葱、姜、红椒切成丝。

（2）锅放油上火烧热，将鱼丝滑油，成熟后倒出沥油，锅中放葱、姜、红椒煸香，放入海星草煸炒，倒入鱼丝，加用盐、味精、料酒、鲜汤、淀粉调好的芡汁，翻炒均匀后即可出锅装盘。

3. 创新说明

此菜是选用了沿海滩涂栽培的一种绿色植物海星草创新的菜品，此原料在国内属于一种新开发的产品，既无污染又营养丰富，它颜色碧绿，质地脆嫩，一般适宜炒或制作汤菜，可以单独成菜，还可以与多种动物性原料一起烹制，如“上汤海星草”“香干海星草”“星草里脊丝”等。

实训任务

通过原料的变化对某一菜肴的烹调工艺改革创新

任务2 刀工处理创新

任务解读

菜肴原料的形态有自然形态、一般加工形态和艺术形态。任何一种形态的变化都可以创造出新菜。在多变的料形中，最能带来新意的就是“糜状料形”和“花刀料形”。糜状原料可塑性强，易于菜肴的造型，可制作多种形态的菜肴，如鱼圆、鱼线、鸡粥、虾饼、鸡糕等。花刀剞法多种多样，菊花鱼、麻花鱼、葡萄鱼、松鼠鱼、飞燕全鱼、金毛狮子鱼等都是不同剞花刀变化的结果。

实训目的

了解和掌握通过刀工处理创新烹调工艺的方法，通过实践训练，能利用刀工处理创新菜肴。

创新案例

孔雀武昌鱼

1. 原料组配

主料：武昌鱼500g。

调料：胡椒粉3g，精盐18g，葱段10g，葱丝5g，姜片10g，料酒10g，蒸鱼豉油15g，花椒油15g，红辣椒丝10g，绿辣椒丝10g。

2. 操作过程

（1）将鱼去鳞和鳃后，不要开膛。直接切去头尾，去腥线，从头部开口处取出内脏。然后从背部切片，但鱼肚处不切断。切完后把鱼肚子弯起来，鱼片朝一个方向摆放。

（2）将切好的鱼，用葱段、姜片和料酒腌20min，去掉葱姜。

（3）在盘中将鱼摆成孔雀形，放入加好冷水的蒸锅中，水开后5min即可（因为鱼已经切开，所以可以比平时蒸鱼的时间稍短）。

（4）在蒸好的鱼放上红、绿辣椒丝和葱丝装饰，浇上蒸鱼豉油，然后烧热花椒油，浇在鱼身上即可。

3. 创新说明

“清蒸武昌鱼”的传统刀法是在整理干净的在鱼身两面剞上兰草花刀或牡丹花刀，而上述菜品是将鱼洗净后切去头和尾，从鱼身背部下刀，每隔1cm左右切花刀，切断鱼骨的同时仍保持鱼腹相连，做成开屏鱼，鱼片像扇形一样铺开，造型美观。

珊瑚鳜鱼

1. 原料组配

主料：鳜鱼600g。

调料：葱段10g，姜片10g，姜末10g，精盐2g，料酒15g，干淀粉250g，蒜粒20g，白醋10g，番茄酱150g，白糖适量，花生油1500g（实用约60g）。

2. 操作过程

（1）将鳜鱼洗净，斩下头、尾，鱼身剖成两半，除去骨、刺，皮朝下置砧板上，剞麦穗花刀。将鱼肉连同头尾一起入小盆内用葱段、姜片、精盐、料酒腌渍10min入味后，拍上干淀粉，使鱼肉花纹散开，鱼头、鱼尾也拍上干淀粉。

（2）炒锅置旺火上，下油烧至210℃时，先下鱼头、尾炸熟捞起，再下鱼肉炸4min至呈珊瑚状捞出。再将油烧至250℃时下鱼复炸2min后离火浸炸。

（3）炒锅置旺火上，下油25g烧热，下蒜粒、姜末煸香，再下清水、番茄酱、白糖、白醋制成酸甜味芡汁，勾成油芡，再把浸在油中的鳜鱼捞起，摆上头尾呈全鱼形，将制好的茄汁浇在珊瑚鱼上即成。

3. 创新说明

此菜在菊花鱼、松鼠鱼的造型基础上进行了创新，利用一条整片的鱼肉，在剞刀时将斜刀的角度变大，使花纹更长，下锅时皮面向上，让花纹在炸制的过程中能完全竖立，成珊瑚状，更体现菜品的刀工精细，整体造型也更有特色。此菜制作技法是在菊花刀法的基础上演变而来的，是菊花刀法的夸张和变形，凡能适宜采用菊花刀法的原料均可运用此技法，如“珊瑚里脊”“珊瑚牛肉”“珊瑚冬瓜”等。

实训任务

通过刀工技法的变化对某一菜肴的烹调工艺改革创新。

任务3 调味技艺创新

任务解读

味是中国菜的灵魂，利用调味品的配制和研制新的味型，可使菜肴的风格多样，变化多端。界定菜品是否属于调味创新，主要看菜品是否产生新的味型，调味原料、调味手法是过程，新味型是结果，只用新原料或新手法，如果不能产生新味型，仍然不属于调味创新。

实训目的

了解调味品的选用及其市场发展，熟悉味的特性与调味的应变，能利用调味技艺的变换创新菜肴。

创新案例

甜辣鱼花

1. 原料组配

主料：草鱼1500g

调料：精盐3g，料酒10g，姜汁水15g，白糖100g，甜辣酱150g，醋5g，湿淀粉150g，干淀粉150g，蒜泥25g，姜末10g，油1500g（实用约60g）。

2. 操作过程

（1）将草鱼宰杀洗净，取下鱼肉，切成4cm见方的鱼块（共10块），皮朝下，用直刀剞成十字花刀，放在碗内，加入味精、料酒、精盐、姜汁水拌匀，腌制10min。然后取出鱼块，拍上干淀粉，待用。

（2）取小碗1个，放入白糖、甜辣酱、醋和湿淀粉，调成芡汁待用。

（3）将炒锅置旺火上，加入花生油，烧至七成热，将鱼块抖去余粉入锅，炸至淡黄色时逐块翻身稍“养”，即可起锅装盘。

（4）炒锅内留底油，回置火上，放入姜末、蒜泥，煸出香味，倒入芡汁，烧沸后，淋上热油，浇在菊花鱼上。

3. 创新说明

此菜是在传统菊花鱼的基础上改进的，主要创新点是调味汁的变化，选用了国内新开发的甜辣酱调制而成，改变了以前的酸甜的味型，形成了目前比较受大众喜欢的甜辣味型。此调味汁主要适用于熘制类菜品，也可用于煎炸类菜品的佐味料，如“甜辣里脊条”“甜辣白菜卷”“甜辣洋葱圈”等。

实训任务

通过调料的变化与组合对某一菜肴的烹调工艺改革创新

任务4　加热方法创新

任务解读

加热方法的革新主要在工具和能源方面。比如，远红外烤炉、太阳能焖炉、蒸炸烤混合炉、微波炉等新科技开发的加热工具运用到现代菜品中。高压锅的出现，可加速炖、煮、焖的速度，并可使不容易成熟的原料很快熟透、软烂；电饭锅、焖烧锅、不粘锅为烹调烧煮提供了许多便利。

实训目的

了解烹调工具和能源市场发展方向，熟悉新型炊具的使用方法，能利用炊具的变换创新菜肴。

创新案例

蒸炸酥鸭

1. 原料组配

主料：光鸭1500g。

调料：精盐12g，料酒15g，花椒粒5g，葱段15g，姜片20g，八角10g，花椒盐50g，番茄沙司40g。

2. 操作过程

（1）将鸭洗净，用精盐、花椒粒、葱段、姜片、料酒、八角腌制2h。

（2）将鸭放入蒸炸炉中，盖严锅盖，将蒸炸炉调至120℃蒸40min、180℃炸3min的仪表位置，接通电源后开始工作。

（3）待完成指示灯亮后打开锅盖，将鸭改刀成块即可，食用时可配花椒盐、番茄沙司蘸食。

3. 创新说明

此菜的创新点是选用了新的烹制工具蒸炸炉，它将蒸和炸两种烹制方法混合为一种烹制工艺，可根据需要调节各自的加热时间和温度，使菜品酥香可口，质量统一，方便操作。这种工艺可运用于单纯的蒸菜或炸菜，还可运用于先蒸后炸或先炸后蒸的菜品，特别是具有蒸炸同时进行的工艺特色。代表菜品有“香酥鸡”“香酥鸭”“爆烧鸭”等。

实训任务

通过利用现代炊具，创新一两道菜肴。

任务5 盛装器皿创新

任务解读

从菜品器具的变化中探讨创新的思路，打破传统的器、食配置方法，同样能够产生新品菜肴。随着时代的发展，食用的器具也在不断地变化，这些器具的合理运用，有助于创新菜肴。此外，还可利用特异的象形餐具创新，可利用原壳盛装原味菜品；也可自行加工象形器物盛装菜肴；还可利用竹木材料制作象形器物盛装菜肴，或利用水果、蔬菜制作象形器物盛装菜肴。

实训目的

了解饮食盛装器皿的发展演变历史，熟悉美食美器的匹配的原则，能利用盛装器皿的变化创新菜品。

创新案例

金盅鱼米

1. 原料组配

主料：鳜鱼肉400g。

配料：松子仁50g，水发枸杞子25g，春卷皮10张，蛋清1个。

调料：清汤50g，精盐3g，味精2g，料酒10g，湿淀粉25g，花生油750g（实用约50g）。

2. 操作过程

（1）将鳜鱼肉用刀切成比松子略大的小粒，用水漂洗干净，沥干水放碗内，加料酒、精盐、味精、蛋清、湿淀粉上浆拌匀。

（2）锅上火放入花生油，将春卷皮入盅形模子内，上下压起，把边皮用修刀修齐整，放入油锅中炸至金黄色，捞起沥油；松子仁入油锅，过油至熟，捞起待用。

（3）锅上火放油，烧至五成热（约145℃）时，下鱼米滑散滑油，出锅沥去油；锅内留底油，下清汤、料酒、精盐、味精，用湿淀粉勾芡，再调入鱼米、枸杞子、松子仁，翻锅炒匀，淋少许油，装入金盅内即成。

3. 创新说明

用春卷制成大小不等的容器，也是近几年来在饭店使用的一种装盛方法。春卷皮制盏方法有两种：一种是用现成铁盏、盅，将春卷皮用刀切成盏、盅大小的面积，放入两盏中间，下温油锅炸制成形后脱去盏盅；另一种用整张春卷皮，放入温油锅中，取可口可乐小瓶或250g装啤酒瓶，放入春卷皮从上向下压，当炸制成形时，脱去小瓶，捞起沥油。将面皮盏放入盘中，盛装各色炒菜，如金盅鸡翅、金盅板栗鸭、金盅蟹肉、金盏虾仁、金盅鲜贝、金盅蟹黄翅等，还可装入干性的甜品、水果、冰淇淋等。

实训任务

以菠萝或椰子、南瓜、青椒、橙子为盛器，对某一菜肴的烹调工艺进行创新。

任务6 装饰美化创新

任务解读

装饰美化是完善和提高菜肴外观质量的有效途径。通常这种美化措施是结合切配、烹调等工艺进行的。在菜肴盛器上装饰点缀，其美化方法从制作工艺上看主要有围边型、对称型、中间型、偏边型和间隔型等。盘饰包装的合理配置，使整体菜肴出现一种新的优美式样，产生一种新的意境，使盘饰后的菜肴显得清雅优美，更加瑰丽。

实训目的

了解盘饰包装及其价值，能利用盘饰的变化创制新菜品。

创新案例

竹排银鱼

1. 原料组配

主料：大银鱼20条（约250g）。

配料：新鲜绿芦笋6根，竹叶2张，红绿椒各1个。

调料：精盐3g，料酒5g，椒盐5g，番茄沙司30g，葱姜汁10g，胡椒粉2g，面粉40g，淀粉15g，酵母5g，花生油1000g（实用约75g）。

2. 操作过程

（1）将绿芦笋洗净，用刀改切成20cm长的段，留顶芽部分。将6根芦笋平摊案上，用牙签从中间穿过，使之成为竹排形，将2张竹叶修剪成竹排大小，垫在芦笋上，一起放入长腰盘中。

（2）将银鱼冲洗干净，沥净水，用葱姜汁、精盐、料酒、胡椒粉腌制入味。红绿椒分别切成小盅形，去子、洗净、沥干。

（3）将面粉、淀粉、酵母一起用温水调和成糊，静置片刻，加少许油调匀，即成脆皮糊。

（4）炒锅上火，加入花生油，待烧至五成热（约145℃）时，将银鱼逐只拖上脆皮糊，下入锅油炸，至外表糊层鼓起饱满、银鱼熟后捞起沥油，待油温回升至六成热（约170℃）时，放入复炸—次，待糊层彻底脆后、仍保持白色时捞起，沥油后放入竹排上。红绿椒盅分别装上椒盐、番茄沙司，放入竹排旁即成。

3. 创新说明

此菜的创新是在原来“松炸银鱼”的基础上，加了“竹排”做装饰。“竹排”的制作除了用芦笋外，还可用蒜薹、芹菜等蔬菜。在做好的“竹排”的基础上，还可用面塑面团塑成艄公，放置在竹排上；用胡萝卜雕成古塔，摆在盘边，另将烹调好的菜肴堆在竹排一侧制成山峰。此造型可盛装两种菜，竹排上可盛装一种干爽无汁的菜肴如炸鱼卷、石榴虾、纸包鸡、蟹酿橙、烤鲈鱼等菜肴，竹排后面可将诸如干煸牛肉丝、软炸鱼条、梁溪脆鳝、琥珀桃仁一类的菜肴堆成山峰形状，可制作江畔两吃鱼、竹排银鱼卷、竹排豆腐、竹排蟹粉酿花菇、竹排糯香鸡翅、芦笋竹排虾等菜肴。

实训任务

以“竹排”为主要盘饰物，制作“江畔两吃鱼”一菜。

项目三　烹调工艺创新的途径

任务1　乡土烹调工艺的开发与提炼

任务解读

乡土菜品的开发，首先需要到民间去采集、挖掘那些用之不竭的烹饪素材，来创作出新颖别致的作品。但民间风味的采掘不是依样画葫芦的照搬，而是通过挖掘采集后使其提炼、升华。全国各地的乡土民间菜有许多耐人寻味的好素材，像“麻婆豆腐”“西湖醋鱼”“东坡肉”“水晶肴蹄”“夫妻肺片”“干菜焖肉”“东江盐焗鸡”“荷包鲫鱼”等名菜，无一不是源于民间，经过历代厨师的不断改进提高，才登上大雅之堂的。

实训目的

了解乡土菜的概念及其地位，学会对乡土菜的提炼与升华。

创新案例

酸菜肥肠

1. 原料组配

主料：肥肠500g。

配料：酸菜200g，香菜10g。

调料：精盐3g，味精1g，酱油3g，干辣椒20g，料酒15g，大蒜25g，芝麻油1g，花生油500g（实用约35g）。

2. 操作过程

（1）将猪肥肠洗净，翻出内壁，用精盐揉搓，清除黏液、污物，用清水漂洗干净。然后放入沸水中焯一下（锅中放入料酒）捞起，切成片。

（2）炒锅上火，倒入花生油，待油温烧至四成热时，放入肥肠片，边炸边翻动，炸至大红色，倒入漏勺中沥去油。

（3）炒锅再上火，放底油，下干辣椒煸炒干香后，倒入肥肠、酸菜，加精盐、味精、酱油、料酒继续煸炒，然后放入大蒜煸炒，再淋上芝麻油，装盘，在盘边围上香菜点缀即可。

3. 创新说明

酸菜是贵州风味特产，历久不衰，百吃不厌，经济实惠。近年还登上宴席的大雅之堂，在山珍海味之间“一枝独秀”。贵州酸菜制作过程中不使用食盐，颜色自然，味道清淡。脆嫩爽口、酸味醇和，久贮不坏，醒酒解腻，可直接食用，也可煮、炖、炒、烧、烩制各菜肴。“酸菜肥肠”是贵州民间风味酸菜系列菜品中的代表菜肴，此外还有酸菜鱼、酸菜熘肉片、酸菜肉丝、酸菜蹄髈、酸菜鳝鱼卷、蝴蝶鱼片、酸菜小豆汤、肉末酸菜汤等。

实训任务

挖掘一两道乡土菜，并对其烹调工艺进行改进。

任务2 古代烹调工艺的挖掘与改良

任务解读

我国饮食文化历史悠久，源远流长，几千年的饮食生活史料浩如烟海，各种经史、方志、笔记、农书、医籍、诗词、歌赋、食经以及小说名著中，都涉及饮食、烹饪之事。只要我们用心去开发、去研究，就可以古为今用，推陈出新。目前，全国许多地区根据本地的历史特点、地理位置的优越条件，纷纷整理、研究带有历史性的菜品，如西安的“仿唐菜”、山东的“孔府菜”、杭州的“仿宋菜”、南京的“随园菜”等，早已在海内外广为流传。

实训目的

了解古代菜在种类，学会对一些古代菜烹调工艺进行改良，做到古为今用，推陈出新。

创新案例

蟹酿橙

1. 原料组配

主料：河蟹1500g

配料：甜橙10个，白菊花20g。

调料：姜末25g，香雪酒260g，醋110g，白糖20g，盐10g，调和油50g。

2. 操作过程

（1）将甜橙洗净，在顶端用三角刻刀刺出一圈锯齿形，揭开上盖，取出橙肉和汁水，除去橙核和筋渣。

（2）把河蟹煮熟，剔取蟹肉待用。

（3）将炒锅置中火上，放入油25g，烧至六成热，投入姜末、蟹肉稍煸，倒入甜橙汁及一半橙肉，加入香雪酒15g、醋10g和白糖，煸透，淋入调和油，盛入盘中摊凉，然后分成10份，分别装入甜橙中，盖上甜磴盖。

（4）取深大盘1只，将甜橙整齐地排放在盘中，加入香雪酒250g，醋100g和白菊花，上蒸笼用旺火蒸5～10min即可出锅。

3. 创新说明

此菜是根据宋代林洪的《山家清供》中蟹酿橙创制的特色名菜，将古代的菜品烹制技法与现代原料和需求结合在一起，既保留了菜品的文化特色，又体现了现代消费的习惯，是古今结合的代表之作。此菜以酿橙为主要特色，通过内容的变化可以创制类似的新菜品，如“橙香鱼米”“橙香鲈鱼羹”“橙香糯米肉”等。

实训任务

从古代文献中找一两道菜，烹调工艺进行改良。

任务3 菜点烹调工艺的结合

任务解读

菜肴和面点制作虽然属于不同的工艺范畴，但相互间有许多相通的地方，如面点的馅心制作与菜肴的炒、烩方法是基本一致的，面点的成熟方法与菜肴的成熟方法也是基本相同的。如果在烹调工艺中借鉴面点变化多样的制作手法，并使菜肴的外形具有面点的特征，也就是“菜肴面点化”，“看似面点吃是菜”，就可创造出新的菜品。菜点之间结合的方式一般有组合式、跟带式、混融式和装配式等。

实训目的

了解菜点结合制作的几种方式，能利用菜肴与面点的结合，创制新菜肴。

创新案例

酥皮明虾卷

1. 原料组配

主料：大明虾10只，平酥皮500g。

配料：松子仁30g，冬笋条80g，火腿末20g，蛋黄1个，细面条50g，香菜少许。

调料：料酒10g，精盐10g，胡椒粉5g，味精5g，辣酱油10g，芝麻油15g，糖粉30g，葱末10g，番茄糖醋汁两小碟，花生油750g（实用约70g）。

2. 操作过程

（1）将虾去头去壳留尾，批开去肠洗净，剞十字花刀，然后用料酒、精盐、胡椒粉、味精、辣酱油腌制好，待用。

（2）将松子仁放入油锅中炸脆，然后加火腿末、葱末及味精、芝麻油拌成馅。

（3）把馅料铺在批开的对虾中间，然后塞进冬笋条合拢。平酥皮切成1.5cm宽、9cm长的油酥条，从虾尾部绕起，直绕到头部，收口处用蛋黄粘住，放入油中炸熟捞出。

（4）把细面条放入油中炸熟，拌上糖粉，放在盆中堆起，将对虾围在四周，用香菜间隔，同番茄糖醋汁碟一起上席。

3. 创新说明

此菜将点心中的油酥与菜肴结合在一起，既增加了食用性，又丰富了菜品的口感，使菜品的色泽更诱人、层次更清晰，还增加了菜品的技术含量。

酥皮除直接与菜品混合使用外，还可制作成盏，作为菜品的盛器。还可作为烤制菜品的外皮，代替泥或面团。代表菜品有酥皮鱼米盏、酥皮烤鸡柳等。

实训任务

❶ 分别举出两种菜点之间结合的方式为组合式、跟带式、混融式和装配式的菜肴。

❷ 运用菜肴烹调工艺与面点工艺的结合创制一两道新菜品。

任务4　中西烹调工艺的借鉴

任务解读

西餐的烹饪工艺虽然没有中餐烹调工艺复杂，但西餐中许多有特色的工艺技巧却值得我们学习，如西餐中的温度控制、配比标准、煎烤技法、吊汤技法、装盘美化等，都是创新可以借鉴的方面。纵观各地创新的菜肴，中西合璧的方法主要有西料中用、西味中调、西烹中借、西法中效等几种。

实训目的

了解中外饮食文化交流的历史，熟悉中西菜肴有机交融的基本方法，能借鉴西餐烹调工艺创制新菜品。

创新案例

烤鸭汉堡

1. 原料组配

主料：熟烤鸭半只。

配料：生菜50g，黄瓜50g，小面包10只。

调料：大葱50g，甜面酱80g，糖10g，味精5g，鲜汤50g。

2. 操作过程

（1）将烤鸭皮、肉分别劈成片，生菜、黄瓜、大葱洗净，甜面酱加白糖、味精、鲜汤炒香。

（2）将烤好的小面包从中间剖开，将烤鸭蘸甜面酱与生菜、黄瓜、大葱按层次夹入烤好的小面包中，食用时每人一份。

3. 创新说明

此菜品将中餐传统的烤鸭与西餐流行的汉堡有机地结合在一起，使两者的风味得到互补，用汉堡替代传统的薄饼，是典型的中西结合菜品。

汉堡中内容可以进行调换，可以是烤制的菜品，如烤鳗鱼、烤羊排等；也可以是煎炸的菜品，如香煎鱼排、葱煎鸡柳等；还可以是红烧、卤酱类的菜品，如红烧肉方、香卤牛头、酱鸭等。

实训任务

借鉴西餐烹调工艺创制一二道新菜品。

任务5 不同地方烹调工艺的融合

任务解读

菜系是区域特色的一种体现，从菜系可以看出某区域的菜品风格和特色，如口味特色、原料特色、刀工特色等。但菜系与菜系之间的融合、互补已是菜系发展的必然趋势，也是烹调工艺创新的渠道之一。改革开放初期，川菜在全国十分有名，也很流行，但川菜由于缺乏创新，慢慢落伍。后来川菜很快意识到自己的不足，特别是创新不够，于是加快创新力度和步伐，迅速推出新派川菜、新式川菜，结果又重新找回市场，夺回市场。

实训目的

了解我国主要地方菜系的特点，能通过不同菜系之间烹调工艺的融合创制新菜品。

创新案例

鱼香鳗鱼球

1. 原料组配

主料：鳗鱼1000g。

调料：料酒15g，精盐8g，味精5g，鸡蛋1个，水淀粉15g，葱花、姜末各10g，蒜末25g，泡辣椒20g，高汤30g，白糖15g，酱油10g，辣油25g，醋5g，花椒5g，芝麻油20g，花生油1000g（实用约100g）。

2. 操作过程

（1）将鳗鱼宰杀，用热水烫去黏液，开成鳗背。用刀在肉面剞上十字花刀，并切成3cm宽、4cm长的鳗球生坯，加料酒、精盐、味精、鸡蛋、水淀粉上浆待用。

（2）用葱、姜、泡辣椒、蒜、醋、高汤、白糖、花椒、酱油、辣油、水淀粉一起调成鱼香兑汁芡，将鳗球拍上淀粉。

（3）锅中加入花生油，待油温达五成热时，放入鳗球炸熟捞起，待油温升高，再复炸至脆捞出。

（4）原锅留底油，将葱、姜、辣椒、蒜下锅煸出香味，加入兑好的汁芡，放入鳗球略烧，待收紧卤汁，淋上芝麻油，装盘即可。

3. 创新说明

鱼香味是四川的代表味型，鳗鱼球是淮扬菜中的传统菜品，将两者结合既能体现川菜的风味，又能体现淮扬菜的刀工和原料特色，形成的新菜品口味醇厚、肉质细嫩、色泽红亮，是一道食用性、可操作性很强的创新菜品。

此菜在保留鱼香味的基础上，通过原料的变化、工艺的变化，可以创制许多特色新菜品，如与海鲜原料结合，可制作鱼香龙虾球、鱼香海螺片等，与淡水原料结合，可制作鱼香鳜鱼丝、鱼香银鱼球等，还可与熘、烹等方法结合，可制作鱼香带鱼、鱼香咕噜肉等。

实训任务

以小组为单位，通过不同地方之间烹调工艺的融合创制一二道新菜品。

技能考核

考核样题

1. 以小组为单位制作一道创新菜。
2. 以小组为单位创新一桌宴席。

评分标准

1. 创新菜肴按口味、质感、观感、创意与特色、营养卫生等五部分评分，满分为100分。评分标准见表21-3。

表21-3　　创新菜肴评分表

评价指标	技术要求	标准配分	实得分
口味	调味适当，味感纯正、主味突出，无煳味，邪味，腥膻味等恶味。不符合要求的，酌情扣1～12分。由于原料变质，调味失当，不能食用的，整菜不给分	25分	
质感	火候得当，质感鲜明，符合其应有的嫩、脆、软、酥、滑、糯、爽等特点。不符合要求的，酌情扣1～12分。由于失饪造成生、糊不能食用的，整菜不予判分	25分	
观感	主配料配比合理，刀工细腻，规格整齐，汁芡适度，色泽自然，装盘美观，餐具与菜肴协调。不符合要求的，酌情扣1～12分	20分	
创意与特色	选取原料、烹饪工艺、风味均突出地方特色，创新意识强。不符合要求的酌情扣1～10分	20分	
营养卫生	生熟分开，营养配比合理，成品中不允许使用人造色素和不可食用物品，讲究餐具盘饰清洁卫生。不符合要求的。酌情扣1～4分。不能食用的，整菜不予判分	10分	

2. 宴席创新从菜单设计（100分）、现场操作（100分）、成品质量（100分）三方面考核，此项考核满分为300分。评分标准见表21-4。

表21-4　　宴席创新评分标准

评价指标		技术要求	标准配分	实得分
菜单设计	菜单编写制作	菜单结构完整；符合客情需求；有简要文字说明；制作精美	60分	
	营养成分分析	菜单产品荤素搭配合理；主要营养成分比例恰当；符合客情需求	20分	
	成本核算	根据预订单价格要求，确定原料和数量，并计算成本率	20分	

续表

评价指标		技术要求	标准配分	实得分
现场操作	原料采购	原料采购正确；数量合理	20分	
	原料加工	初加工规范；刀功娴熟；刀法准确；原料利用率高	20分	
	烹调操作	操作规范；流程合理；投料准确；能实际应用于日常制作	40分	
	卫生安全	操作区域整洁、干净；注重个人卫生，废弃物处理得当；原料及成品保存合理	20分	
成品质量	口味	调味适当，味感纯正、主味突出，无煳味，邪味，腥膻味等恶味。不符合要求的，酌情扣1～12分。由于原料变质，调味失当，不能食用的，整菜不给分	25分	
	质感	火候得当，质感鲜明，符合其应有的嫩、脆、软、酥、滑、糯、爽等特点。不符合要求的，酌情扣1～12分。由于失饪造成生、煳不能食用的，整菜不予判分	25分	
	观感	主配料配比合理，刀工细腻，规格整齐，汁芡适度，色泽自然，装盘美观，餐具与菜肴协调。不符合要求的，酌情扣1～12分	20分	
	创意与特色	选取原料、烹饪工艺、风味均突出地方特色，创新意识强。不符合要求的酌情扣1～10分	20分	
	营养卫生	生熟分开，营养配比合理，成品中不允许使用人造色素和不可食用物品，讲究餐具盘饰清洁卫生。不符合要求的。酌情扣1～4分。不能食用的，整菜不予判分	10分	

参考文献

[1] 施胜胜，邹立. 烹饪技能实训教程［M］. 杭州：浙江工商大学出版社，2014.

[2] 荣明. 烹调工艺实训教程［M］. 北京：中国财富出版社，2013.

[3] 王东. 中式烹调实训教程［M］. 北京：中国轻工业出版社，2013.

[4] 郑昌江. 烹饪工艺［M］. 南京：江苏教育出版社，2012.

[5] 沈跃，平学仁. 中式烹调实训教程［M］. 大连：大连理工大学出版社，2012.

[6] 黄明超. 中式烹饪工艺［M］. 北京：中国劳动社会保障出版社，2012.

[7] 高行恩. 烹调工艺基础［M］. 北京：化学工业出版社，2012.

[8] 曲绍卿，巩显芳. 中式烹调工艺［M］. 北京：中国轻工业出版社，2011.

[9] 郑昌江，张传军，杜险峰. 中式烹调工艺［M］. 北京：科学出版社，2011.

[10] 谭小敏. 中式烹饪工艺实训［M］. 北京：中国劳动社会保障出版社，2011.

[11] 陈运生，唐丽. 中式烹调工艺实训［M］. 北京：高等教育出版社，2009.